MINISTÈRE DE L'AGRICULTURE.

Exposition Universelle Internationale de 1889
A PARIS.

CONCOURS D'ANIMAUX REPRODUCTEURS

Espèces Bovine, Ovine, Porcine

ET ANIMAUX DE BASSE-COUR.

CATALOGUE OFFICIEL

LILLE
IMPRIMERIE L. DANEL.
1889.

TABLE DES MATIÈRES.

EXPOSITION UNIVERSELLE INTERNATIONALE DE 1889

A PARIS

CONCOURS D'ANIMAUX REPRODUCTEURS

Espèces BOVINE, OVINE, PORCINE

Et ANIMAUX DE BASSE-COUR.

CATALOGUE OFFICIEL

LILLE

IMPRIMERIE L. DANEL.

1889.

RÉPUBLIQUE FRANÇAISE. — MINISTÈRE DE L'AGRICULTURE.

Exposition Universelle Internationale de 1889 à Paris.

CONCOURS D'ANIMAUX REPRODUCTEURS

DES ESPÈCES BOVINE, OVINE, PORCINE

et des Animaux de basse-cour.

COMITÉ D'ADMISSION ET D'ORGANISATION.

M. TISSERAND, Conseiller d'État, directeur de l'Agriculture, Président.

M. DE LAPPARENT, Inspecteur général de l'Agriculture, chef du service des animaux de l'espèce bovine. (Section française).

M. VASSILLIÈRE, Inspecteur général de l'Agriculture, chef du service des animaux de l'espèce bovine. (Section étrangère).

M. RANDOING, Inspecteur général de l'Agriculture, chef du service des animaux de l'espèce ovine. (Sections française et étrangère).

M. MENAULT, Inspecteur général de l'Agriculture, chef du service des animaux de l'espèce porcine. (Sections française et étrangère).

M. DE BRÉZENAUD, Inspecteur de l'Agriculture, chef du service des animaux de basse-cour. (Sections française et étrangère).

M. HÉRISSON, Inspecteur de l'Enseignement agricole chef du service du secrétariat (Section française).

M. GROSJEAN, Inspecteur de l'Enseignement agricole, chef du service du Secrétariat (Section étrangère).

M. MARSAIS, Rédacteur au Ministère de l'Agriculture, Secrétaire.

COMMISSARIAT.

Espèce bovine.

Animaux français.

MM. DE BRUCHARD, Président du Comice agricole de St-Léonard (Haute-Vienne).

LAPORTE, Agriculteur, à Mezin (Lot-et-Garonne).

GODOT, Ancien élève de l'Institut national agronomique.

RECLUS, Professeur départemental d'Agriculture de la Haute-Vienne.

TORD, Professeur départemental d'Agriculture de la Charente-Inférieure.

Animaux étrangers.

MM. GAILLARD, Professeur départemental d'Agriculture de la Dordogne.

ZEDDE, Ancien élève de l'Ecole nationale d'Agriculture de Grignon.

Espèce ovine.

M. BOURGNE, Professeur départemental d'Agriculture de l'Eure.

Espèce porcine.

M. FRANC, Professeur départemental d'agriculture du Cher.

Animaux de basse-cour.

M. MESNIER, Ancien élève de l'Ecole d'Agriculture de la Saulsaie.

SECRÉTARIAT.

MM. DABAT, Rédacteur au 1er Bureau de la direction de l'agriculture.

BOITEL, Répétiteur à l'Institut national agronomique.

SICRE, Surveillant-Comptable à la ferme-école de Royat (Ariège),

---

CAISSE.

M. ALLARD, Caissier au ministère de l'agriculture.

SERVICE VÉTÉRINAIRE.

M. MOUSSU, Chef des travaux d'anatomie et de physiologie à l'École nationale vétérinaire d'Alfort.

JURYS.

M. Teisserenc de Bort, sénateur, Président.

1re Division. — ESPÈCE BOVINE.

1re Section. — *Races normandes.*

MM. Fortier, Président du Comice agricole de Rouen (Seine-Inférieure).
Anne, Vétérinaire départemental à Caen (Calvados).
Lesouef, Député de la Seine-Inférieure.
Heuzé, Inspecteur général honoraire de l'Agriculture.
Delesque, agriculteur à Houville (Eure).
Bazire, Secrétaire de la Société d'agriculture d'Avranches, à Dragey (Manche).

2e Section. — *Race flamande.*

MM. Demiautte, Sénateur du Pas-de-Calais.
Philippar, directeur de l'Ecole nationale d'Agriculture de Grignon (Seine-et-Oise).
Dickson, agriculteur à Clairmarais (Pas-de-Calais).
Froment, vice président de la Société des agriculteurs de la Somme, à Pouthoile (Somme).
Desprez (Florimond), à Cappelle (Nord).
Macarez, Président de la Société des Agriculteurs du Nord.

3e Section. — *Races Charolaise et Nivernaise.*

MM. Boitel, Inspecteur général honoraire de l'Enseignement agricole.
Maringe, agriculteur à Champlin (Nièvre).
Petit (Félix), agriculteur à St-Menoux (Allier).
Bignon, père, avenue du Bois de Boulogne, 12 a Paris.

4e Section. — *Races garonnaise et bazadaise.*

MM. de Verninac, sénateur du Lot.
Baillet, inspecteur de la boucherie à Bordeaux.
Peuch, professeur à l'Ecole Nationale vétérinaire de Toulouse.

5ᵉ Section. — *Race limousine.*

MM. DE VIALAR , lauréat de la prime d'honneur de Tarn-et-Garonne , rue du Taur, 38, à Toulouse (Haute-Garonne).

DUVERT, agriculteur, à Verneuil-sur-Vienne (Haute-Vienne).

DE LAGORSSE , secrétaire général de la Société Nationale d'Encouragement à l'Agriculture , à Paris.

N..................

6° Section. — *Race de Salers.*

MM. LASCOMBES , député du Cantal.

COTE-BLATIN , lauréat de la prime d'honneur à Lafont , près Riôm (Puy-de-Dôme).

COUTEAU , agriculteur de la Vienne , 14 , rue Caumartin , à Paris.

DELFOUR, agriculteur éleveur du Cantal.

7ᵉ Section. — *Races Gasconne et Carolaise, d'Aure et de Saint-Girons, de Lourdes , béarnaise, basquaise, et analogues.*

MM. L. FÉRAL , sénateur de la Haute-Garonne.

LOZÈS , agriculteur à Barsous, commune d'Aventignan (Hᵗᵉˢ Pyrénées).

BAUDENS , vice-président du Conseil général des Hautes-Pyrénées.

DUFFOURC-BAZIN , professeur départemental d'Agriculture des Landes , à Dax.

JAUBERT , directeur de la ferme-école de Royat (Ariège).

8ᵉ Section. — *Races bretonnes.*

MM. DE KERJÉGU, président du Comice agricole de Scaër (Finistère).

CHEVALIER , professeur départemental d'Agriculture , à Vannes (Morbihan).

LE FLOCH , agriculteur au Ménimus , près Vannes (Morbihan).

LE GAL , agriculteur au Feil , près Quintin (Côtes-du-Nord).

9ᵉ Section. — *Races feméline , Montbéliarde et Vosgienne.*

MM. TARDY, directeur de la ferme-école de La Roche (Doubs).

PERDRIX, agriculteur à Bazoilles , près Neufchâteau (Vosges).

THONIN , Gustave, agriculteur à Bisley , près Saint-Mihiel (Meuse).

10ᵉ Section — *Races d'Aubrac , du Mézenc , Marchoise et Algériennes.*

MM. DE FUMADE , président du Comice agricole de Guéret (Creuse).

CORMOULS-HOULÈS , (Jules) , agriculteur à Mazamet (Tarn).

BAZANGEON , directeur de l'Ecole pratique d'Agriculture d'Aumale (Seine-Inférieure).

11ᵉ Section. — *Race parthenaise et ses dérivées.* — *Races françaises pures de la 20ᵉ catégorie.*

MM. Trouvé, vice-président du Conseil général de la Vienne, à Paizay-le-Sec (Vienne).

Guilbault, agriculteur à La Touche, par Chantonnay (Vendée).

Godefroy, directeur de l'Ecole Nationale d'Agriculture de Grand-Jouan (Loire-Inférieure).

Cirotteau, vétérinaire départemental de la Vienne, à Poitiers.

12ᵉ Section. — *Races Tarentaise et de Villard, de Lans.*

MM. Durand-Savoyat, député de l'Isère.

Demôle, agriculteur à Crevins-Bossey (Haute-Savoie).

Veyrat, président du Comice agricole d'Albertville (Savoie).

13ᵉ Section. — *Race Durham (français et étrangers).*

MM. Lavalard, membre de la Société nationale d'Agriculture de France.

Malo, inspecteur général honoraire de l'agriculture à Caen (Calvados).

Courtillier, **ag**riculteur à Précigné (Sarthe).

Arthur Burel, agriculteur à Fongueusemare (Seine-Inférieure).

N............ Juré étranger.

N............ Juré étranger.

14ᵉ Section. — *Race d'Ayr, races des îles de la Manche, de Kerry, de Sussex, Devon et étrangères diverses.*

MM. le comte de Lariboisière, agriculteur à Louvigné-du-Désert (Ille-et-Vilaine).

Touzard, agriculteur à Roz-sur-Couesnon (Ille-et-Vilaine).

Baron, professeur à l'Ecole nationale vétérinaire d'Alfort.

Chirade, agriculteur-éleveur au Château de la Roche-Giffard (Ille-et-Vilaine).

N............ Juré étranger.

N............ Juré étranger.

15ᵉ Section. — *Race hollandaise (français et étrangers) et races diverses des Polders.*

MM. St-Yves-Mesnard, sous-directeur du jardin zoologique d'acclimation, à Paris.

Guesdon, agriculteur à Frocourt (Oise).

Fagot-Neveu, agriculteur, député des Ardennes.

Laurent, vétérinaire départemental à Bar-le-Duc.

N............ Juré étranger.

N............ Juré étranger.

16ᵉ Section. — *Race Schwitz.*

MM. Cornevin, professeur à l'Ecole nationale vétérinaire de Lyon (Rhône).

Larmet, vétérinaire à Besançon (Doubs).

Thiry, directeur de l'École pratique d'agriculture de Tomblaine (Meurthe-et-Moselle).

N...., juré étranger.

N...., juré étranger.

17ᵉ Section. — *Races bernoise, fribourgeoise, simmenthal et analogues.*

MM. Louis (Charles), agriculteur à Tomblaine (Meurthe-et-Moselle).

Samson, professeur à l'Institut national agronomique.

Gros (aîné), président du syndicat des laitiers nourrisseurs de la Seine, rue St-Sébastien à Paris.

Werlin; agriculteur à Grisy-sur-Aix-les-Bains (Savoie).

N...., juré étranger.

N ..., juré étranger.

18ᵉ Section. — *Races sans cornes. — Race de Hereford et croisements Durham français.*

MM. de Villepin, directeur de la ferme-école de la Pilletière, par Jupilles (Sarthe).

Léon Doisneau, éleveur à la Selle Craonnaise, canton de Craon (Mayenne).

Anquetil fils, agriculteur à Cossé-le-Vivien (Mayenne).

N..., juré étranger.

N..., juré étranger.

19ᵉ Section. — *Bandes de vaches laitières en lait.*

MM. St-Réquier, agriculteur à Gerponville (Seine-Inférieure).

Vassillière (F.), professeur départemental d'agriculture à Bordeaux (Gironde).

Le Floch, agriculteur et juge-de-paix à Plouaix (Morbihan).

Noël Rouchés, secrétaire général du syndicat des laitiers nourrisseurs de la Seine, rue St-Sébastien, 7, à Paris.

Pollet, vétérinaire du département du Nord, à Lille.

N..., juré étranger.

N..., juré étranger.

N..., juré étranger.

2e DIVISION. — ESPÈCE OVINE.

1re SECTION. — *Race mérinos.*

MM. BOUTET, maire de Chartres (Eure-et-Loir).

DELAMARRE, agriculteur à Éprunes (Seine-et-Marne).

LOTHELAIN, président du Comice agricole de Reims (Marne).

CUIF-MILLET, agriculteur à Rethel (Ardennes).

SIRDEY, maire de Gontauds-en-Duesmois (Côte-d'Or).

2e SECTION. — *Races étrangères à laine courte. — Races Southdown, Shropshire, Oxfordshire-down, hampshire-down et analogues.*

MM. GUÉDON, chef des cultures de la bergerie nationale de Rambouillet (Seine-et-Oise).

GRATON, agriculteur à Mirambeau (Charente-Inférieure).

POITEVIN, agriculteur à Bormettes, près Hyères (Var).

SAVIN DE LARCLAUSE, directeur de la ferme-école de Montlouis (Vienne).

NOUETTE-DELORME, membre de la Société nationale d'agriculture de France, à Ouzouer-des-champs (Loiret).

N.............., Juré étranger.

N.............., Juré étranger.

3e SECTION. — *Races françaises et étrangères à laine longue.— Races Leicester, new-kent, romney-marsh, lincoln, cotswold et analogues.*

MM. CHASLES, éleveur à Prunay-le-Gillon (Eure-et-Loir).

BEGLET, éleveur à Trappes (Seine-et-Oise).

THIERRY, directeur de l'Ecole pratique d'agriculture à la Brosse (Yonne).

N.............., Juré étranger.

N.............., Juré étranger.

4e SECTION. — *Race de la Charmoise. — Dishley-mérinos. — Races Cheviot, des plaines basses et des polders.*

MM. Émile WALLET, agriculteur à Haussu-Amy (Oise).

Ernest GILBERT, agriculteur à Montigny-le-Bretonneux, près Trappes (Seine-et-Oise).

RÉMOND, agriculteur à Minpincien (Seine-et-Marne).

N.............., Juré étranger.

N ...., Juré étranger.

5ᵉ Section. — *Races françaises des pays de plaine et de montagnes.* — *Croise-*
ments divers (animaux nés en France). — *Race blackfaced.* — *Races*
étrangères des pays de landes ou de bruyères et des pays de montagnes.

MM. Lière, éleveur à Villeneuve du Paréage (Ariège).

Dufour, directeur de la ferme-école du Montat (Lot).

Lecorbeillier, chef des cultures à l'École pratique d'agriculture à
Montargis (Loiret).

N..............., Juré étranger.

N..............., Juré étranger.

3ᵉ DIVISION. — ESPÈCE PORCINE ET ANIMAUX DE BASSE-COUR.

I. — ESPÈCE PORCINE.

1ʳᵉ Section. — *Races normande et craonnaise.*

MM. Petit, Henri, agriculteur à Champagne, par Juvisy (Seine-et-Marne).

Cherbonneau, agriculteur à Contigné (Maine-et-Loire).

N...............,

2ᵉ Section. — *Races étrangères pures et races françaises pures*
autres que les races normande et craonnaise.

MM. Couraud, Directeur de la ferme-école de Machoire (Gironde).

Debort, agriculteur à Montaiguet, (Allier).

N...........,

N..........., Juré étranger.

3ᵉ Section. — 2ᵉ Division. — 4ᵉ Catégorie. — *Croisements divers entre races*
françaises et races étrangères.

MM. Deloncle, agriculteur, à St-Médard (Lot)

Louis Bignon fils, agriculteur, maire de Theneuille (Allier).

Triboulet père, Directeur des fermes de l'asile d'Aliénés de Clermont
(Oise),

II. — ANIMAUX DE BASSE-COUR.

4° Section. — *Coqs et poules de races françaises* (1re à 8e catégories).

MM. Ferry d'Esclands, Conseiller-Maître à la Cour des Comptes.
 Mégnin, Vétérinaire, à Vincennes (Seine).
 Maurice, à Louhans (Saône-et-Loire).
 Grenet, Agriculteur, à Miguerettes (Loiret).

5e Section. — *Coqs et poules de races étrangères* (9e à 26e catégories).

MM. Geoffroy Saint Hilaire, Directeur du Jardin zoologique d'acclimatation de Paris.
 Roullier-Arnoult, Directeur de l'école d'Aviculture de Gambais (Seine-et-Oise).
 Lemoine, Aviculteur, à Crosne (Seine-et-Oise).

6e Section. — *Dindons, oies, canards, pintades, lapins.*

MM. Rouvière, Agriculteur, à Mazamet (Tarn).
 Gindre-Malherbe, Aviculteur, à Champignolles (Seine).
 N..........

7e Section. — *Pigeons.*

MM. Wuirion, Inspecteur du Jardin zoologique d'acclimatation de Paris.
 Marois, Aviculteur, au Grand-Montrouge (Seine).
 Oustalet, Aide-Naturaliste au Museum de Paris.

ESPÈCE BOVINE.

Ire DIVISION.

ANIMAUX MÂLES ET FEMELLES DE RACES ÉTRANGÈRES, NÉS ET ÉLEVÉS A L'ÉTRANGER, AMENÉS OU IMPORTÉS EN FRANCE ET APPARTENANT SOIT A DES ÉTRANGERS, SOIT A DES FRANÇAIS.

En outre des prix prevus pour chaque catégorie, le Jury pourra décerner, s'il y a lieu, dans la 1re Division :

Un objet d'art d'une valeur de 1,000 francs, au meilleur taureau ;

Un objet d'art d'une valeur de 500 francs, à la meilleure vache ;

Un prix d'honneur de 1,500 francs, à l'animal le plus parfait de forme ;

Un grand prix d'honneur, d'une valeur de 2,000 francs, au meilleur ensemble d'animaux ; le lot devra être composé d'au moins un mâle et de quatre femelles de même race, nés et élevés chez l'exposant.

1re CLASSE.

RACES DU LITTORAL DE LA MER DU NORD.

1re CATÉGORIE. — **Race durham à courtes cornes.**

(Shorthorned Improved.)

Animaux mâles de 1 à 2 ans.

1er prix, **700** fr. et une médaille d'or.

2^e	—	**600**	—	— d'argent.
3^e	—	**500**	—	— de bronze.
4^e	—	**400**	—	— de bronze.

1. — 13 m. 21 j. — N ......, rouan ; son père, Golden Crown (54,370) ; sa mère, Proud Gipsy. — MM. Nelson (James) et Sons, 44, Lover Buildings, Liverpool, Lancashire (Angleterre).

2. — 13 m. 23 j. — N ...., rouan ; son père, Masterpiece (51,730) ; sa mère, Cecilia, 18th. — M. Nelson (James), à Liverpool, Lancashire (Angleterre).

3. — 14 m. 2 j. — N........, rouge et blanc ; son père, Royal James (54,972) ; sa mère, Queen Bess.

M. NELSON (W.-E.). Cakhill Park, Liverpool, Lancashire (Angleterre).

4. — 14 m. 4 j. — N........, rouge ; son père, Riring Star (54,920) ; sa mère, Likely.

M. NELSON (James), précité.

5. — 14 m. 6 j. — Red Rose, rouge ; son père, Crown Prince (51,048) ; sa mère, Beaufort Rose, 3ᵈ. (H. B. vol. 30, p. 594).

M. DONALD MACLENNAN, 42, Sackville street, Piccadilly, London, W. (Angleterre).

6. — 15 m. 6 j. — N........, rouan.......

Mᵐᵉ Vᵉ RIJKEWAERT, à Coxyde, près Furnes, Flandre occidentale (Belgique).

7. — 17 m. 9 j. — N... ..., rouan ; son père, Scotland Yet (53,640) ; sa mère, Proud Gipsy 2ʳᵈ..........

M. NELSON (W.-E), précité.

8. — 17 m. 21 j. — Sampson, rouan ; son père, Bannockburn (49,035) ; sa mère, Miss Dauntless (H. B. vol. 34, p. 444).

M. DONALD MACLENNAN, précité.

9. — 18 m. — Fair Trader, rouan ; son père, Earl Surmise 2ⁿᵈ, (51,196) ; sa mère, Florence Gwynne.

M. BLUNDELL (Peter), Ream Hills, Kirkham, Lancashire (Angleterre).

10. — 18 m. 2 j. — Serapis, rouge ; son père, Fitz Maubray (49,591) ; sa mère, Strawberry Maid.

S. A. R. LE PRINCE DE GALLES, à Sandrigham (Angleterre).

11. — 19 m. 16 j. — Cornerstone 2ⁿᵈ, rouan son père, Lord Hamilton (48,194) ; sa mère, Vocalist (H. B. vol. 25, p. 391)

M. WEBB (Jonas), Melton Ross, near Ulceby, Linscolnshire (Angleterre).

12. — 20 m. 18 j. — Earl of Fawsley 17th., rouan ; son père, Duke of Charmingland 46th. (54,196) ; sa mère, Rose Knightley of Naseby 2ⁿᵈ (H. B. vol. 34, p. 552)

M. DONALD MACLENNAN, précité.

13. — 20 m. 25 j. — Horsa, rouge et blanc ; son père, May Fly (51,739) ; sa mère, Hearthy (48,004).

M. COCHARD, à Saint-Valery, commune de Thonne-la-Long, dépᵗ de la Meuse (France).

14. — 23 m. 15 j. — Celebrity, rouan ; son père, Conquest (52,659) ; sa mère, Cygnet (H. B. vol. 28, p. 582)

M. WEBB (Jonas), précité.

15. — 23 m. 16 j. — Oxanian, rouan ; son père, baron Oxford 18ᵉ (50,830) ; sa mère, Oxford Duchess 25th.

S. A. R. LE PRINCE DE GALLES, précité.

Animaux mâles de 2 à 4 ans.

1ᵉʳ prix, **700** fr. et une médaille d'or.

2ᵉ	—	**600**	—	— d'argent.
3ᵉ	—	**500**	—	— de bronze.
4ᵉ	—	**400**	—	— de bronze.

16. — 26 m. 4 j. — N......., rouge ; son père, Grand Gwynne 15ᵉ (52.971) ; sa mère, Immortelle (H. B. A. vol. 33, p. 523).

M. VERMEESCH, à Honthem, près Furnes (Belgique).

17. — 27 m. 25 j. — King Fame (Bull. 75), rouge et blanc ; son père, King Magnus (49,812) ; sa mère, Farewell 6th.

M. AUCLERC, à Bruères-Allichamps, dépᵗ du Cher (France).

18. — 28 m. 7 j. — N......., rouan.

M. SOBRY (Émile), à Adinkerle, près Furnes, Flandre occidentale (Belgique).

19. — 33 m. 14 j. — Ardour (53,911) (Bull. 74), rouge ; son père , Favourite (51,245) ; sa mère, Splendour 4th.

M. Nadaud (L.-C.), à Chazelles, départem^t de la Charente (France).

20. — 39 m. 15 j. — N......, rouge ; son père, Prince of Grange (51,916) ; sa mère, Mina 3rd.

MM. Nelson (James) et Sons, 44, Lover Buildings, Liverpool, Lancashire (Angleterre).

21. — 42 m. 9 j. — N......, rouge ; son père, William of Grange (47,359) ; sa mère, Roan Lady 11th.

M. Nelson (W.-E.), Cakhill Park, Liverpool, Lancashire (Angleterre).

22. — 45 m. — N........., rouan ; son père, Park Nelson Lad ; sa mère, N.........

M. Faich-Joncheere, à Slijpe, Ostende, Flandre occidentale (Belgique).

Animaux femelles de 1 à 2 ans.

1er prix, **300** fr. et une médaille d'or.

2e   —   **200**   —   — d'argent.

3e   —   **150**   —   — de bronze.

4e   —   **100**   —   — de bronze.

23. — 15 m. 29 j. — Iwin Duchess 4th., rouge et blanche ; son père, Crown Prince (51,048) ; sa mère, Iwin Duchess (H. B. vol. 30, p, 595).

M. Donald Maclennan, 42, Sackville street, Piccadilly, London W. (Angleterre).

24. — 16 m. 15 j. — N......, rouanne ; son père, Riring Star (54,920) ; sa mère, Emmeline 2nd.

MM. Nelson (James) et Sons, 44, Lower Buildings, Liverpool, Lancashire (Angleterre).

25. — 17 m. 11 j. — Empress, rouanne ; son père, Crown Prince (51,048) ; sa mère, Beaufort Rose 4th. (H. B. vol. 30, p. 594).

M. Donald Maclennan, précité.

26. — 22 m. 14 j. — Sweetheart, rouanne ; son père , baron Oxford 18th. (50,830) ; sa mère, Lady Sophie.

S. A. R. le prince de Galles, à Sandrigham (Angleterre).

27. — 22 m. 22 j. — Diadem 29th., rouanne; son père, Fitz Mowbray (49,591) ; sa mère, Diadem 21th.

Le même.

Animaux femelles de 2 ans et au-dessus.

1er prix, **500** fr. et une médaille d'or.

2e   —   **400**   —   — d'argent.

3e   —   **300**   —   — de bronze.

4e   —   **200**   —   — de bronze.

5e   —   **150**   —   — de bronze.

28. — 24 m. 23 j. — Adelaïde Gwynne (Bull. 78), rouanne ; son père , Lord Albion (49.874) ; sa mère , Alice Gwynne.

M. Auclerc, à Bruères-Allichamps, département du Cher (France).

29. — 32 m. 15. j. — Milly, rouanne ; son père, Decorator (44.617) ; sa mère, Fatmia (H. B. vol. 33, p. 435).

M. Webb (Jonas), Melton-Ross, près Ulceby, Lincolnshire (Angleterre).

30. — 33 m. 8 j. — Stanley Rose, rouanne ; son père, Sire Decorator (44.617) ; sa mère, Princess Alice.

M. Getting (H. F.), 4, Corbet Court, Gracechurch street, E. C, London (Angleterre).

31. — 35 m. 28 j. — Grœcias Red (H. B. A. vol. 33, p. 534) (Bull. 76), rouge ; son père, Boreas (45.991) ; sa mère, Grœcias Rose.

M. Nadaud (L. C.), à Chazelles, département de la Charente (France).

32. — 36 m. 25. j. — Bright Eyes 3rd, rouanne (Bull. 76) ; son père, Lord Brownie (H. B. A, vol. 34) ; sa mère, Bright Eyes 1ra.

M. Bertron-Auger (Louis-Émile), au château de la Flèche, à la Flèche, dépt de la Sarthe (France).

33. — 39 m. 5 j. — Beautiful Gwynne (H. B. A. vol. 33, p. 535) (Bull. 76), rouan riche ; son père, Hans Breitmann (41.665) ; sa mère, Posy Gwynne.

M. Nadaud (L.-C.), précité.

34. — 43 m. — N......, rouanne........

Compagnie « London et Provincial Dairy », Halkin street West, Belgrave square, London (Angleterre).

35. — 44 m. — N....., rouanne ; son père, Lord Mild Eyes 2nd (48.218) ; sa mère, White Rose.

M. Nelson (James) et Sons, 44, Lower Buildings, Liverpool, Lancashire (Angleterre).

36. — 4 ans 2 m. 21 j. Lady Emma 5th. (II. B. A. vol. 32, p. 386) (Bull. 76), rouge son père, Marcus Fame (43.214) ; sa mère, Lady Emma 2nd.

M. Nadaud (L.-C.), précité.

37. — 4 ans 5 m. 7 j. — N....., blanche...

M. Watts (John—Isaac), Whistley Farm, Potterne, Devizes, Wiltshire (Angleterre)

38. — 5 ans 2 m. 13 j. — N....., rouge et blanche ; son père, Field Marshal (47.870) ; sa mère, English Lovely.

M. Nelson (W. E.), Oakhill park, Liverpool, Lancashire (Angleterre).

39. — 5 ans, 4 m. 10 j. — N....., rouanne ; son père, Claymore (46.093) ; sa mère, Bridegroonis Darling.

M. Nelson (James), à Liverpool, Lancashire (Angleterre).

2e Catégorie. — **Race Hereford.**

Animaux mâles de 1 à 2 ans.

1er prix, **600** fr. et une médaille d'or.

2e   —   **500**   —   —   d'argent.

40. — 16 m. 6 j. — Rouge et blanc.........

M. Fenn (Thomas), à Stonebrook house, Ludlow, Downton, Herefordshire (Angleterre).

41. — 21 m. 27 j. — Rouge et blanc.......

M. Nelson (William), à Oakhill Park, West Derly, Lancashire (Angleterre).

42. — 22 m. 10 j. — Rouge et blanc........

M. Layton (Joseph), à Llansannor, Cowbridge, Glamorgan (Angleterre).

Animaux mâles de 2 à 4 ans.

1er prix, **600** fr. et une médaille d'or.

2e   —   **500**   —   —   d'argent.

43. — 26 m. 26 j. — Rouge et blanc........

M. Fenn (Thomas), à Stonebrook house, Ludlow, Downton, Herefordshire (Angleterre).

44. — 38 m. 23 j. — Rouge et blanc.......

M. d'Étchegoyen (Paul), à St-Denis de Gastines, dép. de la Mayenne (France).

45. — 40 m. 9 j. — Rouge et blanc........

M. Layton (Joseph), Llansannor, Cowbridge, Glamorgan (Angleterre).

Animaux femelles de 1 à 2 ans.

1ᵉʳ prix, **300** fr. et une médaille d'or.
2ᵉ — **200** — — d'argent.

46. — 22 m. 14 j. — Rouge et blanche...... M. FENN (Thomas), à Stonebrook house, Ludlow, Downton, Herefordshire (Angleterre).
47. — 22 m. 24 j. — Rouge............. Le même.

Animaux femelles de 2 ans et au-dessus.

1ᵉʳ prix, **350** fr. et une médaille d'or.
2ᵉ — **250** — — d'argent.

48. — 33 m. 15 j. — Rouge et blanche...... M. FENN (Thomas), à Stonebrook house, Ludlow, Downton, Herefordshire (Angleterre).
49. — 45 m. 17 j. — Rouge et blanche...... Le même.
50. — 47 m. — Rouge et blanche......... COMPAGNIE « LONDON ET PROVINCIAL DAIRY », Halkin street West, Belgrave square, London (Angleterre).
51. — 47 m. 18 j. — Rouge et blanche...... M. LAYTON (Joseph), à Llansannor, Cowbridge, Glamorgand (Angleterre).

3ᵉ CATÉGORIE. — **Races Devon, Sussex et analogues.**

Animaux mâles de 1 à 4 ans.

1ᵉʳ prix, **600** fr. et une médaille d'or.
2ᵉ — **500** — — d'argent.
3ᵉ — **400** — — de bronze.

52. — 36 m. 14 j. — Devon, rouge........ M. STANLEY (Edward, James), à Quantock lodge, Bridgwater, Somerset (Angleterre).

Animaux femelles de 1 à 2 ans.

1ᵉʳ prix, **250** fr. et une médaille d'or.
2ᵉ — **150** — — d'argent.

53. — 15 m. 16 j. — Devon, rouge........ M. STANLEY (Edward, James), à Quantock lodge, Bridgwater, Somerset (Angleterre).
54. — 21 m. 13 j. — Devon, rouge........ Le même.

Animaux femelles de 2 ans et au-dessus.

1ᵉʳ prix, **300** fr. et une médaille d'or.
2ᵉ — **200** — — d'argent.

55. — 36 m. 27 j. — Devon, rouge........ M. STANLEY (Edward, James), à Quantock lodge, Bridgwater, Somerset (Angleterre).
56. — 37 m. 20 j. — Devon, rouge........ Le même.

4ᵉ Catégorie. — **Races des îles de la Manche**
(Jersey, Alderney, etc).

Animaux mâles de 1 à 4 ans.

1ᵉʳ prix, **350** fr. et une médaille d'or.
2ᵉ — **200** — — d'argent.

57. — 35 m. — Jersiais, gris.............. M. Nicolas (Louis), à Arcy, commune de Chaumes, dépᵗ de Seine - et - Marne (France.)

Animaux femelles de 1 an et au-dessus.

1ᵉʳ prix, **300** fr. et une médaille d'or.
2ᵉ — **200** — — d'argent.
3ᵉ — **100** — — de bronze.

58. — 22 m. — Jersiaise, froment clair.... M. Chandora (Léon), à Leuhan, par Plabennec, dépᵗ du Finistère (France).
59. — 23 m. — Jersiaise, froment clair..... Le même.
60. — 25 m. — Jersiaise, froment clair. ... Le même.
61. — 25 m. — Jersiaise, froment clair..... Le même.
62. — 38 m. — de Guernesey, pie à plaques rousses. M. Haviland (Théodore), à Ambazac, dép. de la Haute-Vienne (France).
63. — 4 ans. — Jersiaise, brune......... Mᵐᵉ Méens (Hippolyte), aux bruyères de Schooten, Anvers (Belgique).
64. — 5 ans. — Jersiaise, brune.......... La même.
65. — 5 ans, 4 m. — de Guernesey, fauve, blanche et rouge. M. Moulefroi, à Worth Park, Crawley, Sussex (Angleterre).
66. — 5 ans, 11 m. 8 j. — Jersiaise, gris fer clair. M. Lejeune (Jean, Joseph), aux Essarts-le-Roi, dépᵗ de Seine-et-Oise (France).
67. — 6 ans, 7 m. — Jersiaise, fauve et blanche. Compagnie « London et provincial Dairy », Halkin, street West, London (Angleterre).
68. — 6 ans, 10 m. — de Guernesey, jaune et blanche.................... Mᵐᵉ Moulefroi, à Worth Park, Crawley, Sussex (Angleterre).
69. — 7 ans, 11 m. — Jersiaise, roux foncé. M. Nicolas (Louis), à Arcy, commune de Chaumes, dépᵗ de Seine - et - Marne (France).
70. — 8 ans. — Jersiaise, rouge.......... Le même.
71. — 9 ans, 1 m. — Jersiaise, grise...... Le même.
72. — 9 ans, 1 m. — Jersiaise, gris roux.... Le même.

5ᵉ Catégorie. — **Race d'Ayr.**

Animaux mâles de 1 à 4 ans.

1ᵉʳ prix, **350** fr. et une médaille d'or.
2ᵉ — **300** — — d'argent.
3ᵉ — **200** — — de bronze.
4ᵉ — **100** — — de bronze.

Pas d'animaux présentés.

Animaux femelles de 1 an et au-dessus.

1er prix, **300** fr. et une médaille d'or.

2e — **200** — — d'argent.

3e — **150** — — de bronze.

4e — **100** — — de bronze.

73. — 37 m. — Rouge et blanche......... COMPAGNIE « LONDON ET PROVICIAL DAIRY », Halkin street West, Belgrave square, London (Angleterre).

74. — 40 m. — Jaune et blanche......... La même.

6e CATÉGORIE. — **Races sans cornes.**

(Angus, Suffolk, Aberdeen et Gallovay).

Animaux mâles de 1 à 2 ans.

1er prix, **500** fr. et une médaille d'or.

2e — **300** — — d'argent.

75. — 14 m. 18 j. — Red Polled, rouge.... M. COLMAN (James, Jeremiah), à Carrow house, Norwich, Norfolk (Angleterre).

76. — 15 m. 12 j. — N....., noir......... M. NELSON (W. E), Cakhill Park, Liverpool, Lancashire (Angleterre).

77. — 15 m. 21 j. — N...... noir......... M. NELSON (James), à Liverpool, Lancashire (Angleterre).

Animaux mâles de 2 à 4 ans.

1er prix, **500** fr. et une médaille d'or.

2e — **400** — — d'argent.

3e — **300** — — de bronze.

78. — 33 m. 7 j. — Red Polled, rouge..... M. COLMAN (James, Jeremiah), à Carrow house, Norwich, Norfolk (Angleterre).

79. — 37 m. 7 j. — N....., noir......... M. NELSON (James), à Liverpool (Angleterre).

80. — 37 m. 8 j. — N....., noir......... M. NELSON (W. E.), Cakhill Park, Liverpool, Lancashire (Angleterre).

81. — 38 m. 24 j. — Gallovay, noir....... M. VAUCAMPS (Albert), à Huysinghen, Brabant (Belgique).

82. — 39 m. 4 j. — Red Polled, alezan rouge. Le même.

Animaux femelles de 1 à 2 ans.

1er prix, **300** fr. et une médaille d'or.

2e — **200** — — d'argent.

83. — 12 m. 6 j. — Red Polled, rouge...... M. COLMAN (James Jeremiah), Carrow house, Norwich, Norfolk (Angleterre).

84. — 14. m. — Red Polled, rouge........ Le même.

85. — 15 m. 7 j. — Red Polled, rouge..... Le même.

86. — 15 m. 20 j. — N....., noire........ M. NELSON (W. E.), Cakhill Park, Liverpool, Lancashire (Angleterre).

87. — 15 m. 21 j. — N..... ., noire........ Le même.

88. — 16 m. 7. — N....., noire......... M. NELSON (James), à Liverpool, Lancashire (Angleterre).

ESPÈCE BOVINE.

Animaux femelles de 2 ans et au-dessus.

1er prix, **400** fr. et une médaille d'or.

2e — **300** — — d'argent.

3e — **200** — — de bronze.

89. — 28 m. 26 j.—Red Polled, alezan rouge. M. Vaucamps (Albert), à Huysinghen, Brabant (Belgique).

90. — 34 m. — Angus, noire.............. Compagnie « London and provincial Dairy », Halkin street West, Belgrave square, London, Middlesex (Angleterre).

91. — 34 m. 24 j. — Gallovay, noire....... M. Vaucamps (Albert), précité.

92. — 37 m. 8 j. — Gallovay, noire....... Le même.

93. — 40 m. 13 j.—Red Polled, alezan rouge. Le même.

94. — 4 ans, 4 m. 6 j. — N....., noir..... M. Nelson (W. E.), à Cakhill Park, Liverpool, Lancashire (Angleterre).

95. — 5 ans, 3 m. —N....., noire......... M. Nelson (James), à Liverpool, Lancashire (Angleterre).

96. — 6 ans, 5 m. 25 j. —Red Polled, rouge. M. Colman (James, Jeremiah), à Carrow house, Norwich, Norfolk (Angleterre).

7e Catégorie. — **Race des Highlands d'Écosse.**

Animaux mâles de 1 à 4 ans.

1er prix, **500** fr. et une médaille d'or.

2e — **300** — — d'argent.

3e — **200** — — de bronze.

Pas d'animaux présentés.

Animaux femelles de 1 à 2 ans.

1er prix, **300** fr. et une médaille d'or.

2e — **200** — — d'argent.

3e — **100** — — de bronze.

Pas d'animaux présentés.

Animaux femelles de 2 ans et au-dessus.

1er prix, **350** fr. et une médaille d'or.

2e — **250** — — d'argent.

3e — **150** — — de bronze.

97. — 32 m. — Rouge et fauve........... M. Watts (John, Isaac) à Whistley Farm, Potterne, près Devizes, Wiltshire (Angleterre).

98. — 33 m. — Fauve.................... Compagnie « London and Provincial Dairy », Halkin street West, Belgrave square, London (Angleterre)

99. — 45 m. — Noire.................... M. Watts (John, Isaac), précité.

8ᵉ Catégorie. — **Race de Kerry.**

Animaux mâles de 1 à 4 ans.

1ᵉʳ prix, **400** fr. et une médaille d'or.
2ᵉ — **300**   —   —   d'argent.

100. — 45 m. — Noir .... M. Pierce Mahony, à Kilmorna Listowel, Kerry (Irlande).

Animaux femelles de 1 an et au-dessus.

1ᵉʳ prix, **300** fr. et une médaille d'or.
2ᵉ — **200**   —   —   d'argent.
3ᵉ — **100**   —   —   de bronze.

101. — 3 ans. — Noire .... M. Pierce, Mahony, à Kilmorna Listowel Kerry (Irlande).
102. — 3 ans. — Noire .... Le même.
103. — 3 ans. — Noire .... Le même.
104. — 6 ans, 1 m. — Noire .... M. Watts (John, Isaac), à Whistley farm, Potterne près Devizes, Wiltshire (Angleterre).

9ᵉ Catégorie. — **Race Hollandaise.**

Animaux mâles de 1 à 2 ans.

1ᵉʳ prix, **500** fr. et une médaille d'or.
2ᵉ — **400**   —   —   d'argent.
3ᵉ — **300**   —   —   de bronze.

105. — 12 m. 10 j. — Blanc et noir .... M. Zeeman (J.), à Beemster, Nord-Hollande (Pays-Bas).
106. — 12 m. 18 j. — Noir, tête blanche .. M. Huninga (D.), à Bedum, Groningue (Pays-Bas).
107. — 13 m. — Noir et blanc .... Société « Zuiddeel der Legmeer plassen », Nieuweramstel, Nord-Hollande (Pays-Bas).
108. — 13 m. 7 j. — Noir et blanc .... M. Schumman (P.), Jzⁿ, à Hoorn, Nord-Hollande (Pays-Bas).
109. — 13 m. 22 j. — Noir et blanc .... M. Breebaart (J.), Kzⁿ, à Winkel, Nord-Hollande (Pays-Bas).
110. — 14 m. 1 j. — Noir et blanc .... M. Groneman (J. L. F.), à Wieringerwaard, Nord-Hollande (Pays-Bas).
111. — 20 m. — Blanc et noir .... M. Wemaere (Ernest), à Wormhoudt, dépᵗ du Nord (France).
112. — 20 m. 9 j. — Noir et blanc .... M. Michiels (Corneille), rue Neckerspoel, 224, à Malines, Anvers (Belgique).
113. — 24 m. — Souris blanc .... M. Teugels-Derboven (Isidore), rue Neckerspoel, 214, à Malines, Anvers (Belgique).
113ᵇⁱˢ.- N .... M. Derboven, 46, rue de La Chapelle, à Paris (France).

Animaux mâles de 2 à 4 ans.

1er prix, **600** fr. et une médaille d'or.
2e   —   **500**   —   —   d'argent.
3e   —   **400**   —   —   de bronze.

114. — 25 m. — Noir et blanc.......... M. TEUGELS-DERBOVEN (Isidore), rue Neckerspoel, 214, à Malines, Anvers (Belgique).

115. — 25 m. 21 j. — Noir et blanc...... M. KUYPER EBBENHOUT (J.), à Maarssen, Utrecht (Pays-Bas).

116. — 35 m. 2 j. — Noir et blanc...... M. MICHIELS (Corneille), rue Neckerspoel, 224, à Malines, Anvers (Belgique).

117. — 36 m. — Pie rouge.............. M. RIGO (Gérard-Joseph), à Bierset, Liége (Belgique).

118. — 36 m. 10 j. — Noir et blanc...... M. VAN KONYNEUBURY (D.), à Noordwyk, Sud-Hollande (Pays-Bas).

119. — 37 m. 2 j. — Noir et blanc....... M. BREEBAART (J.), Kzⁿ, à Winkel, Nord Hollande (Pays-Bas).

120. — 37 m. 15 j. — Noir et blanc...... M. PUNT (C. L.), à Klundert, Brabant Nord (Pays-Bas).

121. — 37 m. 23 j. — Noir, tête blanche... M. SICCAMA (D.), à Ruigezand, Groningue (Pays-Bas).

122. — 37 m. 27 j. — Noir et blanc...... M. REPELAER (Jhr. P. J. J.), à Dubbeldam, Sud-Hollande (Pay-Bas).

123. — 38 m. — Noir et blanc.......... M. TEUGELS-DERBOVEN (Isidore), précité.
124. — 38 m. 11 j. — Noir et blanc...... M. le baron SLOET (G.), Van MARXVELD, à Vollenhove, Overyssel (Pays-Bas).

125. — 40 m. — Blanc et noir.......... M. COUSIN (Adolphe), à Mons-en-Barœul, dépt du Nord (France).

126. — 45 m. — Blanc et noir.......... M. THIERS (Émile), à Roubaix, dépt du Nord (France).

127. — 46 m. — Noir et blanc.......... M. GESTE (Théodore), à Auxerre, dépt de l'Yonne (France).

128. — 4 ans. — Noir et blanc.......... M. DE SUTTER (J.-B.), à Eecloo, Flandre orientale (Belgique).

Animaux femelles de 2 à 3 ans.

1er prix, **300** fr. et une médaille d'or.
2e   —   **200**   —   —   d'argent.
3e   —   **150**   —   —   de bronze.

129. — 24 m. — Noire et blanche........ M. BREBAART (J.) Kzⁿ, à Winkel, Nord-Hollande (Pays-Bas).

130. — 24 m. — Blanche et noire........ M. CONSTANT PHILIPS, à Nouw, Nord-Brabant (Pays-Bas).

131. — 24 m. — Noire et blanche........ M. HERMAN, F. BULTMAN, à Haarlemmermeer, Nord-Hollande (Pays-Bas).

132. — 24 m. — Noire et blanche........ M. SCHOORL (C.), à Barsingerhorn, Nord-Hollande (Pays-Bas).

133. — 24 m. — Noire et blanche........ Société « Zuiddeel der Legmeer plassen », à Nieuweramstel, Wilhoorn, Nord-Hollande (Pays-Bas).

134. — 24 m. — Noire et blanche........ M. WAIBOER Azⁿ, à Winkel, Nord-Hollande (Pays-Bas).

135. — 26 m. — Noire et blanche........ M. SCHUTTER (J. N.), à Garmerwolde, Groningue (Pays-Bas).

136. — 34 m. 20 j. — Noire et blanche... M. MICHIELS (Corneille), rue Neckerspoel, 224, à Malines, Anvers (Belgique).

137. — 36 m. — Noire et blanche........ M. Teugels-Derboven (Isidore), rue Neckerspoel, 214, à Malines, Anvers, (Belgique).

Animaux femelles de 3 ans et au-dessus.

1er prix, **400** fr. et une médaille d'or.

2e — **300** — — d'argent.

3e — **200** — — de bronze.

138. — 38 m. — Noire et blanche........ M. Herman, F. Bultman, à Haarlemmermeer, Nord-Hollande (Pays-Bas).
139. — 38 m. — Noire et blanche........ M. Tiers (Emile), à Roubaix, dép. du Nord (France).
140. — 42 m. — Souris blanc........... M. Teugels-Derboven (Isidore), rue Neckerspoel, 214, à Malines. Anvers (Belgique).
141. — 4 ans. — Noire et blanche........ M. Moons de Coen (Charles), à Calmpthout, château de Chênaies, Anvers (Belgique).
142. — 4 ans. — Rouge et blanche........ M. Teugels-Derboven (Isidore), précité.
143. — 4 ans 1 m. — Noire et blanche ... Le même.
144. — 4 ans 10 m. — Blanche.......... M. Lagarde (Jean), rue Grange-aux-Belles, 33, à Paris (France),
145. — 5 ans. — Blanche et noire........ M. Cousin (Adolphe), à Mons-en-Barœul, dép. du Nord (France).
146. — 5 ans. — Blanche et noire........ M. Guillermain, à Berny, dép. de la Seine (France).
147. — 5 ans. — Noire et blanche........ Mme Meens (Hippolyte), aux Bruyères de Schooten, Anvers (Belgique).
148. — 5 ans. — Noire et blanche........ M. Moons de Coen (Charles), précité.
149. — 5 ans. — Noire et blanche........ Le même.
150. — 5 ans. — Blanche, taches noires.. M. Van Rooyen (J.-G.), Fzn., à Utrecht (Pays-Bas).
151. — 5 ans. — Noire et blanche........ Société « Zuiddeel der Legmeer plassen », à Nieuweramstel, Withoorn, Nord-Hollande (Pays-Bas).
152. — 5 ans 2 m. — Noire et blanche ... M. Teugels-Derboven (Isidore), précité.
153. — 5 ans 6 m. — Pie, taches noires.. M. Haviland (Théodore), à Ambazac, dép. de la Haute-Vienne (France).
154. — 5 ans 11 m. — Noire et blanche... M. Schutter (J.-N.), à Garmerwolde, Groningue (Pays-Bas).
155. — 5 ans 11 m. 13 j. — Noire et blanche. M. Michiels (Corneille), rue Neckerspoel, 224, à Malines, Anvers (Belgique).
156. — 6 ans. — Noire et blanche........ M. de Boer (C.), à Midwoud, Nord-Hollande (Pays-Bas).
157. — 6 ans. — Noire et blanche........ M. Breebaart (J), Kzn., à Winkel, Nord-Hollande (Pays-Bas).
158. — 6 ans. — Noire et blanche........ Mme Meens (Hippolyte), précitée.
159. — 6 ans. — Noire et blanche........ M. Teugels-Derboven (Isidore), précité.
160. — 6 ans. — Rouge et blanche........ Le même.
161. — 6 ans. — Noire et blanche........ Le même.
162. — 6 ans. — Souris blanc........... Le même.
163. — 6 ans 3 m. — Noire et blanche.... Le même.
164. — 6 ans 3 m. 9 j. — Fauve et blanche. M. Michiels (Corneille), précité.
165. — 6 ans 6 m. — Noire et blanche ... M. Teugels-Derboven (Isidore), précité.
166. — 7 ans. — Blanche, taches noires. M. Mons de Coen (Charles), précité.
167. — 7 ans. — Noire et blanche........ Le même.
168. — 7 ans. — Noire et blanche........ M. Teugels-Derboven (Isidore), précité.
169. — 7 ans 20 j. — Noire, tête blanche. M. Meyer (F.), à Visoliet, Groningue (Pays-Bas).
170. — 8 ans. — Souris blanc........... M. Teugels-Derboven Isidore), précité.
170bis.— N...................... M. Derboven, 46, rue de La Chapelle, à Paris (France).

10e Catégorie. — Races des polders et des terrains bas du Nord, non comprises dans les catégories ci-dessus.

(Races de Wilster, du Marsh, Tondern, Bridenborg etc.).

Animaux mâles de 1 à 4 ans.

1er prix, **500** fr. et une médaille d'or.

2e — **400** — — d'argent.

3e — **300** — — de bronze.

4e — **200** — — de bronze.

171. — 21 m. — des Polders , côté Ouest, blanc et noir. — M. Brouwer (W.-D.-J.), à Zwolle Willems-kade, Overyssel (Pays-Bas).

172. — 24 m. — des Polders, côté Ouest, blanc et noir. — Le même.

Animaux femelles de 1 à 2 ans.

1er prix, **250** fr, et une médaille d'or.

2e — **200** — — d'argent.

3e — **100** — — de bronze.

173. — 18 m. — des Polders , côté Ouest, noire et blanche. — M. Brouwer (W.-D.-J.) à Zwolle, Willems kade, Overyssel (Pays-Bas).

174. — 21 m. — des Polders , côté Ouest, noire et blanche. — Le même.

175. — 21 m. 15 j. — des Polders, grise et blanche. — M. Michiels (Corneille), rue Neckerspoel, 224, à Malines, Anvers (Belgique).

Animaux femelles de 2 ans et au-dessus.

1er prix, **300** fr. et une médaille d'or.

2e — **200** — — d'argent.

3e — **100** — — de bronze.

176. — 4 ans. — des Polders, blanche et noire. — M. Brouwer (W.-D.-J.), à Zwolle, Willems Kade, Overyssel Pays-Bas).

177. — 4 ans. — des Polders, blanche et noire. — Le même.

178. — 5 ans. — des Polders, blanche et noire. — Le même.

179. — 5 ans. — des Polders, blanche et noire. — Le même.

180. — 6 ans. — des Polders, blanche et noire. — Le même.

181. — 6 ans. — des Polders, blanche et noire. — Le même.

182. — 6 ans 2 m. 4 j.— des Polders, grise et blanche. — M. Michiels (Corneille), rue Neckerspoel, 224, à Malines, Anvers (Belgique).

182bis. — N............................ — M. Derboven, 46, rue de La Chapelle, à Paris (France).

2e CLASSE.

RACES DU LITTORAL DE LA MER BALTIQUE.

CATÉGORIE UNIQUE. — **Races danoises, jutlandaises, angeln, suédoises, norvégiennnes, etc.**

Animaux mâles de 1 à 4 ans.

1er prix, **400** fr. et une médaille d'or.
2e — **300** — — d'argent.

Pas d'animaux présentés.

Animaux femelles de 2 et ans au-dessus.

1er prix, **300** fr. et une médaille d'or.
2e — **150** — — d'argent.

Pas d'animaux présentés.

3e CLASSE.

RACES DE L'EUROPE CENTRALE.

1re CATÉGORIE. — **Races bernoise, fribourgeoise, et Simmenthal.**

I. — **Race Bernoise.**

Animaux mâles de 1 à 4 ans.

1er prix, **600** fr. et une médaille d'or.
2e — **500** — — d'argent.
3e — **400** — — de bronze.

183. — 13 m. — Tacheté jaune.......... M. WEBER (J. R.), à Grasswyl, Berne (Suisse).

184. — 17 m. — Tacheté jaune clair.... . M. WITSCHI Frère, à Hindelbank, Berne (Suisse).

185. — 24 m. — Tacheté jaune.......... M. JORDAN (Louis), à Mézières, Vaud (Suisse).

186. — 27 m. — Rouge et blanc.......... M. GRABER (Joseph), à Couthenans, département de la Haute-Saône (France).

187. — 30 m. — Tacheté jaune.......... M. EUDERLI (Charles), à Illnau, Zurich (Suisse).

188. — 30 m. — Tacheté jaune.......... M. FREY (Rodolphe), à Watt-Regendorf, Zurich (Suisse).

189. — 30 m. — Tacheté jaune.......... M. HALDIMANN (G.), à Eggiroyl, Berne (Suisse).

190. — 36 m. — Jaune rouge .... École d'Agriculture , à Rutti , Berne (Suisse).

191. — 39 m. — Tacheté jaune .... M. Bucher (Jean), à Nieder-Weningen, Zurich (Suisse).

192. — 4 ans. — Jaune .... M. Bosset (François), à Maladère, Vaud (Suisse).

193. — 4 ans. — Jaune clair........... M. Cuenat (Léon), à Delemont, Berne (Suisse).

194. — 4 ans. — Tacheté jaune......... Maison de correction à Florberg, Berne (Suisse).

195. — 4 ans. — Blanc et rouge........ M. Rouchès (Noël), 7, rue St-Sébastien, à Paris (France).

Animaux femelles de 2 ans et au-dessus.

1er prix, **400** fr. et une médaille d'or.

2^e	—	**300**	—	— d'argent.
3^e	—	**200**	—	— de bronze.
4^e	—	**100**	—	— de bronze.

196. — 30 m. — Tachetée jaune.......... École d'Agriculture , à Rutti , Berne (Suisse).

197. — 30 m. — Tachetée jaune.......... M. Witschi Frère, à Hindelbank, Berne (Suisse).

198. — 30 m. — Tachetée jaune.......... Le même.

199. — 4 ans 5 m. 6 j. — Rouge et blanche. M. Tible, rue Lafayette, 223, Paris (France).

200. — 4 ans 6 m. — Tachetée jaune..... M. Weber (J. R.), à Grasswyl, Berne (Suisse).

201. — 5 ans. — Tachetée jaune clair.... École d'Agriculture, à Rutti, précité.

202. — 5 ans. — Brune et blanche........ M. Guillermain, à Berny , dép. de la Seine (France).

203. — 5 ans. — Jaune clair............. M. Witschi (Jacques), à Hindelbank, Berne (Suisse).

204. — 6 ans. — Taches jaunes et blanches Asile d'aliénés, à Saint-Urban, Lucerne (Suisse).

205. — 6 ans. — Jaune clair............. M. Bieri (Rodolphe), à Hindelbank, Berne (Suisse).

II. — Race Fribourgeoise.

Animaux mâles de 1 à 4 ans.

1er prix, **600** fr. et une médaille d'or.

2^e	—	**500**	—	— d'argent.
3^e	—	**400**	—	— de bronze.

206. — 12 m. — Noir et blanc........... M. Biolley (Jean-Jacques), à Crozetta, Praroman, Fribourg (Suisse).

207. — 12 m. — Rouge blanc ... . M. Waeber (Jean-Joseph), à Treyvaux, Fribourg (Suisse).

208. — 14 m. — Tacheté noir........... M. Pipoz (Jean), à Charmez, Fribourg (Suisse).

209. — 14 m. — Rouge et blanc....... .. M. Rouchès (Noël), rue Saint-Sébastien, 7, à Paris (France).

210. — 14 m. 20 j. — Rouge et blanc...... M. Page (François), à Corserey, Fribourg (Suisse).

211. — 16 m. — Noir et blanc........... MM. Meyer Frères, à Marly-le-Petit, Fribourg (Suisse).

212. — 17 m. — Tacheté noir........... M. Dupasquier (Julien), à Vuadens, Fribourg (Suisse).

213. — 18 m. — Fauve tacheté.......... M. Geinoz (Olivier), à Neirivue, Fribourg (Suisse).
214. — 22 m. — Noir et blanc............ M. Waeber (Jean-Joseph), précité.
215. — 22 m. 18 j. — Rouge et blanc ..... M. Page (François), précité.
216. — 24 m. — Tacheté noir .... M. Garin (Jules), à Bulle, Fribourg (Suisse)
217. — 25 m. — Tacheté noir............. M. Pipoz (Jean), précité.
218. — 26 m. — Rouge tacheté.......... M. Dupaquier (Louis), à Vuadens, Fribourg (Suisse).
219. — 27 m. — Fauve tacheté.......... M. Geinoz (Olivier), précité.
220. — 28 m. — Noir et blanc........... M. Biolley (Jean-Jacques), précité.
221. — 34 m. — Tacheté noir........... MM. Pury Frères, à Domdidier, Fribourg (Suisse).
222. — 39 m. — Noir et blanc............ MM. Meyer Frères, précités.
223. — 39 m. — Rouge blanc............ M. Waeber (Jean-Joseph), précité.

Animaux femelles de 2 ans et au-dessus.

1er prix, **400** fr. et une médaille d'or.

2e   — **300**   —   —   d'argent.

3e   — **200**   —   —   de bronze.

4e   — **100**   —   —   de bronze.

224. — 26 m. — Tachetée noir .... M. Garin (Jules), à Bulle, Fribourg (Suisse).
225. — 26 m. — Tachetée noir .... M. Pipoz (Jean), à Charmez, Fribourg (Suisse).
226. — 27 m. — Tachetée noir.......... M. Dupaquier (Julien), à Vuadens, Fribourg (Suisse).
227. — 27 m. — Rouge tacheté .... M. Dupaquier (Louis), à Vuadens, Fribourg (Suisse).
228. — 30 m. — Rouge fauve tacheté..... M. Geinoz (Olivier), à Neirivue, Fribourg (Suisse).
229. — 30 m. — Rouge fauve tacheté..... Le même.
230. — 30 m. — Rouge fauve tacheté..... Le même.
231. — 30 m. — Rouge fauve tacheté..... Le même.
232. — 38 m. — Tachetée noir .... M. Garin (Jules), précité.
233. — 40 m. — Tachetée noir .... M. Dupasquier (Julien), précité.
234. — 40 m. — Fauve tacheté.......... M. Geinoz (Olivier), précité.
235. — 42 m. — Rouge tacheté.......... M. Dupaquier (Louis), précité.
236. — 41 m. — Tachetée noir.......... M. Pipoz (Jean), précité.
237. — 4 ans. — Blanche.............. M. Garin (Jules), précité.
238. — 4 ans. — Rouge fauve tacheté..... M. Geinoz (Olivier), précité.
239. — 4 ans. — Rouge fauve tacheté..... Le même.
240. — 4 ans. — Tachetée noir.......... M. Pipoz (Jean), précité.
241. — 4 ans......................... M. Rouchès (Noël), rue Saint-Sébastien, 7, à Paris (France).
242. — 4 ans 2 m. — Tachetée noir...... M. Dupasquier (Julien), précité.
243. — 4 ans 2 m. — Tachetée noir...... M. Pipoz (Jean), précité.
244. — 4 ans 3 m. — Blanche et noire.... M. Garin (Jules), précité.
245. — 4 ans 5 m. — Rouge tacheté...... M. Dupaquier (Louis), précité.
246. — 5 ans. — Tachetée noir.......... M. Dupaquier (Julien), précité.
247. — 5 ans. — Rouge fauve tacheté..... M. Geinoz (Olivier), précité.
248. — 5 ans. — Rouge fauve tacheté..... Le même.
249. — 5 ans 3 m. — Tachetée noir...... M. Pipoz (Jean), précité.
250. — 6 ans, 4 m. — Brune, tête blanche. M. Mayet (Charles), à Bourg-St-Maurice, dép. de la Savoie (France).

III. — **Race Simmenthal.**

Animaux mâles de 1 à 4 ans.

1er prix, **600** fr. et une médaille d'or.

2e — **500** — — d'argent.

3e — **400** — — de bronze.

251. — 15 m. — Tacheté jaune.......... Société d'élevage des Vallées de Simmen-thal et Saanen, à Erlenback, Berne (Suisse).
252. — 17 m. — Tacheté jaune.......... La même.
253. — 17 m. — Tacheté jaune.......... La même.
254. — 30 m. — Tacheté jaune.......... La même.
255. — 41 m. — Tacheté jaune.......... La même.
256. — 47 m. — Tacheté jaune.......... La même.

Animaux femelles de 2 ans et au-dessus.

1er prix, **400** fr. et une médaille d'or.

2e — **300** — — d'argent.

3e — **200** — — de bronze.

4e — **100** — — de bronze.

257. — 28 m. — Tachetée jaune.......... Société d'élevage des Vallées de Simmen-thal et Saanen, à Erlenback (Suisse).
258. — 28 m. — Tachetée jaune clair..... La même.
259. — 30 m. — Tachetée jaune.......... La même.
260. — 30 m. — Tachetée jaune.......... La même.
261. — 33 m. — Tachetée jaune.......... La même.
262. — 34 m. — Tachetée jaune.......... La même.
263. — 34 m. — Tachetée jaune.......... La même.
264. — 36 m. — Tachetée jaune.......... La même.
265. — 39 m. — Jaune clair.............. La même.
266. — 40 m. — Tachetée jaune rouge.... La même.
267. — 40 m. — Tachetée jaune.......... La même.
268. — 4 ans 4 m. — Jaune rouge........ La même.
269. — 4 ans 4 m. — Tachetée jaune..... La même.
270. — 4 ans 4 m. — Tachetée jaune..... La même.
271. — 4 ans 5 m. — Jaune.............. La même.
272. — 4 ans 5 m. — Tachetée jaune..... La même.
273. — 4 ans 6 m. — Tachetée jaune..... La même.
274. — 5 ans. — Tachetée jaune......... La même.
275. — 6 ans. — Tachetée jaune......... La même.

2e Catégorie. — **Races Schwitz et analogues.**

Animaux mâles de 1 à 4 ans.

1er prix, **600** fr. et une médaille d'or.

2e — **500** — — d'argent.

3e — **400** — — de bronze.

4e — **300** — — de bronze.

276. — 12 m. — Schwitz, brun.......... M. Poirson (Aug.), à St-Evres commune de Toul, dépt de Meurthe-et-Moselle (France)
277. — 15 m. — Schwitz, brun.......... M. Hoehn (Jean), à Schœnenberg, Zurich (Suisse).

278. — 15 m. — Schwitz, brun.......... Société pour l'amélioration du bétail, à Es-
                                            chenbach, St-Gall (Suisse).
279. — 18 m. — Schwitz, gris........... M. OBRECHT, à Rüfe-sur-Frimes, Grisons
                                            (Suisse).
280. — 18 m. 4 j. — Schwitz, gris....... M. GRABER (Joseph), à Couthenans, dép¹
                                            de la Haute-Saône (France).
281. — 19 m. — Schwitz, gris........... M. CASPARIS, à Riesberg, Grisons (Suisse).
282. — 19 m. — Schwitz, gris........... M. KAHLER, à Chur, Grisons (Suisse).
283. — 21 m. 6 j. — Schwitz, gris foncé... M. CHÉNON DE LÉCHÉ, à Subdray, dép. du
                                            Cher (France).
284. — 24 m. — Schwitz, brun.......... M. BEGLER (Charles), à Staub, près Hau-
                                            sen, Gossau et St-Gall (Suisse).
285. — 24 m. — Schwitz, brun.......... M. BURGI, à Arth, Schwyz (Suisse).
286. — 24 m. — Schwitz, brun.......... M. ENDERLI (Charles), à Illnau, Zurich
                                            (Suisse).
287. — 30 m. — Schwitz, brun .... M. HASLER (Casp.), à Schonenberg, Zurich
                                            (Suisse).
288. — 30 m. — Schwitz, brun .... M. SCHALLIBAUM (Jean), à St-Johaun, St-
                                            Gall (Suisse).
289. — 39 m. — Schwitz, brun.......... M. SCHINDLER (M), à Wattwyl, St-Gall
                                            (Suisse).
290. — 39 m. — Schwitz, brun.......... M. STACHELI (B.), à St-Gall (Suisse).
291. — 42 m. — Schwitz, gris........... SOCIÉTÉ LUMBREIN, à Lumbrein, Grisons
                                            (Suisse).
292. — 42 m. — Schwitz, brun.......... Société pour l'amélioration du bétail, à
                                            Wattwyl, St-Gall (Suisse).

Animaux femelles de 2 ans et au-dessus.

1ᵉʳ prix, **400** fr. et une médaille d'or.

2ᵉ	—	**300**	—	—	d'argent.
3ᵉ	—	**200**	—	—	de bronze.
4ᵉ	—	**150**	—	—	de bronze.
5ᵉ	—	**100**	—	—	de bronze.

293. — 24 m. — Schwitz, grise.......... M. CHRIST (Joh), à Dernugs-Villa, Grisons
                                            (Suisse).
294. — 24 m. — Schwitz, gris brun...... M. POIRSON (Aug.), à St-Evre, commune de
                                            Toul, dép. de Meurthe-et-Moselle (France)
295. — 26 m. — Schwitz, grise.......... M. LUTTA, à Andeer, Grisons (Suisse).
296. — 28 m. — Schwitz, grise.......... M. SPRECHER-HEINZ, à Furna, Grisons
                                            (Suisse).
297. — 29 m. — Schwitz, grise.......... Mᵐᵉ CASURA, à Hang, Grisons (Suisse).
298. — 29 m. — Schwitz, grise.......... M. ROFFLER, à Chur, Grisons (Suisse).
299. — 30 m. — Schwitz, grise.......... M. CAFLISCH, à Flerden, Grisons (Suisse).
300. — 30 m. — Schwitz, grise.......... M. BUHLER, à Fideris, Grisons (Suisse).
301. — 30 m. — Schwitz, brune .... M. RYHNER (Charles), à Wacdeusweil,
                                            Zurich (Suisse).
302. — 31 m. — Schwitz, grise.......... M. LANICCA (Martin), à Sam, Grisons
                                            (Suisse).
303. — 39 m. — Schwitz, grise .... M. SCHMIAD (Joh), à Sagens, Grisons
                                            (Suisse).
304. — 40 m. — Schwitz, grise .... M. GARTMANN (Bernhard), à Fenaz, Grisons
                                            (Suisse).
305. — 41 m. — Schwitz, grise .... M. MASUGER, à Sarn, Grisons (Suisse).
306. — 41 m. — Schwitz, grise .... M. GÉRONIMI (Peter), à Laax, Grisons
                                            (Suisse).
307. — 42 m. — Schwitz, brune .... M. BURGI, à Arth, Schwyz (Suisse).
308. — 43 m. — Schwitz, grise .... MM. RUBEN Frères, à Praz, Grisons (Suisse).
309. — 4 ans. — Schwitz, brune.......... M. BACKMAM (Jean), à Schoenenberg, Zurich
                                            (Suisse).

2.

310. — 4 ans. — Schwitz brune......... M. IENTUER, à Magelsberg, St-Gall (Suisse).
311. — 4 ans 5 m. — Schwitz grise....... M. RUEDI (J.-M.). à Zuoz, Grisons (Suisse).
312. — 4 ans 6 m. — Schwitz brune...... M. BURGI, précité.
313. — 4 ans 6 m. — Schwitz brune...... Le même.
314. — 4 ans 6 m. — Schwitz brune...... Le même.
315. — 4 ans 6 m. — Schwitz brune...... M. STACHELI (Jos.), à St-Gall (Suisse).
316. — 5 ans. — Schwitz brune......... M. BACKMANN (Jean), précité.
317. — 5 ans. — Schwitz grise.......... M. GUILLERMAIN, à Berny, dép. de la Seine (France).
318. — 5 ans. — Schwitz brune......... M. HOEHN (Jean), à Schœnenberg, Zurich (Suisse).
319. — 5 ans. — Schwitz brune......... Le même.
320. — 5 ans. — Schwitz brune......... M. RYHNER (Charles), à Waedensweil, Zurich (Suisse).
321. — 5 ans. — Schwiz brune.......... M. SCHMID (Conrad), à Bruggen, St-Gall (Suisse).
322. — 5 ans. — Schwitz brune......... M. STACHELI (Jos.', précité.
323. — 5 ans. — Schwitz brune......... M. TICHMANN (Joseph), à Gassan, St-Gall (Suisse).
324. — 5 ans 3 m. — Schwitz, grise...... M. BRAUN (Simon), à Chur, Grisons (Suisse).
325. — 5 ans 6 m. — Schwitz, grise...... M. RISCH, à Chur, Grisons (Suisse).
326. — 5 ans 8 m. 6 j.—Schwitz gris souris M. GABER (Joseph), à Couthenans, dép. de la Haute-Saône (France).
327. — 6 ans. — Schwitz brune.......... M. HASLER (Casp.), à Schoenenberg, Zurich (Suisse).

3e CATÉGORIE. — **Race du Glane et de Birkenfield.**

Animaux mâles de 1 à 4 ans.

1er prix, **400** fr. et une médaille d'or.
2e   —   **300**   —   —   d'argent.
3e   —   **200**   —   —   de bronze.

328. — 38 m. — Glane, froment......... M. CHÉMERY (Alfred), à Moiremont, dép. de la Marne (France).

Animaux femelles de 2 ans et au-dessus.

1er prix, **300** fr. et une médaille d'or.
2e   —   **200**   —   —   d'argent.
3e   —   **150**   —   —   de bronze.
4e   —   **100**   —   —   de bronze.

329. — 42 m. — Glane, froment......... M. CHÉMERY (Alfred), à Moiremont, dép. de la Marne (France).
clair.

4e CATÉGORIE. — **Races diverses non comprises dans les catégories ci-dessus.**

(Races et sous-races Autrichiennes, Tyroliennes, Dux, etc.)

Animaux mâles de 1 à 4 ans.

1er prix, **400** fr. et une médaille d'or.
2e   —   **300**   —   —   d'argent
3e   —   **200**   —   —   de bronze.

330. — 26 m. — Tyrolien, brun.......... M. GRABER (Joseph), à Couthenans, dép. de la Haute-Saône (France).

Animaux femelles de 2 ans et au-dessus.

1er prix, **300** fr. et une médaille d'or.
2e   — **200**   —   —   d'argent.
3e   — **150**   —   —   de bronze.
4e   — **100**   —   —   de bronze.

331. — 4 ans 4 m. — Tyrolienne, brune... M. GRABER (Joseph), à Couthenans, dép. de la Haute-Saône (France).

———

4e CLASSE.

RACES DU SUD-OUEST DE L'EUROPE.

———

CATÉGORIE UNIQUE. — **Races diverses : Piémontaise, Romagnole etc.**

Animaux mâles de 1 à 4 ans.

1er prix, **400** fr. et une médaille d'or.
2e   — **300**   —   —   d'argent.
3e   — **200**   —   —   de bronze.

Pas d'animaux présentés.

Animaux femelles de 1 an et au-dessus.

1er prix, **350** fr. et une médaille d'or.
2e   — **250**   —   —   d'argent.
3e   — **150**   —   —   de bronze.

Pas d'animaux présentés.

———

5e CLASSE

RACES DIVERSES NON COMPRISES DANS LES CATÉGORIES PRÉCÉDENTES.

———

Animaux mâles de 1 à 4 ans.

1er prix, **400** fr. et une médaille d'or.
2e   — **300**   —   —   d'argent.
3e   — **200**   —   —   de bronze.
4e   — **100**   —   —   de bronze.

332. — 17 m. — Oldenbourg, noir .... M. GRABER (Joseph), à Couthenans, dép. de la Haute-Saône (France).

333. — 20 m. — Belge .... M. VANDERMEIR (Joseph), à Viemme, Liège (Belgique).

334. — 29 m. 2 j. — N......., pie rouge. M. LECLERCQ (Calixte), à Villers-la-Tour, Hainaut (Belgique).

335. — 36 m. — Belge, pie rouge........ M. LAMBERT (Ernest), à Velroux, Liège (Belgique).

336. — 38 m. — Belge, blanc et bleu..... M. MÉLIN (Victor), à Celles, par Waremme, Liège (Belgique).

337. — 4 ans. — Belge, gris bleu........ M. DIEUDONNÉ (Armand), à Viemme, par Waremme, Liège (Belgique).

Animaux femelles de 1 an et au-dessus.

1er prix,	**300** fr. et une	médaille	d'or.	
2e —	**200**	—	—	d'argent.
3e —	**150**	—	—	de bronze.
4e —	**100**	—	—	de bronze

338. — 20 m. — Belge, pie rouge........ M. VANDERMEIR (Joseph), à Viemme, Liège (Belgique).

339. — 23 m. — Belge, pie rouge........ Le même.

340. — 26 m. — Belge, tigrée .... Le même.

341. — 34 m. — Belge, rouge............ M. RIGO (Gérard-Joseph), à Bierset, Liège (Belgique).

342. — 36 m. — Ardennaise, rouanne.... M. SEVERIN (Joseph), à Bande, Luxembourg (Belgique).

343. — 37 m. — Belge, blanche et bleue. M. RIGO (Gérard-Joseph), précité.

344. — 37 m. 10 j. — Belge, bleue........ Le même.

345. — 4 ans. — Belge, rouge et blanche. M. TEUGELS-DERBOVEN (Isidore), rue Neckerpoel, 214, à Malines, Anvers (Belgique).

346. — 4 ans 8 j. — d'Oldenbourg, noire et blanche. M. GRABER (Joseph), à Couthenans, dép. de la Haute-Saône (France).

347. — 4 ans 2 m. 4 j.................... M. ROUCHÈS (Noël), rue Saint-Sébastien, 7, à Paris (Seine).

348. — 5 ans. — Belge, gris bleu........ M. DIEUDONNÉ (Amand), à Viemme, par Waremme, Liège (Belgique).

349. — 5 ans. — Wallonne, blanche...... M. GUILLERMAIN, à Berny, dép. de la Seine (France).

350. — 5 ans. — Belge, noire et blanche. M. TEUGELS-DERBOVEN (Isidore), précité.

351. — 5 ans. — Belge, pie rouge....... M. VANDERMEIR (Joseph), précité.

352. — 5 ans 2 m. 13 j. — N........rouge et blanche. M. MICHIELS (Corneille), rue Neckerspoel, 224, à Malines, Anvers (Belgique).

353. — 5 ans 5 m. — Longhorns, rouge et blanche. Compagnie « LONDON AND PROVINCIAL DAIRY », Halkin street West, Belgrave square, London (Angleterre).

354. — 5 ans 9 m. — Longhorns, blanche tachetée. M. WATTS (John-Isaac), à Whistley farm, Sotterne, près Devizes, Wiltshire (Angleterre).

355. — 6 ans. — Belge, gris bleu........ M. DIEUDONNÉ (Amand), précité.

356. — 6 ans. — Belge, gris bleu........ Le même.

357. — 6 ans. — Belge, gris noir........ Le même.

358. — 6 ans 3 m. — Belge, rouge et blanche. M. TEUGELS-DERBOVEN (Isidore), précité.

359. — 6 ans 3 m. — Belge, rouge et blanche. Le même.

360. — 7 ans. — Belge, gris bleu......... M. DIEUDONNÉ (Amand), précité.

361. — 7 ans. — Belge, noire et blanche.. M. TEUGELS-DERBOVEN (Isidore), précité.

362. — 8 ans. — Belge, pie rouge......... M. VANDERMEIR (Joseph), précité.

363. — 8 ans. — Ardennaise, rouge et blanche............................ M. SEVERIN (Joseph), précité.

BANDES DE VACHES LAITIÈRE (en lait).

1ʳᵉ Catégorie. — **Races de grande taille.**

1ᵉʳ prix, **1000** fr, et une médaille d'or.
2ᵉ — **700** — — d'argent.
3ᵉ — **500** — — de bronze.
4ᵉ — **300** — — de bronze.

364. — 5 ans. — Hollandaise, noire et blanche. M. Michiels (Corneille), rue Neckerspoel, 224, à Malines, Anvers (Belgique).

365. — 5 ans 9 m. — Hollandaise, noire et blanche. Le même.

366. — 6 ans. — Hollandaise, noire et blanche. Le même.

367. — 6 ans 3 m. — Hollandaise, noire et blanche. Le même.

368. — 5 ans 1 m. 9 j. — Hollandaise noire et blanche. M. Vassal, rue du Poteau, 95, à Paris.

369. — 6 ans 3 m. 22 j. — Hollandaise noire et blanche. Le même.

370. — 7 ans 4 m. 15 j. — Hollandaise noire et blanche. Le même.

371. — 7 ans 6 m. 17 j. — Hollandaise noire et blanche. Le même.

372. — 5 ans. — Hollandaise............ M. Teugels-Derboven (Isidore), rue Neckerspoel, nᵒ 214, à Malines, Anvers.

373. — 6 ans. — Hollandaise............ Le même.

374. — 6 ans. — Hollandaise............ Le même.

375. — 7 ans. — Hollandaise............ Le même.

2ᵉ Catégorie. — **Races de moyenne et de petite taille.**

1ᵉʳ prix, **800** fr. et une médaille d'or.
2ᵉ — **600** — — d'argent.
3ᵉ — **400** — — de bronze.
4ᵉ — **200** — — de bronze

376. — 30 m. — Jersiaise, froment foncé.. M. Chandora (Léon), à Leuhan, par Plabennec, dép. du Finistère (France).

377 — 30 m. — Jersiaise, froment foncé.. Le même.

378. — 37 m. — Jersiaise, froment foncé.. Le même.

379. — 37 m. — Jersiaise, froment foncé.. Le même.

380. — 4 ans 2 m. 15 j. — Bernoise blanche et rouge. M. Rouchès (Noël), rue St-Sébastien, 7, à Paris.

381. — 4 ans 6 m. — Bernoise blanche et rouge. Le même.

382. — 4 ans 8 m. — Bernoise blanche et rouge. Le même.

383. — 4 ans 10 m. — Bernoise blanche et rouge. Le même.

ESPÈCE BOVINE.

2ᵉ DIVISION.

ANIMAUX MALES ET ANIMAUX FEMELLES DE RACES SOIT FRANÇAISES, SOIT ÉTRANGÈRES, NÉS ET ÉLEVÉS EN FRANCE.

En outre des prix prévus pour chaque catégorie, le Jury pourra décerner, s'il y a lieu, dans la 2ᵉ Division :

Un objet d'art d'une valeur de 1,000 francs, au meilleur taureau des races françaises pures ;

Un objet d'art, d'une valeur de 1,000 francs, au meilleur taureau des races étrangères pures, né et élevé en France ;

Un objet d'art de 500 francs à la meilleure femelle des races françaises pures ;

Un objet d'art de 500 francs à la meilleure femelle des races étrangères, née et élevée en France ;

Un prix d'honneur, d'une valeur de 1,500 francs, au meilleur taureau présenté dans la division ;

Un prix d'honneur, d'une valeur de 1,000 francs, à la meilleure femelle présentée dans la division ;

Un grand prix d'honneur, d'une valeur de 2,000 francs, au meilleur ensemble d'animaux de la vision ;

Un prix d'honneur, d'une valeur de 500 francs, à la plus belle bande de vaches laitières.

1ʳᵉ CATÉGORIE. — **Races normandes.**

1ᵉʳ prix, **700** fr et une médaille d'or.
2ᵉ — **600** — — d'argent.
3ᵉ — **500** — — de bronze.
4ᵉ — **400** — — de bronze

384. — 12 m. — Bringé caille............ M. CÉRAN-MAILLARD, à Turqueville Manche).

385. — 12 m. — Bringé................ M. LEPAULMIER, à Saint-Côme-du-Mont (Manche).

386. — 12 m. — Caille bringé............ M. PESCHET, à Evreux (Eure).

387. — 12 m. 1 j. — Bringé............ M. GUESDON (Augustin), à Saint-Germain-la-Blanche-Herbe (Calvados).

388. — 12 m. 1 j. — Bringé brun........ M. HENRY (Albert), à Thaon (Calvados).

389. — 12 m. 1 j. — Caille bringé....... M. RASSET (Louis-Narcisse), à Montérolier (Seine-Inférieure).

390. — 12 m. 1 j. — Bringé caille........ M. VOISIN (Jh.), à Basly (Calvados).

391. — 12 m. 2 j. — Bringé... .... M. CÉRAN-MAILLARD, précité.

392. — 12 m. 2 j. — Bringé............ M. FANET (Gaston), à Fontaine-Henry (Calvados).

393. — 12 m. 3 j. — Bringé............ M. CHOUIN-LEFÈVRE, à Fayet (Aisne).

394. — 12 m. 4 j. — Bringé caille....... M. BARASSIN (Gustave), à St-Martin-de-Fontenay (Calvados).

395. — 12 m. 6 j. — Bringé............ M. GILLET (Alfred), à Bonneuil (Seine).

396. — 12 m. 8 j. — Bringé blond....... M. NOEL (François), à St-Vaast-la-Hougue (Manche).

397. — 12 m. 15 j. — Bringé caille noir... M. GUÉRIN (Léon), à Quibou (Manche).

398. — 12 m. 15 j. — Bringé brun........ M. LANE (Louis), à St-Pierre-de-Franqueville (Seine-Inférieure).

399. — 13 m. — Pie rouge.............. M. PIGNARD-DUDEZERT (Ferdinand), à Brainville (Manche).
400. — 13 m. — Bringé .... M. QUÉMIN (Delphin). à Monville (Seine-Inférieure).
401. — 13 m. 1 j. — Caille bringé .... M. RASSET (Louis-Narcisse), précité.
402. — 13 m. 29 j. — Caille bringé....... Mᵐᵉ Vve BASIRE, à Dragey (Manche).
403. — 14 m. — Caille bringé........... M. GILLAIN fils (Victor), à St-Côme-du-Mont (Manche).
404. — 14 m. — Bringé caille........... Mᵐᵉ Vᵉ NOEL, à Valognes (Manche).
405. — 14 m. 8 j. — Bringé............. M. CAMUS (Charles), à Chevry-Cossigny (Seine-et-Marne).
406. — 14 m. 14 j. — Bringé caille.. ... M. LOYER (Emilien), à Beslon (Manche).
407. — 14 m. 15 j. — Bringé........... M. LEROY (Louis), à Nangis (Seine-et-Marne).
408. — 15 m. — Bringé caille........... M. GILLAIN (Victor), à Carentan (Manche).
409. — 15 m. 10 j. — Bringé........... M. VOITELLIER, à Mantes (Seine-et-Oise).
410. — 16 m. 10 j. — Caille bringé blond. M. BARASSIN (Gustave), précité.
411. — 16 m. 10 j. — Bringé .... M. CAMUS (Charles), précité.
412. — 16 m. 26 j. — Bringé et blanc .... M. SAUVAGE (A.), à Avenay (Calvados).
413. — 17 m. — Bringé . ... M. PEZERIL (Jean-Louis), à Saint-Clair-sur-Elle (Manche).
414. — 17 m. 27 j. — Bringé .... M. CÉRAN-MAILLARD, précité.
415. — 18 m. — Caille blond .... M. GUESDON (Augustin), précité.
416. — 18 m. 3 j. — Bringé........... M. SAUVAGE (Thomas), à Saint-Martin-de-Fontenay (Calvados).
417. — 19 m. — Bringé .... M. GESTE (Théodore), à Auxerre (Yonne).
418. — 19 m. 10. j. — Pie bringé........ M. MASSON-REGNARD, à Gault-la-Forêt (Marne).
419. — 20 m. — Bringé .... M. NOEL (François), précité.
420. — 21 m. 15 j. — Caille bringé....... M. LECAUDEY (Pierre), à Appeville (Manche).
421. — 22 m. — Caille bringé........... M. LECONTE (Basile), à Hubert-Folie (Calvados).
422. — 22 m. 10 j. — Bringé blanc ...... M. BERTRANDUS, à Igny (Seine-et-Oise).
423. — 22 m. 13 j. — Bringé........... M. CORNU (Jules), à La Bloutière (Manche).
424. — 22 m. 15 j. — Bringé caille....... M. CROISÉ (Louis), à Ménil-Erreux (Orne).
425. — 22 m. 15 j. — Bringé caille....... M. QUILBEUF, au Houlme (Seine-Inférieure)
426. — 22 m. 20 j. — Bringé........... M. ROUCHÉS (Noël(, rue Saint-Sébastien, à Paris.
427. — 22 m. 28 j. — Bringé caille ...... M. LETAILLEUR (Edouard-Paul), à Harcourt (Eure).
428. — 23 m. 4 j. — Caille bringé........ M. CASTEL (Thomas), à Maisons (Calvados).
429. — 23 m. 15 j. — Bringé........... M. LECOISPELLIER (Gaston), à Cagny (Calvados).
430. — 24 m. — Bringé .... M. QUILBEUF, au Houlme (Seine-Inférieure).

Animaux mâles de 2 à 4 ans.

1ᵉʳ prix. **700** fr. et une médaille d'or.
2ᵒ — **600** — — d'argent.
3ᵒ — **500** — -- de bronze.
4ᵒ — **400** — — de bronze.

431. — 24 m. 2 j. — Bringé............. M. BARASSIN (Gustave), à Saint-Martin de Fontenay (Calvados).
432. — 24 m. 24 j. — Bringé........... M. BALLUE (Gustave), à Yerville (Seine-Inférieure).
433. — 24 m. 24 j. — .... M. FOUGERON (Leonce), à Breilly (Somme).
434. — 25 m. — Bringé .... M. FANET (Gaston), à Fontaine-Henry (Calvados).

435. — 26 m. — Blanc et roux........... M. Hamot (Charles), à Vigny (Seine-et-Oise).

436. — 26 m. 2 j. — Bringé............ M. Nicolas (Louis), à Arcy, commune de Chaumes (Seine-et-Marne).

437. — 26 m. 19 j. — Bringé caille....... M. Thouin-Lefèvre, à Fayet (Aisne).

438. — 27 m. — Bringé clair............ M. Leroy (Louis), à Nangis (Seine - et - Marne).

439. — 27 m. 6 j. — bringé caille........ M. Femel (Jules), à Ste-Geneviève (Seine-Inférieure).

440. — 28 m. — Bringé .... M. Gillet (Alfred), à Bonneuil (Seine).

441. — 28 m. 22 j. — Caille bringé....... M. Gloria (Eugène), à Saint-Quentin (Manche).

442. — 29 m. 23 j. — Bringé caille....... M. Guillot (Jean-Baptiste), à Ancteville (Manche).

443. — 29 m. 27 j. — Bringé............ M. Sauvage (A.), à Avenay (Calvados).

444. — 30 m. — Bringé................ M. Quilbeuf, au Houlme (Seine-Inférieure).

445. — 30 m. — Gris................. M. Trochu (Célestin), à Champcervon (Manche).

446. — 30 m. 4 j. — Bringé clair et blanc. M. Menard, à Ménerval (Seine-Inférieure).

447. — 30 m. 15 j. — Caille............ M. Lepaulmier, à Saint-Côme-du-Mont (Manche).

448. — 30 m. 25 j. — Bringé........... M. Gloria (Eugène), à Saint - Quentin (Manche).

449. — 33 m. — Bringé .... M. Thierry (Dominique), à Brienon (Yonne).

450. — 34 m. — Bringé .... M. Voisin (J.), à Basly (Calvados).

451. — 34 m. 22 j. — Caille bringé...... M. Lecoispellier (Gaston), à Cagny (Calvados).

452. — 35 m. 3 j. — Bringé caille....... M. Guérin (Léon), à Quibou (Manche).

453. — 36 m. — Bringé .... M. Barassin (Gustave), précité.

454. — 36 m. — Bringé .... M. Guillermain, à Berny, commune de Fresnes (Seine).

455. — 36 m. 15 j. — Bringé caille...... M. Céran-Maillard, à Turqueville (Manche).

456. — 37 m. — Bringé .... M. Guesdon (Augustin), à Saint-Germain-la-Blanche-Herbe (Calvados).

457. — 38 m. — Bringé caille........... Mme Vve Noël, à Valognes (Manche).

458. — 40 m. — Bringé caille........... M. Gillain (Victor), à Carentan (Manche).

459. — 42 m. 2 j. — Bringé..... .... M. Geste (Théodore), à Auxerre (Yonne).

460. — 44 m. 20 j. — Caille bringé....... M. Castel (Thomas), à Maisons (Calvados).

Animaux femelles de 1 à 2 ans.

1er prix, **300** fr. et une médaille d'or.

2e — **200** — — d'argent.

3e — **150** — — de bronze.

4e — **100** — — de bronze.

461. — 12 m. — Bringé blond............ M. Quilbeuf, au Houlme (Seine-Inférieure).

462. — 12 m. 1 j. — Bringée............ M. Rasset (Louis-Narcisse), à Montérolier (Seine-Inférieure).

463. — 12 m. 1 j. — Bringé caille........ M. Voisin (Joseph), à Basly (Calvados).

464. — 12 m. 4 j. — Caille bringé........ M. Barassin (Gustave), à Saint-Martin-de-Fontenay (Calvados).

465. — 12 m. 13 j. — Bringée........... M. Céran-Maillard, à Turqueville (Manche).

466. — 12 m. 18 j. — Bringé blond....... M. Rasset (Louis-Narcisse), à Montérolier (Seine-Inférieure).

467. — 13 m. 2 j. — Bringée blond....... M. Quilbeuf, précité.

468. — 13 m. 5 j. — Marron bringé noir.. M. Vitet (Albert), à Limoges (Haute-Vienne).

469. — 14 m. — Caille blond............ M. GILLAIN Fils (Victor), à St-Côme-du-Mont (Manche).
470. — 14 m. — Caille blond............ M. GUESDON (Augustin), à St-Germain-la-blanche-Herbe (Calvados).
471. — 14 m. — Bringée................ M. PESCHET, à Evreux (Eure).
472. — 14. m. 4 j. — Bringée........... M. FANET (Gaston), à Fontaine-Henry (Calvados).
473. — 16 m. — Caille rouge............ M. RASSET (Louis-Narcisse), précité.
474. — 16 m. 10 j. — Bringée......... M. CÉRAN-MAILLARD, précité.
475. — 16 m. 20 j. — Bringé blond...... M. PESCHET, à Evreux (Eure).
476. — 17 m. — Bringé caille........... M. LE BRETON (Edouard), à Taden (Côtes-du-Nord).
477. — 17 m. — Caille bringé........... M. LEPAULMIER, à St-Côme-du-Mont (Manche).
478. — 18 m. — Bringé caille........... M. GILLAIN (Victor), à Carentan (Manche).
479. — 18 m. — Bringée................ M. HENRY (Albert), à Thaon (Calvados).
480. — 18 m. — Caille................. M. LEPAULMIER, précité.
481. — 18 m. 6 j. — Bringée........... M. VOITELLIER, à Mantes (Seine-et-Oise).
482. — 18 m. 27 j. — Bringé rouge....... M. LANE (Louis), à St-Pierre-de-Franqueville (Seine-Inférieure).
483. — 19 m. 1 j. — Bringée........... M. M. MÉNARD, à Ménerval (Seine-Infér).
484. — 19 m. 8 j. — Caille bringé........ M. NOEL (François), à St-Vaast-la-Hougue (Manche).
485. — 19 m. 20 j. — Bringée........... M. CÉRAN-MAILLARD, précité.
486. — 19 m. 24 j. — Caille bringé....... M. SAUVAGE (A), à Avenay (Calvados).
487. — 20 m. — Bringé caille........... M. GILLAIN (Victor), précité.
488. — 20 m. 6 j. — Bringé blond....... M. HAMOT (Charles), à Vigny (Seine-et-Oise).
489. — 20 m. 10 j. — Caille Bringé....... M. LECOISPELLIER (Gaston), à Cagny (Calvados).
490. — 20 m. 13 j. — Caille............. M. HAMOT (Charles), précité
491. — 20 m. 15 j. — Caille bringé....... M. GOSSELIN (Jean), à St-Côme-du-Mont (Manche).
492. — 20 m. 16 j. — Bringée........... M. LECONTE (Bazile), à Hubert-Folie (Calvados).
493. — 20 m. 25 j. — Bringée........... M. CHOUIN-LEFÈVRE, à Fayet (Aisne).
494. — 21 m. 6 j. — Bringé blond....... M. QUILBEUF, précité.
495. — 21 m. 7 j. — Bringée........... Le même.
496. — 21 m. 9 j. — Rouge bringé........ M. LECOISPELLIER (Gaston), précité.
497. — 21 m. 15 j. — Bringée........... M. SAUVAGE (Thomas), à St-Martin-de-Fontenay (Calvados).
498. — 21 m. 26 j. — Caille bringé....... Mme Vve BASIRE, à Dragey (Manche).
499. — 22 m. — Bringée................ M. SAUVAGE (Thomas), précité.
500. — 22 m. 9 j. — Bringée........... M. CASTEL (Thomas), à Maisons (Calvados).
501. — 22 m. 10 j. — Bringé, caille...... M. BARASSIN (Gustave), précité.
502. — 22 m. 16 j. — Caille bringé.. M. HAMOT (Charles) précité.
503. — 22 m. 24 j. — Bringé blond....... M. QUILBEUF précité.
504. — 23 m. — Bringée caille.......... M. CÉRAN-MAILLARD, à Turqueville (Manche).
505. — 23 m. 10 j. — Bringé rouge....... M. CROISÉ (Louis), à Ménil Erreux (Orne).
506. — 23 m. 20 j. — Caille............. M. LANE (Louis) précité.

Animaux femelles de 2 à 3 ans.

1er prix, **400** fr. et une médaille d'or.

    2e   — **300**   —   —   d'argent

    3e   — **200**   —   —   de bronze.

    4e   — **100**   —   —   de bronze.

507. — 24 m. 1 j. — Bringée............ M. CÉRAN-MAILLARD, à Turqueville (Manche).
508. — 24 m. 4 j. — Bringée............ M. SAUVAGE (A.), à Avenay (Calvados).

509. — 24 m. 10 j. — Caille bringé....... M. HAMOT (Charles), à Vigny (Seine-et-Oise).
510. — 25 m. — Caille................. M. GUESDON (Augustin), à St-Germain-la-Blanche-Herbe (Calvados).
511. — 25 m. — Bringée............. M. HENRY (Albert), à Thaon (Calvados).
512. — 25 m. — Bringé brun.......... M. PESCHET, à Évreux (Eure).
513. — 25 m. 5 j. — Bringé caille........ M. BARASSIN (Gustave), à St-Martin-de-Fontenay (Calvados).
514. — 25 m. 6 j. — Bringé caille rouge.. M. MÉNARD, à Menerval (Seine-Inférieure).
515. — 26 m. 7 j. — Bringée........... M. FANET (Gaston), à Fontaine-Henry (Calvados).
516. — 26 m. 15 j. — Bringée.......... M. LEPAULMIER, à St-Côme-du-Mont (Manche).
517. — 26 m. 24 j. — Bringée.......... M. HAMOT (Charles), précité.
518. — 27 m. 29 j. — Bringé caille....... M. CÉRAN-MAILLARD, précité.
519. — 28 m. — Caille bringé........... M. GILLAIN Fils (Victor), à St-Côme-du-Mont (Manche).
520. — 28 m. — Caille blond........... Le même.
521. — 28 m. 7 j. — Bringée.......... M. CHOUIN-LEFÉBVRE, à Fayet (Aisne).
522. — 29 m. 8 j. — Bringé roux........ M. HAMOT (Charles), précité.
523. — 29 m. 28 j. — Bringée.......... M. CÉRAN-MAILLARD, précité.
524. — 30 m. — Bringé caille.......... M. VOISIN (Joseph), à Basly (Calvados).
525. — 30 m. 3 j. — Bringé rouge....... M. GESTE (Théodore), à Auxerre (Yonne).
526. — 30 m. 15 j. — Bringé rouge...... M. NOEL (François), à St-Vaast-la-Hougue (Manche).
527. — 31 m. — Caille................ M. LANE (Louis), à St-Pierre-de-Francqueville (Seine-Inférieure).
528. — 31 m. 3 j. — Bringée........... M. LECONTE (Basile), à Hubert-Folie (Calvados).
529. — 31 m. 3 j. — Bringée.......... Le même.
530. — 32 m. — Bringé rouge.......... M. CROISÉ (Louis), à Ménil-Erreux (Orne).
531. — 32 m................... M. ROUCHÈS (Noël), rue Saint-Sébastien, 7, à Paris.
532. — 32 m. 6 j. — Caille blond........ M. CASTEL (Thomas), à Maisons (Calvados).
533. — 32 m. 15 j. — Caille.......... M. BARASSIN (Gustave), précité.
534. — 32 m. 18 j. — Bringée.......... M. QUILBEUF, au Houlme (Seine-Inférieure).
535. — 33 m. — Bringé caille.......... M. GILLAIN (Victor), à Carentan (Manche).
536. — 33 m. — Bringé caille.......... Le même.
537. — 33 m. 15 j. — Caille bringé....... M. CASTEL (Thomas), précité
538. — 34 m. bringée................. M. Castel (Thomas), précité.
539. — 34 m. — Bringée.............. M. SAUVAGE (Thomas), à St-Martin-de-Fontenay (Calvados).
540. — 34 m. — Bringée............. M. QUILBEUF, précité.
541. — 35 m. — Bringé blond.......... M. NOEL (François), précité.
542. — 35 m. 17 j. — Bringée.......... M. CÉRAN-MAILLARD, précité.
543. — 35 m. 25 j. — Bringée.......... M. SAUVAGE (Thomas), précité.
544. — 36 m. — Rouge bringé.......... M. LECOISPELLIER (Gaston), à Cagny (Calvados).
545. — 36 m. — Bringée.............. M. LEMAITRE, à Hattenville, commune de Fauville (Seine-Inférieure).

Animaux femelles de plus de 3 ans.

1er prix, **500** fr. et une médaille d'or.
2e — **400** — — d'argent.
3e — **300** — — de bronze.
4e — **200** — — de bronze.

546. — 36 m. 6 j. — Bringée.. .... M. CHOUIN-LEFÈVRE, à Fayet (Aisne).
547. — 36 m. 18 j. — Bringée........... M. CHOUIN-LEFÈVRE, précité.
548. — 37 m. 2 j. — Bringée..... .... M. LECOISPELLIER (Gaston), à Cagny (Calvados).

549. — 39 m. — Bringée................. M. NICOLAS (Louis), à Arcy commune de Chaumes, (Seine-et-Marne).
550. — 40 m. — Bringée................. M. NICOLAS (Louis), précité.
551. — 42 m. — Bringé caille............. M. GILLAIN (Victor), à Carentan (Manche).
552. — 42 m. — Bringé caille............. M. ROULIN (Ambroise), à St-Clair (Manche).
553. — 42 m. — Bringé caille............. M. VOISIN (Joseph), à Basly (Calvados).
554. — 42 m. 15 j. — Caille blond........ M. LEPAULMIER, à St-Côme-du-Mont (Manche).
555. — 44 m. — Bringée................. M. PESCHET, à Evreux (Eure).
556. — 45 m. — Bringée................. M. NICOLAS (Louis), précité.
557. — 46 m. — Bringé caille............. M. LE BRETON (Edouard), à Taden (Côtes-du-Nord).
558. — 4 ans. — Bringé caille............. M. CÉRAN-MAILLARD, à Turqueville (Manche).
559. — 4 ans. — Caille bringé..... ..... M. GILLAIN fils (Victor), à St-Côme-du-Mont (Manche).
560. — 4 ans. — Caille blond........... M. GUESDON (Augustin), à St-Germain-la-Blanche-Herbe (Calvados).
561. — 4 ans 3 j. — Bringée .... M. FANET (Gaston), à Fontaine - Henry (Calvados).
562. — 4 ans 4 j. — Bringée............. M. FANET (Gaston), à Fontaine - Henry (Calvados).
563. — 4 ans 1 m. 10 j. — Caille bringé.. M. LEPAULMIER, précité.
564. — 4 ans 3 m. 8 j. — Caille bringé.... M. CASTEL (Thomas), à Maisons (Calvados).
565. — 4 ans 6 m. — Bringée......... M. GESTE (Théodore), à Auxerre (Yonne).
566. — 4 ans 6 m. 15 j. — Caille bringé... M. LEPAULMIER, précité.
567. — 4 ans 8 m. — Bringée........... M. ROUCHÈS (Noël), 7, rue St-Sébastien à Paris.
568. — 4 ans 8 m. 4 j. — Caille bringé..... M. NOEL (François), à St-Vaast-la-Hougue (Manche).
569. — 4 ans 8 m. 10 j. — Rouge........ M. TIBLE, 223, rue Lafayette, Paris.
570. — 4 ans 10 m. — Caille............. M. GOSSELIN (J.), à St-Côme-du-Mont (Manche).
571. — 5 ans. — Bringée............... M. CÉRAN-MAILLARD, précité.
572. — 5 ans. — Bringé caille....... .... M. GILLAIN (Victor), précité.
573. — 5 ans. — Rouge blanc et noir..... M. DESCOINGS (J.-A.-G.), à l'Isle-de-Denis (Seine).
574. — 5 ans. — Rouge et noir.......... M. DESCOINGS (J.-A.-G.), précité.
575. — 5 ans. — Rouge bringé noir....... M. DESCOINGS (J.-A.-G.), précité.
576. — 5 ans. — Bringée............... M. GUESDON (Augustin), précité.
577. — 5 ans. — Bringé blond....... ... M. GUILLERMAIN, à Berny, commune de Fresnes (Seine).
578. — 5 ans. — Bringée............... Le même.
579. — 5 ans. — Bringée............... M. LECONTE (Basile), à Hubert-folie (Calvados).
580. — 5 ans. — Bringé blond........... Le même.
581. — 5 ans. — Bringée............... M. QUILBEUF, au Houlme (Seine-Inférieure).
582. — 5 ans 1 m. 8 j. — Bringée........ M. BARASSIN (Gustave), à St-Martin-de-Fontenay (Calvados).
583. — 5 ans 2 m. — Bringé brun........ M. PESCHET, précité.
584. — 5 ans 3 m. 16 j. — Bringée. . .... M. LE ROY (Alexandre), à Varesnes (Oise).
585. — 5 ans 6 m. — Caille bringé........ M. CASTEL (Thomas), précité.
586. — 5 ans 7 m. — Bringée........... M. NICOLAS (Louis), précité.
587. — 5 ans 8 m. — Bringé rouge....... M. NOEL (François), précité.
588. — 5 ans 8 m. — Bringé brun........ M. PESCHET, précité.
589. — 5 ans 9 m — Bringée .... M. NICOLAS (Louis), précité.
590. — 5 ans 10 m. — Bringée........... M. NICOLAS (Louis), précité.
591. — 5 ans 10 m. — Bringée........... M. NICOLAS (Louis), précité.
592. — 5 ans 11 m. — Bringée........... M. NICOLAS (Louis), précité.
593. — 6 ans. — Rouge et noir.......... M. DESCOINGS (J.-A.-G.), précité.
594. — 6 ans — Caille .... M. CASTEL (Thomas), précité.
595. — 6 ans. — Bringée............... M. HENRY (Albert), à Thaon (Calvados).
596. — 6 ans. — Bringée .... M. MÉNARD, à Ménerval (Seine Inférieure).

597. — 6 ans. — Bringée . . . .   M. QUILBEUF, précité.
598. — 6 ans. — Bringée . . . .   M. VAUCHELLE (Emile), à Sermaize (Oise).
599. — 6 ans 1 m. — Bringée . . . .   M. NICOLAS (Louis), précité.
600. — 6 ans 1 m — Bringée . . . .   M. NICOLAS (Louis), précité.
601. — 6 ans 2 m. — Bringée . . . .   M. GILLET (Alfred) à Bonneuil (Seine).
602. — 6 ans 2 m. — Bringée . . . .   M. NICOLAS (Louis), précité.
603. — 6 m. 3 j. m. — Bringé blond . . . . . .   M. PESCHET, précité.
604. — 6 ans 4 m. — Bringée . . . .   M. SAUVAGE (Thomas) à St-Martin-de-Fon
                                                        tenay (Calvados).

605. — 6 ans 6 m. — Caille blond . . . .   M. MÉNARD, précité.
606. — 6 ans 6 m. — Caille bringé . . . .   M. MÉNARD, précité.
607. — 6 ans 6 m. 12 j. — Caille bringé . . .   M. NOEL (François), précité.
608. — 6 ans 8 m. — Bringée . . . .   M. GILLET (Alfred), précité.
609. — 6 ans 9 m. — Bringée . . . .   M. NICOLAS (Louis), précité.
610. — 6 ans 10 m. — Bringée . . . .   M. NICOLAS (Louis), précité.
611. — 6 ans 10 m. — Bringée . . . .   M. NICOLAS (Louis), précité.
612. — 6 ans 11 m. 20 j. — Bringé caille . .   M. LECOISPELLIER (Gaston), à Cagny (Cal-
                                                        vados).

613. — 7 ans. — Bringé caille . . . .   M. QUILBEUF, précité.
614. — 7 ans 1 m. 10 j. — Bringée . . . .   M. QUÉMIN (Delphin) , à Monville (Seine
                                                        Inférieure).

615. — 8 ans. — Bringée . . . .   M. PESCHET, précité.
616. — 8 ans. — Bringée . . . .   M. QUILBEUF, précité.
617. — 8 ans 6 m. — Rouge bringé . . . .   M. LE BRETON (Edouard), précité.
618. — 9 ans 8 m. — Bringée . . . .   M. NICOLAS (Louis), précité.

2ᵉ CATÉGORIE. — **Race flamande.**

Animaux mâles de 1 à 2 ans.

1ᵉʳ prix, **700** fr. et une médaille d'or.
    2ᵉ   —   **600**   —   —   d'argent.
    3ᵉ   —   **500**   —   —   de bronze.
    4ᵉ   —   **400**   —   —   de bronze.

619. — 12 m. — Rouge brun . . . .   M. BACY (Jules), à Strazeele (Nord).
620. — 12 m. — Rouge brun . . . .   M. COUSIN (Adolphe), à Mons-en-Barœul
                                                        (Nord).
621. — 12 m. 1 j. — Rouge . . . .   M. le Vᵗᵉ DE NOYELLES, à Blendecques (Pas-
                                                        de-Calais).
622. — 12 m. 2 j. — Rouge . . . .   M. JANSSEN (Edmond), à Cappelle (Nord).
623. — 12 m. 4 j. — Brun . . . .   M. GRUSON-COUSINNE, à Estaires (Nord).
624. — 12 m. 10 j. — Brun . . . .   M. ARDAENS (Stanislas), à Pitgam (Nord).
625. — 12 m. 11 j. — Rouge . . . .   M. OMAERE (Gustave), à Hazebrouck (Nord).
626. — 12 m. 15 j. — Brun . . . .   M. AMMEUX-VAN-HERSECKE , à Vieille-
                                                        Eglise (Pas-de-Calais).
627. — 12 m. 15 j. — Rouge . . . .   M. BOISLEUX (Hippolyte), à Lattre St-Quen-
                                                        tin (Pas-de-Calais).
628. — 12 m. 19 j. — Brun . . . .   M. CATTŒN (Louis), à Quaedypre (Nord).
629. — 13 m. — Rouge brun . . . .   M. BACY (Jules), précité.
630. — 13 m. — Rouge brun . . . .   M. DELABAERE, à Quaedypre (Nord).
631. — 13 m. 5 j. — Brun . . . .   M. LEBECQUE (Arthur), à Teteghem (Nord).
632. — 13 m. 7 j. — Brun rouge . . . .   M. MENNE-CANLER, à Eperlecques (Pas-de-
                                                        Calais).
633. — 13 m. 10 j. — Brun . . . .   M. DURIEZ (Edmond), à Bourbourg-Cam-
                                                        pagne (Nord).
634. — 13 m. 13 j. — Brun . . . .   M. DERAM (Victor), à Caestre (Nord).
635. — 14 m. — Rouge . . . .   M. LOBBEDEZ (Aimé), à Steenwoorde (Nord)
636. — 14 m. 8 j. — Rouge foncé . . . .   M. le Vᵗᵉ DE NOYELLES, précité.
637. — 14 m. 15 j. — Rouge . . . .   M. JANSSEN (Edmond), précité.
638. — 15 m. — Rouge . . . .   M. BOISLEUX (Hippolyte), précité.

639. — 15 m. — Brun.................... M. MOREL (Maurice), à Adinfer (Pas-de-Calais).
640. — 15 m. 8 j. — Brun .... M. FETEL-LONGUEVAL, à Loon (Nord).
641. — 15 m. 25 j. — Rouge foncé .... M. GHESTEM (Alix), à Verlinghem (Nord).
642. — 15 m. 25 j. — Brun Rouge........ M. ISAERT (Léon), à Bollezeele (Nord).
643. — 16 m. — Rouge................. M. RANCY (Auguste), à Hazebrouck (Nord).
644. — 16 m. 18 j. — Rouge foncé........ M. le Vte DE NOYELLES, précité.
645. — 17 m. 4 j. — Rouge .... M. ROUCHÈS (Noël), 7, rue St-Sébastien à Paris.
645bis.— 20 m. 7 j. — Rouge............. M. DERBOVEN, 46, rue de la Chapelle, à Paris.
646. — 23 m. 20 j. — Brun.... .... M. GRUSON-COUSINNE, précité.
647. — 24 m. — Rouge brun............ M. BASSEZ (François), à Crévecœur (Nord).

Animaux mâles de 2 à 4 ans.

1er prix, **700** fr. et une médaille d'or.

   2e   — **600**   —   —   d'argent.

   3e   — **500**   —   —   de bronze.

   4e   — **400**   —   —   de bronze.

648. — 24 m. 5 j. — Rouge foncé......... M. GHESTEM (Alix), à Verlinghem (Nord).
649. — 25 m. — Brun.................. M. BACY (Jules), à Strazeele (Nord).
650. — 25 m. — Rouge................ M. BOISLEUX (Hippolyte), à Lattre St-Quentin (Pas-de-Calais).
651. — 25 m. — Brun................. M. LEBECQUE, à Téteghem (Nord).
652. — 25 m. 5 j. — Brun.... ...... M. DURIEZ (Edmond), à Bourbourg-Campagne (Nord).
653. — 25 m. 12 j. — Rouge .... M. RANCY (Auguste), à Hazebrouck (Nord).
654. — 26 m. — Brun.............. M. BACY (Jules), précité.
655. — 26 m. — Brun... .... M. MOREL (Maurice), à Adinfer (Pas-de-Calais).
656. — 28 m. — Rouge brun............ M. COUSIN (Adolphe), à Mons-en-Barœul (Nord).
657. — 35 m. 29 j. — Brun foncé... ..... M. le Vte DE NOYELLES, à Blendecques (Pas-de-Calais).
658. — 46 m. — Rouge................. M. BOISLEUX (Hippolyte), à Lattre St-Quentin (Pas-de-Calais).
659. — 46 m. 5 j. — Brun................ M. GRUSON-COUSINNE, à Estaires (Nord).
660. — 4 ans. — Rouge .... M. DELATTRE (Léonard), à Plainval (Oise).

Animaux femelles de 1 à 2 ans.

1er prix, **250** fr. et une médaille d'or.

   2e   — **200**   —   —   d'argent.

   3e   — **100**   —   —   de bronze.

661. — 12 m. 8 j. — Rouge. .... M. LOBBEDEZ (Aimé), à Steenwoorde (Nord).
662. — 12 m. 10 j. — Rouge brun........ M. le Vte DE NOYELLES, à Blendecques (Pas-de-Calais).
663. — 12 m. 13 j. — Rouge .... M. OMAERE (Gustave), à Hazebrouck (Nord).
664. — 12 m. 28 j. — Rouge .... M. JANSSEN (Edmond), à Cappelle (Nord).
665. — 13 m. — Rouge................. M. BOISLEUX (Hippolyte), à Lattre-Saint-Quentin (Pas-de-Calais).
666. — 13 m. — Rouge................. M. RANCY (Auguste), à Hazebrouck (Nord).
667. — 13 m. 6 j................. M. ARDAENS (Stanislas), à Pitgam (Nord).
668. — 13 m. 15 j. — Brune .... M. DURIEZ (Edmond), à Bourbourg-Campagne (Nord).

669. — 14 m. — Brune.................   M. BACY (Jules), à Strazeele (Nord).
670. — 14 m. 6 j. — Rouge............   M. JANSSEN (Edmond), précité.
671. — 14 m. 14 j. — Rouge brun........   M. LEBECQUE (Arthur), à Teteghem (Nord).
672. — 15 m. — Brune.................   M. HILST (Armand), à Quaedypre (Nord).
673. — 15 m. 7 j. — Brune ....   M. GRUSON-COUSINNE, à Estaires (Nord).
674. — 15 m. 10 j. — Rouge .. ...   M. JANSSEN (Edmond), précité.
675. — 16 m. 2 j. — Brune.............   M. AMMEUX VAN HERSECKE, à Vieille-
                                              Eglise (Pas-de-Calais).
676. — 16 m. 5 j. — Brun rouge.........   M. MENNE-CANLER, à Eperlecques (Pas-
                                              de-Calais).
677. — 18 m. 10 j. — Rouge............   M. le Vᵗᵉ DE NOYELLES, précité.
678. — 20 m. — Brun rouge............   M. MOREL (Maurice), à Adinfer (Pas-de-
                                              Calais).
679. — 20 m. 4 j. — Brun............   M. DERAM (Victor), à Caestre (Nord).
680. — 21 m. — Brun rouge...........   M. BACY (Jules), à Strazeele (Nord).
681. — 21 m. — Brune.................   M. FETEL-LONGUEVAL, à Loon (Nord).
682. — 21 m. 2 j. — Brune...   M. CATTOEN (Louis), à Quaedypre (Nord).
683. — 22 m. — Brun rouge...........   M. BACY (Jules), précité.
684. — 22 m. — Brune.................   M. FETEL-LONGUEVAL, précité.
685. — 23 m. — Rouge.................   M. BOISLEUX (Hippolyte), précité.
686. — 23 m. — Brune.................   M. DURIEZ (Edmond), précité.
687. — 23 m. — Rouge.................   M. GHESTEM (Alix), à Verlinghem (Nord).
688. — 23 m. 15 j. — Rouge foncé........   M. MILLE (Edouard), à Saint-André-lez-
                                              Lille (Nord).
689. — 24 m. — Brune.................   M. VANDAMME (Alfred), à Hazebrouck
                                              (Nord).
690. — 24 m. — Brune.................   M. BACY (Jules), précité.

Animaux femelles de 2 à 3 ans.

1ᵉʳ prix, **300** fr. et une médaille d'or.

2ᵉ   —   **200**   —   —   d'argent.

2ᵉ   —   **100**   —   —   de bronze.

691. — 24 m. 4 j. — Brun rouge.........   M. MENNE-CANLER, à Eperlecques (Pas-
                                              de-Calais).
692. — 24 m. 17 j. — Brun.............   M. GALLOO (Ferdinand), à Quaedypre
                                              (Nord).
693. — 24 m. 20 j. — Rouge............   M. OMAERE (Gustave), à Hazebrouck
                                              (Nord).
694. — 24 m. 21 j. — Rouge brun........   M. LEBECQUE (Arthur), à Teteghem (Nord).
695. — 25 m. 10 j. — Brune............   M. DURIEZ (Edmond), à Bourbourg-Cam-
                                              pagne (Nord).
696. — 26 m. — Brune ....   M. FETEL-LONGUEVAL, à Loon (Nord).
697. — 26 m. 10 j. — Brune............   M. AMMEUX VAN HERSECKE, à Vieille-
                                              Eglise (Pas-de-Calais).
698. — 28 m. — Brune.................   M. MOREL (Maurice), à Adinfer (Pas-de-
                                              Calais).
699. — 29 m. — Brune.................   M. DEGROOTE (Charles), à Hazebrouck
                                              (Nord).
700. — 29 m. 3 j. — Brune.............   M. GRUSON-COUSINNE, à Estaires (Nord).
701. — 31 m. — Brune .. ..   M. BLONDÉ (Louis), à Quaedypre (Nord).
702. — 32 m. — Rouge.................   M. BOISLEUX (Hippolyte), à Lattre-Saint-
                                              Quentin (Pas-de-Calais).
703. — 33 m. 15 j. — Rouge............   M. GHESTEM (Alix), à Verlinghem (Nord).
704. — 34 m. 20 j. — Brune............   M. DURIEZ (Edmond), à Bourbourg-Cam-
                                              pagne (Nord).
705. — 34 m. 28 j. — Rouge ....   M. le Vᵗᵉ DE NOYELLES, à Blendecques (Pas-
                                              de-Calais).
706. — 36 m. — Brun rouge ....   M. BACY (Jules), à Strazeele (Nord).
707. — 36 m. — Brun rouge ....   M. BACY (Jules), précité.

Animaux femelles de plus de 3 ans.

1er prix, **400** fr. et une médaille d'or.

2e — **300** — — d'argent.

3e — **200** — — de bronze.

708. — 40 m. — Rouge-brun .... M. Cousin (Adolphe), à Mons-en-Barœul Nord).

709. — 4 ans. — Rouge............... M. Boisleux (Hippolyte), à Lattre-Saint-Quentin (Pas-de-Calais).

710. — 4 ans 15 j. — Brune............ M. Ardaens (Stanislas), à Pitgam (Nord).

711. — 4 ans 2 m. — Rouge... .. .. M. Lagarde (Jean), rue Grange-aux-Belles, 33, à Paris.

712. — 4 ans 2 m. — Brun-rouge........ M. Menne-Canler, à Eperlecques (Pas-de-Calais).

713. — 4 ans 2 m. 12 j. — Brune........ M. Gruson-Cousinne, à Estaires (Nord).

714. — 4 ans 3 m. — Brune............ M. Lebecque (Arthur), à Teteghem (Nord).

715. — 4 ans 5 m. — Brune............ M. Morel (Maurice), à Adinfer (Pas-de-Calais).

716. — 4 ans 8 m. — Rouge........... M. Boisleux (Hippolyte), précité.

717. — 4 ans 8 m. — Rouge........... M. Rouchès (Noël), 7, rue St-Sébastien à Paris

718. — 4 ans 11 m. — Brune......... M. Duriez (Edmond), à Bourbourg-Campagne (Nord).

719. — 4 ans 11 m. 20 j. — Brune .... M. Gruson-Cousinne, à Estaires (Nord).

720. — 5 ans. — Rouge.............. M. Boisleux (Hippolyte), précité.

721. — 5 ans. — Rouge..... M. Ghestem (Alix), à Verlinghem (Nord).

722. — 5 ans. — Rouge foncé........... M. Guillermain, à Berny, commune de Fresnes (Seine).

723. — 5 ans 2 m. Brune........... M. Duriez (Edmond), précité.

724. — 5 ans 4 m. — Rouge .... M. Janssen (Edmond), à Cappelle (Nord).

725. — 5 ans 6 m. — Rouge .... M. Courtois (Gaston), à Cramoisy (Oise).

726. — 5 ans 11 m. 2 j. — Rouge........ M. le Vte de Noyelles, à Blendecques (Pas-de-Calais).

727. — 6 ans. — Rouge-brun .... M. Bacy (Jules), à Strazeele (Nord).

728. — 6 ans 2 j. — Rouge-brun........ M. Porquet (Alfred), à Selles (Pas-de-Calais).

729. — 6 ans 1 m. 21 j. — Rouge........ M. le Vte de Noyelles, précité.

730. — 6 ans 2 m. 17 l. — Rouge .... M. le Vte de Noyelles, précité.

731. — 6 ans 3 m. 8 j. — Rouge........ M. Tible, 223, rue Lafayette, à Paris.

732. — 6 ans 5 m. — Rouge............ M. Courtois (Gaston), précité.

733. — 6 ans 8 m. — Rouge .... M. Courtois (Gaston), précité.

734. — 7 ans 1 m. — Brune............ M. Lebecque (Arthur), précité.

735. — 7 ans 1 m. 1 j. — Rouge........ M. le Vte de Noyelles, précité.

736. — 7 ans 2 m. 11 j. — Rouge........ M. le Vte de Noyelles, précité.

736bis.- N .... M. Derboven, rue de La Chapelle, 46, à Paris.

3e Catégorie. — **Races charolaise et nivernaise.**

Animaux mâles de 1 et 2 ans.

1er prix, **700** fr. et une médaille d'or.

2e — **600** — — d'argent.

3e — **500** — — de bronze.

4e — **400** — — de bronze.

737. — 12 m. — Blanc.................. M. Bourdeau (Achille), à St-Benin-d'Azy (Nièvre).

738. — 12 m. 6 j. — Blanc............ M. Bardin (Frédéric), à Chevenon (Nièvre).

739. — 12 m. 8 j. — Blanc............. M. Bignon Fils (Louis), à Theneuille (Allier).

740. — 12 m. 15 j. — Blanc.............. M. Bardin (Frédéric), précité.
741. — 12 m. 15 j. — Blanc............. M. Moreau (Claude), au Brouillard, commune de Vic-sous-Thil (Côte-d'Or).
742. — 12 m. 21 j. — Blanc............. M. Bourdeau (Achille), précité.
743. — 12 m. 24 j. — Blanc............. M. Moreau (Claude), précité.
744. — 14 m. 6 j. — Blanc............. M. Berthier, (Gabriel) à Chanliau, commune du Creusot (Saône-et-Loire).
745. — 15 m. 12 j. — Blanc............. M. Bourdeau (Achille), précité.
746. — 16 m. 5 j. — Blanc............. M. Blettery (Félix), à Saint-Vincent de-Reims (Rhône).
747. — 17 m. 15 j. — Blanc............. M. Dubost (Michel-Rimbaud), à Ménétrol (Puy-de-Dôme).
748. — 19 m. 2 j. — Blanc............. M. Tripier (Antoine), à Venarey-les-Laumes (Côte-d'Or).
749. — 20 m. — Blanc............. M. Joyon (Alfred), à Langeron (Nièvre).
750. — 21 m. 18 j. — Blanc............. M. le Comte de Saint-Vallier, à Limon (Nièvre).
751. — 24 m. 25 j. — Blanc............. M. Desgranges (Eugène), à La Bazeuge (Haute-Vienne).
752. — 23 m. 20 j. — Blanc............. M. le Comte de Saint-Vallier, précité.

Animaux mâles de 2 à 4 ans.

1er prix, **700** fr. et une médaille d'or.
2e — **600** — — d'argent.
3e — **500** — — de bronze.
4e — **400** — — de bronze.

753. — 24 m. 10 j. — Blanc............. M. Berthier (Gabriel), à Chanliau commune du Creusot (Saône-et-Loire).
754. — 25 m. 6 j. — Blanc............. M. Moreau (Claude), au Brouillard, commune de Vic-sous-Thil (Côte-d'Or).
755. — 27 m. — Blanc............. M. Dubost (Michel-Rimbaud), à Ménétrol (Puy-de-Dôme).
756. — 28 m. — Blanc............. M. Blettery (Félix), à Saint-Vincent de Reins (Rhône).
757. — 32 m. 7 j. — Blanc............. M. Aucouturier (Gilbert), à Saint-Just (Cher).
758. — 34 m. 14 j. — Blanc............. M. Tripier (Antoine), à Venarey-les-Laumes (Côte-d'Or).
759. — 34 m. 15 j. — Blanc............. M. Seguinot (Ferdinand), à Nalliers (Vendée).
760. — 35 m. 10 j. — Blanc............. M. Chaumereuil (Pierre), à Billy-Chevanne (Nièvre).
761. — 36 m. — Blanc............. M. Tripier (Antoine), précité.
762. — 40 m. 28 j. — Blanc............. M. Blanger (J.), à Dionne – Aubigny (Nièvre).

Animaux femelles de 1 à 2 ans.

1er prix, **300** fr. et une médaille d'or.
2e — **200** — — d'argent.
3e — **150** — — de bronze.
4e — **100** — — de bronze.

783. — 12 m. 1 j. — Blanche............. M. Aucouturier (Gilbert), à Saint-Just (Cher).
784. — 12 m. 2 j. — Blanche............. M. Moreau (Claude), au Brouillard, commune de Vic-sous-Thil (Côte-d'Or).

765. — 12 m. 2 j. — Blanche.... .... M. le Comte DE SAINT-VALLIER, à Limon (Nièvre).
766. — 12 m. 8 j. — Blanche............ M. BARDIN (Frédéric), à Chevenon (Nière).
767. — 17 m. 5 j. — Blanche.........:.. M. DUBOST (Michel-Rimbaud), à Ménétrol (Puy-de-Dôme).
768. — 18 m. — Blanche .... M. JOYON (Alfred), à Langeron (Nièvre).
769. — 18 m. 4 j. — Blanche............ M. TRIPIER (Antoine), à Venarey-les-Laumes (Côte-d'Or).
770. — 20 m. 8 j. — Blanche............ M. MOREAU (Claude), précité.
771. — 22 m. — Blanche......... ...... M. le Comte DE BOUILLÉ, à Villars (Nièvre).
772. — 23 m. 5 j. — Blanche............ M. BERTHIER (Gabriel), à Chanliau, commune du Creusot (Saône-et-Loire).
773. — 23 m. 18 j. — Blanche........... M. le Comte DE SAINT-VALLIER, précité.

Animaux femelles de 2 à 3 ans.

1er prix, **400** fr. et une médaille d'or.
  2e — **300** — — d'argent.
  3e — **200** — — de bronze
  4e — **100** — — de bronze.

774. — 25 m. 12 j. — Blanche............ M. MOREAU (Claude), au Brouillard, commune de Vic-sous-Thil (Côte-d'Or).
775. — 25 m. 17 j. — Blanche............ M. TRIPIER (Antoine), à Venarey-les-Laumes (Côte-d'Or).
776. — 30 m. — Blanche.............. M. DUBOST (Michel-Rimbaud), à Ménétrol (Puy-de-Dôme).
777. — 32 m. — Blanche .... M. BARDIN (Frédéric), à Chevenon (Nièvre).
778. — 32 m. 15 j. — Blanche............ M. AUCOUTURIER (Gilbert), à Saint-Just Cher).
779. — 33 m. — Blanche.............. M. le Comte DE BOUILLÉ, à Villars (Nièvre).
780. — 33 m. — Blanche.............. M. CHAUMEREUIL (Pierre), à Billy, Chevannes (Nièvre).
781. — 34 m. 2 j. — Blanche............ M. TRIPIER (Antoine), précité.
782. — 35 m. 3 j. — Blanche............ M. JOYON (Alfred), à Langeron (Nièvre).
783. — 35 m. 25 j. — Blanche............ M. le Comte DE SAINT-VALLIER, à Limon (Nièvre).
784 — 35 m. 28 j. — Blanche........... M. le Comte DE SAINT-VALLIER, précité.

Animaux femelles de plus de 3 ans.

1er prix, **500** fr. et une médaille d'or.
  2e — **400** — — d'argent.
  3e — **300** — — de bronze.
  4e — **200** — — de bronze.

785. — 40 m. 10 j. — Blanche........... M. AUCOUTURIER (Gilbert), à Saint-Just (Cher).
786. — 42 m. 5 j. — Blanche............ M. MOREAU (Claude), au Brouillard, commune de Vic-sous-Thil (Côte-d'Or).
787. — 4 ans. — Blanche.............. M. BARDIN (Frédéric), à Chevenon (Nièvre).
788. — 4 ans 1 m. 3 j. — Blanche .... M. BOURDEAU (Achille), à St-Benin d'Azy (Nièvre).
789. — 4 ans 4 m. — Blanche .... M. TRIPIER (Antoine), à Venarey-les-Laumes (Côte-d'Or).
790. — 4 ans 6 m. — Blanche........... M. TRIPIER (Antoine), précité.
791. — 4 ans 6 m. 2 j. — Blanche....... M. BIGNON Fils (Louis), à Theneuille (Allier).
792. — 4 ans 8 m. — Blanche........... M. TRIPIER (Antoine), précité.

3.

793. — 4 ans 9 m. — Blanche............ M. Bardin (Frédéric), précité.
794. — 4 ans 11 m. 10 j. — Blanche...... M. le Comte de Bouillé à Villars (Nièvre).
795. — 5 ans 3 m. 12 j. — Blanche....... M. le Comte de Saint-Vallier , à Limon
                                                        (Nièvre).
796. — 5 ans 3 m. 20 j. — Blanche....... M. le Comte de Saint-Vallier, précité.
797. — 6 ans 12 j. — Blanche............ M. le Comte de Saint-Vallier, précité.
798. — 6 ans 20 j. — Blanche............ M. Moreau (Claude), précité.
799. — 6 ans 10 m. — Blanche............ M. Dubost (Michel-Rimbaud), à Ménétrol
                                                        (Puy-de-Dôme).
800. — 7 ans 25 j. — Blanche............ M. le Comte de Saint-Vallier, précité.
801. — 7 ans 2 m. — Blanche.... .... M. Dubost (Michel-Rimbaub), précité.

4e Catégorie. — Race Garonnaise.

Animaux mâles de 1 à 4 ans.

1er prix, **700** fr. et une médaille d'or.

2^e	—	**600**	—	—	d'argent.
3^e	—	**500**	—	—	de bronze.
4^e	—	**400**	—	—	de bronze.

802. — 12 m. 2 j. — Froment........... M. Tujas, (N.), à Saint-Sève (Gironde).
803. — 14 m. 14 j. — Froment........... M. Riffaud (Pierre), à Marmande (Lot-et-
                                                        Garonne).
804. — 15 m. — Froment.............. M. Olivier (A.), à Jusix (Lot-et-Garonne).
805. — 15 m. — Froment.....   ...... M. Tujas, (N.), précité.
806. — 16 m. 5 j. — Froment. .... M. Rastier (Pierre-Louis), à Saint-André-
                                                        du Garn (Gironde).
807. — 17 m. 2 j. — Froment........... M. Courrèges (Guillaume), à Couthures
                                                        (Lot-et-Garonne).
808. — 18 m. — Froment.............. M. Régimon (Pierre), à Saint-André-du-
                                                        Garn (Gironde)
809. — 19 m. 10 j. — Froment foncé ..... M. Bernède (François), à Meilhan (Lot-et-
                                                        Garonne).
810. — 20 m. 3 j. — Froment........... M. Rochet Fils, à la Réole (Gironde).
811. — 20 m. 5 j. — Froment........... M. Bernède (François), précité.
812. — 22 m. 7 j. — Froment clair ...... M. Moncla Fils, à Toulenne (Gironde).
813 — 22 m. 7 j. — Froment clair ...... Le même.
814. — 23 m. 9 j. — Froment clair ...... M. Médéville, à Cadillac (Gironde).
815. — 24 m. 5 j. — Froment foncé ..... M. Bernède (François), précité.
816. — 26 m. — Froment.............. M. Moncla Fils, précité.
817. — 26 m. — Froment clair.......... Le même.
818. — 27 m. 9 j. — Froment clair ...... M. Médeville (Numa), à Cadillac (Gi-
                                                        ronde).
819. — 30 m. — Rouge blanchâtre ...... M. du Boscq, à Baigneux (Gironde).
820. — 32 m. — Froment.............. M. Olivier (A.), précité.
821. — 33 m. — Froment clair.......... M. Régimon (Jean), à   Saint-André du
                                                        Garn (Gironde).
822. — 38 m. 2 j. — Froment........... M. Rochet Fils précité.

Animaux femelles de 1 à 2 ans.

1er prix, **250** fr. et une médaille d'or.

| 2^e | — | **150** | — | — | d'argent. |

823. — 12 m. — Froment.............. M. Bernède (François), à Meilhan (Lot-et-
                                                        Garonne)
824. — 13 m. 5 j. — Froment........... M. Riffaud (Pierre), à Marmande (Lot-et-
                                                        Garonne).
825. — 14 m. 15 j. — Froment. .... M. Bernède (François), précité.

826. — 17 m. 2 j. — Froment............ M. Tujas, (N.), à Saint-Sève (Gironde).
827. — 18 m. 1 j. — Froment............ M. Rochet Fils, à la Réole (Gironde).
828. — 21 m. 15 j. — Froment..... .... M. Chastre (Jean), à Saint-André du Garn (Gironde).
829. — 23 m. — Froment.............. M. Olivier (A.), à Jusix (Lot-et-Garonne).

Animaux femelles de 2 à 3 ans.

1er prix, **300** fr. et une médaille d'or.
2e — **200** — — d'argent.

830. — 25 m. 10 j. — Froment. .... M. Régimon (Jean), à St-André du Garn (Gironde).
831. — 31 m. — Froment................ M. Olivier (A.), à Jusix (Lot-et-Garonne).
832. — 31 m. 2 j. — Froment............ M. Rochet Fils, à la Réole (Gironde).
833. — 34 m. — Froment................ M. Tujas, (N.), à Saint-Sève (Gironde).
834. — 35 m. 27 j. — Froment.......... M. Bernède (François), à Meilhan (Lot-et-Garonne).

Animaux femelles de plus de 3 ans.

1er prix, **400** fr. et une médaille d'or.
2e — **300** — — d'argent.
3e — **200** — — de bronze.

835. — 38 m. — Froment................ M. Tujas. (N.), à St-Sève (Gironde).
836. — 4 ans 2 m. 8 j. — Froment .... M. Bazas (Antoine), à Beaupuy (Lot-et-Garonne).
837. — 4 ans 4 m. — Froment clair ...... M. Moncla Fils, à Toulenne (Gironde).
838. — 4 ans 4 m. 5 j. — Froment foncé .. Le même.
839. — 4 m. 5 m. 7 j. — Froment clair ... M. Médeville, à Cadillac (Gironde).
840. — 4 ans 7 m. 2 j. — Froment .... M. Rochet Fils, à la Réole (Gironde).
841. — 4 ans 9 m. 7 j. — Froment........ M. Médeville (Numa), à Cadillac (Gironde).
842. — 4 ans 11 m. — Froment .... M. Olivier (A.), à Jusix (Lot-et-Garonne).
843. — 5 ans 3 j. — Froment .... M. Bernède (François), à Meilhan (Lot-et-Garonne).
844. — 5 ans 5 j. — Froment............ Le même.
845. — 5 ans 4 m. — Froment.......... M. Olivier (A.), précité.
846. — 5 ans 8 m. — Froment.......... M. Régimon (Jean), à St-André du Garn (Gironde).

5e Catégorie. — **Race Limousine.**

Animaux mâles de 1 à 2 ans.

1er prix, **700** fr. et une médaille d'or.
2e — **600** — — d'argent.
3e — **500** — — de bronze.

847. — 12 m. — Froment foncé .... M. Lamy de la Chapelle, au Palais (Haute-Vienne).
848. — 12 m. 1 j. — Froment .. .. M. Pelaudeix (Louis), à Sauviat (Haute-Vienne).
849. — 12 m. 1 j. — Rouge .... M. Robert, à Aixe (Haute-Vienne).
850. — 12 m. 2 j. — Froment .... M. Teisserenc de Bort, à Saint-Priest-Taurion (Haute-Vienne).
851. — 12 m. 6 j. — Rouge..... .... M. Duboucheron (Alexis), à Beaune (Haute-Vienne).

852. — 12 m. 7 j. — Froment............ M. Teisserenc de Bort, précité.
853. — 12 m. 9 j. — Froment foncé....... M. Foussat (Marcellin), à Veyrac (Haute-Vienne).
854. — 12 m. 15 j. — Rouge .... M. Barny de Romanet, à Limoges (Haute-Vienne).
855. — 12 m. 26 j. — Roux............... M. de Léobardy (Charles), à la Jonchère (Haute-Vienne).
856. — 13 m. 10 j. — Froment foncé...... M. Rouard de Card (Joseph), place d'Aine, 7, à Limoges (Haute-Vienne).
857. — 13 m. 21 j. — Froment foncé...... M. Delpeyrou (Albert), à Feytiat (Haute-Vienne).
858. — 14 m. — Rouge.................. M. Parry (Louis), à Limoges (Haute-Vienne).
859. — 15 m. 7 j. — Roux............. .. M. de Léobardy (Charles), précité.
860. — 16 m. 10 j. — Rouge............. M. Parry (Louis), précité.
861. — 21 m. 5 j. — Froment .. .. M. Beaubrun (Joseph), à Isle (Haute-Vienne).
862. — 21 m. 6 j. — Froment .... M. Caillaud (Achille), à Chatenet-en-Dognon (Haute-Vienne).
863. — 22 m. 15 j. — Froment foncé...... M. Lamy de la Chapelle, précité.
864. — 23 m. 2 j. — Froment .... M. Teisserenc de Bort, précité.
865. — 23 m. 9 j. — Froment........... M. Lemoyne (Charles), à St-Yrieix (Haute-Vienne).
866. — 23 m. 14 j. — Rouge .... M. Duboucheron (Alexis), précité.
867. — 23 m. 15 j. — Froment foncé. .... M. Rouard de Card (Joseph), précité.
868. — 23 m. 17 j. — Froment........... M. Teisserenc de Bort, précité.
869. — 23 m. 25 j. — Rouge .... M. Parry (Louis), précité.

Animaux mâles de 2 à 4 ans.

1er prix, **700** fr. et une medaille d'or.
2e — **600** — — d'argent.
3e — **500** — — de bronze.

870. — 24 m. 1 j. — Froment .... M. Caillaud (Achille), à Chatenet-en-Dognon (Haute-Vienne).
871. — 24 m. 2 j. — Froment foncé....... M. Lamy de la Chapelle, au Palais (Haute-Vienne).
872. — 24 m. 2 j. — Rouge clair.......... M. Robert, à Aixe (Haute-Vienne).
873. — 24 m. 10 j. — Froment........... M. Teisserenc de Bort, à St-Priest-Taurion (Haute-Vienne).
874. — 25 m. — Froment.............. M. Allais (Charles), à Uzurat, commune de Limoges (Haute-Vienne).
875. — 26 m. 2 j. — Roux clair... .... M. de Léobardy (Charles), à la Jonchère (Haute-Vienne).
876. — 26 m. 10 j. — Froment........... M. Delpeyrou (Albert), au Feytiat (Haute-Vienne).
877. — 29 m. 20 j. — Froment foncé...... M. Navières du Treuil, (Adolphe), à Limoges (Haute-Vienne).
878. — 30 m. — Froment clair .... M. Ceaux (Pierre), à Seilhac (Corrèze).
879. — 30 m. 5 j. — Rouge............. M. Ruchaud (Emile), à Saint-Martin-Terressus (Haute-Vienne).
880. — 30 m. 23 j. — Froment........... M. Pellisson (Emile), à Coutras (Gironde).
881. — 30 m. 26 j. — Froment foncé...... M. Ceaux (Pierre), précité.
882. — 31 m. — Rouge................. M. Parry (Louis), à Limoges (Haute-Vienne).
883. — 32 m. — Rouge................. M. Barny de Romanet, à Limoges (Haute-Vienne).
884. — 32 m. — Froment.............. M. Caillaud (Achille), précité.
885. — 33 m. — Froment.............. M. Teisserenc de Bort, précité.
886. — 34 m. — Froment foncé.......... M. Foussat (Marcellin), à Veyrac (Haute-Vienne).

887. — 35 m. 8 j. — Roux............... M. DE LÉOBARDY (Charles), à la Jonchère (Haute-Vienne).
888. — 39 m. 6 j. — Froment .... M. DELPEYROU (Albert), précité.
889. — 41 m. 29 j. — Froment........... M. CHARAIN (Joseph), au Vigen (Haute-Vienne).

Animaux femelles de 1 à 2 ans.

1er prix, **250** fr. et une médaille d'or.
2e — **200** — — — d'argent.
3e — **150** — — de bronze.

890. — 12 m. 2 j. — Froment .... M. CAILLAUD (Achille), à Chatenet-en-Dognon (Haute-Vienne).
891. — 12 m. 2 j. — Froment .... M. DUBOUCHERON (Alexis), à Beaune (Haute-Vienne).
892. — 12 m. 2 j. — Froment foncé....... M. ROUARD DE CARD (Joseph), place d'Aine, 7, à Limoges (Haute-Vienne).
893. — 12 m. 3 j. — Froment clair........ M. VITET (Albert), à Limoges (Haute-Vienne).
894. — 12 m. 10 j. — Froment foncé...... M. LAMY DE LA CHAPELLE, au Palais (Haute-Vienne).
895. — 12 m. 11 j. — Froment........... M. HENROTTE (François), à Lesignac-Durand (Charente).
896. — 13 m. 14 j. — Froment .... M. DELPEYROU (Albert), à Feytiat (Haute-Vienne).
897. — 14 m. — Roux......... .... M. DE LÉOBARDY (Charles), à la Jonchère (Haute-Vienne).
898. — 15 m. 5 j. — Rouge .... M. BARNY DE ROMANET, à Limoges (Haute-Vienne).
899. — 15 m. 17 j. — Froment foncé ...... M. FOUSSAT (Marcellin), à Veyrac (Haute-Vienne).
900. — 16 m. — Froment................ M. CAILLAUD (Achille), précité.
901. — 16 m. 7 j. — Froment............ M. TEISSERENC DE BORT, à Saint-Priest Taurion (Haute-Vienne).
902. — 18 m. 3 j. — Froment .... M. TEISSERENC DE BORT, précité.
903. — 18 m. 5 j. — Rousse............. M. DE LÉOBARDY (Charles), précité.
904. — 18 m. 15 j. — Rouge............. M. PARRY (Louis), à Limoges (Haute-Vienne).
905. — 18 m. 26 j. — Froment foncé...... M. DUBOUCHERON (Alexis), précité.
906. — 20 m. 19 j. — Froment .... M. LAMY DE LA CHAPELLE, précité.
907. — 23 m. 28 j. — Rouge clair........ M. PARRY (Louis), précité.

Animaux femelles de 2 à 3 ans.

1er prix, **300** fr. et une médaille d'or.
2e — **250** — — — d'argent.
3e — **150** — — de bronze.

908. — 24 m. 2 j. — Froment........... M. TEISSERENC DE BORT, à Saint-Priest-Taurion (Haute-Vienne).
909. — 26 m. — Froment............... M. CAILLAUD (Achille), à Chatenet-en-Dognon (Haute-Vienne).
910. — 28 m. — Rousse .... M. DE LÉOBARDY (Charles), à la Jonchère (Haute-Vienne).
911. — 28 m. 15 j. — Froment foncé...... M. LAMY DE LA CHAPELLE, au Palais (Haute-Vienne).
912. — 29 m. 24 j. — Froment foncé...... M. ROUARD DE CARD (Joseph), place d'Aine, 7, à Limoges (Haute-Vienne).

913. — 31 m. — Froment.............. M. Foussat (Marcellin), à Veyrac (Haute-Vienne).
914. — 32 m. 10 j. — Rouge clair........ M. Parry (Louis), à Limoges (Haute-Vienne).
915. — 33 m. — Rousse................. M. de Léobardy (Charles), précité.
916. — 34 m. 27 j. — Froment foncé...... M. Boudet (Paul), à Verneuil-sur-Vienne (Haute-Vienne).
917. — 35 m. — Froment.............. M. Caillaud (Achille), précité.
918. — 35 m. — Froment.............. M. Foussat (Marcellin), précité.
919. — 35 m. — Froment.............. M. Teisserenc de Bort, précité.
920. — 36 m. — Froment.............. M. de Briey, à Magné-en-Gençay (Vienne).

Animaux femelles de plus de 3 ans.

1er prix, **400** fr. et une médaille d'or.
2e — **300** — — d'argent
2e — **200** — — de bronze.

921. — 37 m. 5 j. — Froment............ M. Teisserenc de Bort, à Saint-Priest-Taurion (Haute-Vienne).
922. — 40 m. — Froment.............. M. Caillaud (Achille), à Chatenet-en-Dognon (Haute-Vienne).
923. — 40 m. 25 j. — Rouge clair........ M. Vitet (Albert), à Limoges (Haute-Vienne).
924. — 44 m. — Rouge................. M. Dubucheron (Alexis), à Beaune (Haute-Vienne).
925. — 44 m. 3 j. — Rouge .... M. Parry (Louis), à Limoges (Haute-Vienne).
926. — 4 ans. — Rousse................ M. de Léobardy (Charles), à la Jonchère (Haute-Vienne).
927. — 4 ans, 12 j. — Rouge........... M. Parry (Louis), précité.
928. — 4 ans, 1 m. 7 j. — Froment........ M. Foussat (Marcellin), à Veyrac (Haute-Vienne).
929. — 4 ans, 1 m. 18 j. — Froment clair.. M. Vitet (Albert), précité.
930. — 4 ans, 2 m. 8 j. — Froment foncé .. M. Lamy de la Chapelle, au Palais Haute-Vienne).
931. — 4 ans, 6 m. — Rousse........... M. de Léobardy (Charles), précité.
932. — 4 ans, 6 m. 11 j................. M. Delpeyrou (Albert), à Feytiat (Haute-Vienne).
933. — 4 ans, 6 m. 15 j. — Froment...... M. Navières du Treuil (Adolphe), à Limoges (Haute-Vienne).
934. — 4 ans, 9 m. — Froment.......... M. Teisserenc de Bort, précité.
935. — 4 ans, 10 m. — Rouge .... M. Parry (Louis), précité.
936. — 5 ans. — Froment.............. M. Caillaud (Achille), précité.
937. — 5 ans, 1 j. — Froment foncé....... M. Rouard de Card (Joseph), place d'Aine, n° 7, à Limoges (Haute-Vienne).
938. — 5 ans, 6 m. — Rousse........... M. de Léobardy (Charles), précité.
939. — 5 ans, 9 m. — Froment foncé..... M. Lamy de la Chapelle, précité.
940. — 5 ans, 9 m. — Rouge........... M. Parry (Louis), précité.
941. — 5 ans, 11 m. 15 j. — Froment foncé. M. Rouard de Card (Joseph), précité.
942. — 6 ans, 5 m. 20 j. — Rouge....... M. Parry (Louis), précité.
943. — 7 ans, 3 m. — Froment.......... M. Teisserenc de Bort, précité.
944. — 7 ans, 7 m. 25 j. — Froment foncé. M. Rouard de Card (Joseph), précité.

6e Catégorie. — **Race de Salers.**

Animaux mâles de 1 à 4 ans.

1er prix, **700** fr. et une médaille d'or.
2e — **600** — — d'argent.
3e — **500** — — de bronze.
4e — **400** — — de bronze.

945. — 12 m. — Rouge .... M. Rogeon (Louis), à St-Secondin (Vienne).
946. — 12 m. 5 j. — Rouge .... M. Bergeron (Jean), à Anglards-de-Salers (Cantal).
947. — 12 m. 5 j. — Rouge .... M. Vidal (Pierre), à Menet (Cantal).
948. — 12 m. 6 j. — Rouge cerise .... M. Pouderoux (Pierre), à Gaubert, commune d'Aurillac (Cantal).
949. — 12 m. 10 j. — Rouge foncé .... M. Farmond (Louis), à la Roche-Blanche (Puy-de-Dôme).
950. — 12 m. 15 j. — Rouge .... Mme Lenègre (Marie), à Besse-en-Chandesse (Puy-de-Dôme).
951. — 13 m. 8 j. — Rouge .... M. Bouysson (Antoine), à Naucelles près Aurillac (Cantal).
952. — 13 m. 13 j. — Rouge .... M. Vidal (Pierre), précité.
953. — 14 m. — Rouge .... M. Abel (Antoine), à Aurillac (Cantal).
954. — 21 m. 20 j. — Rouge .... M. Couderc (Antoine), à Veyraguet, commune d'Aurillac (Cantal).
955. — 22 m. — Rouge .... M. Lapeyre, à Ytrac (Cantal).
956. — 23 m. — Rouge .... M. Ramond (Jean), au Barra, commune d'Aurillac (Cantal).
957. — 26 m. 4 j. — Rouge .... M. Bergeron (Jean), précité.
958. — 28 m. — Rouge .... Mme Lenègre (Marie), précitée.
959. — 29 m. 12 j. — Rouge .... M. Farmond (Louis), précité.
960. — 32 m. 2 j. — Rouge .... M. Lapeyre, précité.
961. — 33 m. 1 j. — Rouge .... M. Couderc (Antoine), précité.
962. — 33 m. 8 j. — Rouge foncé .... M. Farmond (Louis), précité.
963. — 34 m. 15 j. — Rouge .... M. Bérgaud (Jean), à Arpageon (**Cantal**).
964. — 35 m. 15 j. — Rouge .... M. Ramond (Jean), précité.
965. — 36 m. — Rouge .... M. Rogeon (Louis), précité.

Animaux femelles de 1 à 2 ans.

1er prix, **250** fr. et une médaille d'or.
2e — **200** — — d'argent.
3e — **100** — — de bronze.

966. — 12 m. — Rouge .... M. Lapeyre, à Ytrac (Cantal).
967. — 12 m — Rouge .... Mme Lenègre (Marie), à Besse-en-Chandesse (Puy-de-Dôme).
968. — 12 m. 2 j. — Rouge .... M. Bergeron (Jean), à Anglards-de-Salers (Cantal).
969. — 12 m. 3 j. — Rouge .... M. Couderc (Antoine), à Veyraguet, commune d'Aurillac (Cantal).
970. — 12 m. 7 j. — Rouge, froment ..... M. Pouderoux (Pierre), à Gaubert, commune d'Aurillac (Cantal).
971. — 12 m. 15 j. — Rouge .... M. Vidal (Pierre), à Menet (Cantal).
972. — 13 m. 10 j. — Rouge .... M. Ramond (Jean), au Barra, commune d'Aurillac (Cantal).
973. — 14 m. — Rouge .... M. Vidal (Pierre), précité.
974. — 18 m. — Rouge .... Mme Lenègre (Marie), précitée.
975. — 20 m. 8 j. — Rouge .... M. Couderc (Antoine), précité.

976. — 21 m. 5 j. — Rouge............. M. Farmond (Louis), à la Roche-Blanche (Puy-de-Dôme).
977. — 22 m. 15 j. — Rouge........... M. Lapeyre, précité.
978. — 23 m. 15 j. — Rouge............ M. Abel (Antoine), à Aurillac (Cantal).

Animaux femelles de 2 à 3 ans.

1er prix, **300** fr. et une médaille d'or.
2e   — **200**   —   —   d'argent.
3e   — **100**   —   —   de bronze.

979. — 24 m. 4 j. — Rouge .... M. Bergeron (Jean), à Anglards-de-Salers (Cantal).
980. — 24 m. 5 j. — Rouge .... M. Pouderoux (Pierre), à Gaubert, commune d'Aurillac (Cantal).
981. — 25 m. — Rouge................. Mme Lenègre (Marie), à Besse-en-Chandesse (Puy-de-Dôme).
982. — 25 m. 8 j. — Rouge .... M. Bergaud (Jean), à Arpageon (Cantal).
983. — 30 m. 20 j. — Rouge .... M. Couderc (Antoine), à Veyraguet, commune d'Aurillac (Cantal).
984. — 32 m. 10 j. — Rouge .... M. Farmond (Louis), à La Roche-Blanche (Puy-de-Dôme).
985. — 33 m. — Rouge................. M. Lapeyre, à Ytrac (Cantal).
986. — 33 m. 2 j. — Rouge .... M. Lapeyre, précité.
987. — 34 m. — Rouge................. M. Vidal (Pierre), à Menet (Cantal).
988. — 35 m. 6 j. — Rouge .... M. Vidal (Pierre), précité.
989. — 36 m. — Rouge .... M. Bergeron (Jean), précité.

Animaux femelles de plus de 3 ans.

1er prix, **400** fr. et une médaille d'or.
2e   — **300**   —   —   d'argent.
3e   — **200**   —   —   de bronze.

990. — 37. m. 10 j. — Rouge froment..... M. Pouderoux (Pierre), à Gaubert, commune d'Aurillac (Cantal)
991. — 38 m. — Rouge................. M. Vidal (Pierre), à Menet (Cantal).
992. — 38 m. 3 j. — Rouge cerise........ M. Pouderoux (Pierre), précité..........
993. — 42 m. — Rouge................. M. Vidal (Pierre), précité.
994. — 44 m. — Rouge................. M. Bergeron (Jean), à Anglards-de-Salers (Cantal).
995. — 47 m. 15 j. — Rouge............. M. Lapeyre, à Ytrac (Cantal).
996. — 4 ans 1 m. 8 j. — Rouge......... M. Couderc (Antoine), à Veyraguet, commune d'Aurillac (Cantal).
997. — 4 ans 1 m. 15 j. — Rouge........ M. Abel (Antoine), à Aurillac (Cantal).
998. — 4 ans 5 m. — Rouge............. M. Abel (Antoine), précité.
999. — 4 ans 5 m. — Rouge............. Mme Lenègre (Marie), à Besse-en-Chandesse (Puy-de-Dôme).
1000. — 4 ans 6 m. 18 j. — Rouge foncé. M. Farmond (Louis), à la Roche-Blanche (Puy-de-Dôme).
1001. — 4 ans 7 m. — Rouge........... M. Bergeron (Jean), précité.
1002. — 4 ans 10 m. — Rouge.......... M. Bergaud (Jean), à Arpageon (Cantal).
1003. — 5 ans. — Rouge.............. Mme Lenègre (Marie), précitée.
1004. — 5 ans. — Rouge.............. M. Vidal (Pierre), précité.
1005. — 5 ans 2 m. 7 j. — Rouge....... M. Farmond (Louis), précité.
1006. — 6 ans 2 m. — Rouge.......... M. Ramond (Jean), au Barra, commune d'Aurillac (Cantal).
1007. — 7 ans. — Rouge.............. Mme Lenègre (Marie), précitée.

7e CATÉGORIE. — **Race bazadaise.**

Animaux mâles de 1 à 4 ans.

1er prix, **600** fr. et une médaille d'or.
    2e — **500**   —   — d'argent.
    3e — **400**   —   — de bronze.

1008. — 12 m. — Fauve .... M. DE MONTAIGUT, à Cudos (Gironde).
1009. — 12 m. 5 j. — Gris.............. M. DARQUEY (Élie), à Bernos (Gironde).
1010. — 12 m. 20 j. — Gris .... M. DARROMAU (J.-H.), à Bazas (Gironde).
1011. — 14 m. 23 j. — .... M. DE MONTCABRIER, à Bazas (Gironde).
1012. — 16 m. 8 j. — Brun............. M. COURRÈGELONGUE (Auguste), à Bazas (Gironde)
1013. — 17 m. 4 j. — Gris noir......... M. MONCLA Fils, à Toulenne (Gironde).
1014. — 17 m. 15 j. — Gris .... M. DARQUEY (Élie), précité.
1015. — 18 m. 8 j. — Gris foncé........ M. MONCLA Fils, précité.
1016. — 20 m. 26 j. — Gris clair .... M. CATHALOT (G.), boulevard de Talence, n° 92, à Bordeaux (Gironde).
1017. — 24 m. — Brun .... M. COURRÈGELONGUE (Auguste), précité.
1018. — 24 m. 9 j. — Gris .... M. MÉDEVILLE (Numa), à Cadillac (Gironde).
1019. — 25 m. 2 j. — Gris .... M. DARROMAU (J.-H.), précité.
1020. — 26 m. — Gris................ M. COURRÈGELONGUE (Marcel), à Bazas (Gironde).
1021. — 27 m. 3 j. — Gris clair .... M. MONCLA Fils, précité.
1022. — 27 m. 15 j. — Gris foncé........ M. LALANDE (U.), à Illats (Gironde).
1023. — 27 m. 25 j. — Gris ... . M. DARQUEY (Élie), à Bernos (Gironde).
1024. — 28 m. — Brun .... M. OLIVIER (A.), à Jusix (Lot-et-Garonne).
1025. — 28 m. 3 j. — Gris foncé........ M. CATHALOT (G.), boulevard de Talence, n° 92, à Bordeaux (Gironde).
1026. — 29 m. — Brun .... M. COURRÈGELONGUE (Auguste), précité.
1027. — 29 m. 8 j. — Brun clair........ M. COURRÈGELONGUE (Auguste), précité.
1028. — 31 m. 5 j. — Gris............. M. MÉDEVILLE (Numa), à Cadillac (Gironde).
1029. — 33 m. 15 j. — Gris foncé .... M. MARCAND (Jean-Marie), à Bazas (Gironde).
1030. — 35 m. 3 j. — Brun............ M. COURRÈGELONGUE (Auguste), précité.

Animaux femelles de 1 à 2 ans.

1er prix, **200** fr. et une médaille d'or.
    2e — **150**   —   — d'argent.

1031. — 12 m. 6 j. — Grise .... M. DARQUEY (Élie), à Bernos (Gironde).
1032. — 12 m. 15 j. — Grise .... M. DARROMAU (J.-H.), à Bazas (Gironde).
1033. — 13 m. 26 j. — Gris foncé........ M. CATHALOT (G.), boulevard de Talence, n° 92, à Bordeaux (Gironde).
1034. — 18 m. 1 j. — Gris clair......... M. MONCLA Fils, à Toulenne (Gironde).
1035. — 21 m. 5 j. — Grise .... M. DARROMAU (J.-H.), précité.
1036. — 24 m. — Brune .... M. COURRÈGELONGUE (Auguste), à Bazas (Gironde).

Animaux femelles de 2 à 3 ans.

1er prix, **300** fr. et une médaille d'or.
    2e — **200**   —   — d'argent.

1037. — 24 m. 5 j. — Grise .... M. DARROMAU (J.-H.), à Bazas (Gironde).
1038. — 24 m. 11 j. — Gris clair......... M. MÉDEVILLE (Numa), à Cadillac (Gironde).
1039. — 26 m. 1 j. — Gris noir......... M. CATHALOT (G.), boulevard de Talence, n° 92, à Bordeaux (Gironde).

1040. — 27 m. 21 j. — Grise .... M. Darquey (Elie), à Bernos (Gironde).
1041. — 28 m. 8 j. — Brune............. M. Courrègelongue (Auguste), à Bazas (Gironde).
1042. — 30 m. 3 j. — Grise .... M. Moncla Fils, à Toulenne (Gironde).
1043. — 33 m. 13 j. — Grise............. M. Médeville (Numa), précité.

Animaux femelles de plus de 3 ans.

1er prix, **400** fr. et une médaille d'or
    2e   —   **300**   —   —   d'argent.
    3e   —   **200**   —   —   de bronze.

1044. — 36 m. 3 j. — Gris foncé .... M. Moncla Fils, à Toulenne (Gironde).
1045. — 38 m. 26 j. — Gris foncé .... M. Cathalot (G.), boulevard de Talence, n° 92, à Bordeaux (Gironde).
1046. — 40 m. 10 j. — Gris foncé.. ..... M. Darquey (Elie), à Bernos (Gironde).
4047. — 4 ans 1 m. 20 j. — Grise........ M. Darquey (Elie), précité.
1048. — 4 ans 2 m. 2 j. — Grise......... M. Darromau (J.-H.), à Bazas (Gironde).
1049. — 4 ans 5 m. 2 j. — Grise......... M. Moncla Fils, précité.
1050. — 4 ans 7 m. 5 j. — Grise .... M. Médeville (Numa), à Cadillac (Gironde).
1051. — 4 ans 9 m. 11 j. — Gris clair .... M. Cathalot (G.), précité.
1052. — 5 ans 22 j. — Gris foncé........ M. Darquey (Elie), précité.
1053. — 5 ans 3 m. — Brune............ M. Olivier (A.), à Jusix (Lot-et-Garonne).
1054. — 5 ans 7 m. — Brune............ M. Courrègelongue (Auguste), à Bazas (Gironde).
1055. — 6 ans 10 j. — Grise .... M. Omer-Mailhes (J.), à Monières (Hautes-Pyrénées).
1056. — 6 ans 8 m. — Brune............ M. Courrègelongue, (Auguste), précité.

8e Catégorie. — **Races bretonnes.**

Animaux mâles de 1 à 2 ans.

1er prix, **500** fr. et une médaille d'or.
    2e   —   **400**   —   —   d'argent.
    3e   —   **300**   —   —   de bronze.
    4e   —   **200**   —   —   de bronze.

1057. — 12 m. — Pie noir .... M. de Baudicour (Prosper), à Saint-Pierre du Mesnil (Eure).
1058. — 12 m. 4 j. — Pie noir .... M. de Baudicour (Prosper), précité.
1059. — 12 m. 15 j. — Pie noir......... M. Rio (Jean), à Hennebont (Morbihan).
1060. — 12 m. 25 j. — Pie noir......... M. Le Guen, à Vannes (Morbihan)
1061. — 13 m. 4 j. — Noir et blanc ..... M. Gy (Jules-Adrien), à Carnac (Morbihan).
1062. — 13 m. 4 j. — Noir et blanc ..... M. Guyader (Louis), à Ergué-Gabéric (Finistère).
1063. — 13 m. 15 j. — Noir et blanc ..... M. Kernaleguen (Simon), à Plonévez, Porzai (Finistère).
1064. — 14 m. 20 j. — Noir et blanc ..... M. Voitellier, à Mantes (Seine-et-Oise).
1065. — 15 m. — Pie noir .... M. Lamo (Auguste), à Vannes (Morbihan),
1066. — 15 m. 22 j. — Blanc et noir ..... Mme la Duchesse de Feltre, à Noyal (Côtes-du-Nord).
1067. — 18 m. 2 j. — Gris et blanc ...... M. le Vte de Novelles, à Blendecques (Pas-de-Calais).
1068. — 18 m. 15 j. — Pie noir .... M. Podras (Louis), à Riantec (Morbihan).
1069. — 19 m. — Pie noir .... M. Rochard (Julien), à Vannes (Morbihan).
1070. — 19 m. 6 j. — Blanc et noir ..... M. Pernez (René), à Plouëis (Finistère).
1071. — 19 m. 10 j. — Noir et blanc ..... M. Feunteun (Yves), à Ergué-Armel (Finistère).

1072. — 20 m. — Pie noir .... M. Hervouin (Pierre), à Moutiers (Ille-et-Vilaine).
1073. — 20 m. 10 j — Noir et blanc..... M. Conan (Louis), à Mellac (Finistère).
1074. — 20 m. 20 j. — Noir et blanc..... M. Guyader (Louis), précité.
1075. — 21 m. — Noir et blanc......... M. Feunteun (Joseph), à Penhars (Finistère).
1076. — 21 m. — Noir et blanc......... M. Le Treste (Vincent), à Vannes (Morbihan).
1077. — 22 m. — Pie noir .... M. Caudal (Joseph), a Vannes (Morbihan).
1078. — 22 m. — Pie noir............. M. Coquereeau (Charles), à Maisons-Alfort (Seine).
1079. — 22. m. — Blanc et noir .... M. Samson Père , à Sidi - Mabrouck (Constantine) (Algérie).
1080. — 23 m. — Noir et blanc......... M. Feunteun (Hervé) , à Ergué - Armel (Finistère).
1081. — 23 m. 2 j. — Blanc et noir ...... M. Dupille (Alexis), à Ezanville (Seine-et-Oise).
1082. — 23 j. — Pie noir........... M. Caill (Pierre), à Lanriec (Finistère).
1083. — 23 m. 15 j. — Pie noir .... M. Laurent (Louis), à Vannes (Morbihan).

Animaux mâles de 2 à 4 ans.

1er prix, 500 fr. et une médaille d'or.
2e — 400 — — d'argent.
3e — 300 — — de bronze.
4e — 200 — — de bronze.

1084. — 25 m. 5 j. — Pie noir........... M. Rio (Jean), à Hennebont (Morbihan).
1085. — 25 m. 8 j. — Noir et blanc...... M. Béléguic (Emmanuel), à Poullan (Finistère).
1086. — 25 m. 10 j. — Noir et blanc..... M. Guyader (Louis) , à Ergué - Gabéric (Finistère).
1087. — 26 m. 3 j. — Noir et blanc...... M. Larhantec (Pierre), à Ploaré (Finistère).
1088. — 26 m. 15 j. — Pie noir......... M. Le Guen, à Vannes (Morbihan).
1089. — 27 m. — Noir et blanc......... M. Lamo (Auguste), à Vannes (Morbihan).
1090. — 27 m. 10 j. — Pie noir......... M. Podras (Louis), à Riantec (Morbihan).
1091. — 27 m. 28 j. — Noire et blanc ... M. Gy (Jules), à Carnac (Morbihan).
1092. — 29 m. 10 j. — Pie noir...... ... M. Caill (Pierre), à Lanriec (Finistère).
1093. — 30 m. — Noir et blanc .... M. Feunteun (Yves), à Ergué-Armel (Finistère).
1094. — 30 m — Noir et blanc........ . M. Voitellier, à Mantes (Seine-et-Oise).
1095. — 30 m. 15 j. — Pie noir.......... M. Caill (Pierre), précité.
1096. — 30 m. 25 j. — Noir et blanc ..... M. de Baudicour (Prosper), à Saint-Pierre du Mesnil (Eure).
1097. — 31 m. 15 j. — Pie noir........ M. Conan (Louis), à Mellac (Finistère).
1098. — 32 m. — Noir et blanc,........ M. Feunteun (Joseph), à Penhars (Finistère).
1099. — 32 m. 15 j. — Pie noir .... M. Laurent (Louis), à Vannes (Morbihan).
1100. — 33 m. 8 j. — Blanc et gris ..... M. Desprez (F.), à Cappelle (Nord).
1101. — 35 m. — Pie noir .... M. Caudal (Joseph), à Vannes (Morbihan).
1102. — 35 m. — Noir et blanc .... M. Feunteun (Hervé) , à Ergué-Armel (Finistère).
1103. — 35 m. — Blanc et noir......... M. Samson Père, à Sidi-Mabrouck Constantine (Algérie).
1104. — 35 m. 8 j. — Blanc et noir ..... M. Pernez (René), à Ploueis (Finistère).
1105. — 35 m. 26 j. — Pie noir .... M. Guichavua (Pierre), à Plomelin (Finistère).
1106. — 39 m. — Noir et blanc......... M. Chandora (Léon), à Plabennec (Finistère).

ESPÈCE BOVINE.

Animaux femelles de 1 à 2 ans.

1ᵉʳ prix, **200** fr. et une médaille d'or.
2ᵉ — **150** — — d'argent.
3ᵉ — **125** — — de bronze.
4ᵉ — **100** — — de bronze.

1107. — 12 m. 5 j. — Noire et blanche... M. Lamo (Auguste-Maximilien), à Vannes (Morbihan).
1108. — 12 m. 10 j. — Pie noir......... M. Caill (Pierre), à Lanriec (Finistère).
1109. — 12 m. 13 j. — Pie noir. .... M. Conan (Louis), à Mellac (Finistère).
1110. — 12 m. 25 j. — Pie noir .... M. Caudal (Joseph), à Vannes (Morbihan).
1111. — 13 m. — Noire et blanche....... M. Feunteun (Hervé), à Ergué-Armel (Finistère).
1112. — 13 m. — Noire et blanche....... M. Lamo (Auguste-Maximilien), précité.
1113. — 13 m. 4 j................... M. Desprez (F.), à Cappelle (Nord).
1114. — 13 m. 8 j. — Pie noir.......... M. Marhin (Mathurin), au Faouët (Morbihan).
1115. — 14 m. 6 j. — Blanche et noire ... M. Pernez (René), à Ploueis (Finistère).
1116. — 14 m. 20 j. — Pie noir .... M. Rio (Jean), à Hennebont (Morbihan).
1117. — 15 m. — Pie noir.............. M. Laurent (Louis), à Vannes (Morbihan).
1118. — 15 m. — Noire et blanche....... M. Le Treste (Vincent), à Vannes (Morbihan).
1119. — 16 m. 8 j. — Noire et blanche... M. Poulhazan (Jean), à Ploaré (Finistère).
1120. — 16 m. 12 j. — Noire et blanche .. Mᵐᵉ la duchesse de Feltre, à Noyal (Côtes-du-Nord).
1121. — 16 m. 19 j. — Noire et blanche .. M. Le Gac (Hervé), à Briec (Finistère).
1122. — 16 m. 20 j. — Pie noir .... M. de Baudicour (Prosper), à Saint-Pierre-du-Mesnil (Eure).
1123. — 17 m. — Noire et blanche....... M. Voitellier, à Mantes (Seine-et-Oise).
1124. — 17 m. 5 j. — Pie noir .... M. de Baudicour (Prosper), à Saint-Pierre-du-Mesnil (Eure).
1125. — 17 m. 9 j................... M. Le Gac (Hervé), à Briec (Finistère).
1126. — 17 m. 10 j. — Noire et blanche .. M. Guyader (Louis), à Ergué-Gaberic (Finistère).
1127. — 18 m. — Noire et blanche ...... M. Feunteun (Yves), à Ergué-Armel (Finistère).
1128. — 18 m. — Noire et blanche....... M. Voitellier, précité.
1129. — 18 m. 3 j. — Noire et blanche ... M. Guyader (Louis), à Ergué-Gabéric (Finistère).
1130. — 18 m. 5 j. — Noire et blanche ... M. Conan (Louis), précité.
1131. — 19 m. — Noire et blanche ..... M. Feunteun (Joseph), à Penhars (Finistère).
1132. — 19 m. — Pie noir .... M. Laurent (Louis), précité.
1133. — 20 m. — Pie noir.............. M. Rochard (Julien), à Vannes (Morbihan).
1134. — 20 m. — Noire et blanche....... M. Voitellier, précité.
1135. — 20 m. 20 j. — Pie noir......... M. Podras (Louis), à Riantec (Morbihan).
1136. — 20 m. 20 j. — Pie noir .... M. Podras (Louis), précité.
1137. — 20 m. 25 j. — Pie noir........ M. Podras (Louis), précité.
1138. — 21 m. — Pie noir .... M. Le Guen, à Vannes (Morbihan).
1139. — 22 m. — Froment............. M. Chandora (Léon), à Plabennec (Finistère).
1140. — 22 m. — Noire et blanche....... M. Samson Père, à Sidi Mabrouck, Constantine (Algérie).
1141. — 22 m. — Pie noir .... M. Rio (Jean), précité.
1142. — 22 m. 15 j. — Blanche et noire .. M. Pernez (René), à Ploueis (Finistere).
1143. — 23 m. — Noire et blanche . ..... M. Feunteun (Yves), précité.
1144. — 23 m. 2 j. — Blanche et noire... M. Dupille (Alexis), à Ezanville (Seine-et-Oise).
1145. — 23 m. 5 j. — Noire et blanche... M. Larhantec (Pierre), à Ploaré (Finistère).

Animaux femelles de 2 à 3 ans.

1er prix, **250** fr. et une médaille d'or.

2e — **200** — — d'argent.

3e — **175** — — de bronze.

4e — **150** — — de bronze.

1146. — 24 m. 12 j. — Noire et blanche .. M. Conan (Louis), à Mellac (Finistère).
1147. — 25 m. — Pie noir .... M. Rochard (Julien), à Vannes (Morbihan).
1148. — 25 m. 3 j. — Noire et blanche ... M. Mallay, à Messy (Seine-et-Marne).
1149. — 25 m. 6 j..... .... M. Larhantec (Pierre), à Ploaré (Finistère).

1150. — 25 m. 8 j. — Noire et blanche ... M. Poulhazan (Victor), à Ploaré (Finistère).

1151. — 25 m. 12 j. — Noire et blanche ... M. Gy (Jules), à Carnac (Morbihan).
1152. — 25 m. 12 j. — Noire et blanche... M. Lamo (Auguste-Maximilien), à Vannes (Morbihan).

1153. — 25 m. 15 j. — Grise............ M. Gy (Jules), précité.
1154. — 25 m. 15 j. — Pie noir.......... M. Laurent (Louis), à Vannes (Morbihan).
1155. — 25 m. 15 j. — Pie noir.......... M. Rio (Jean), à Hennebont (Finistère).
1156. — 26 m. — Pie noir.............. M. Caudal (Joseph), à Vannes (Morbihan).
1157. — 26 m.— Blanche et noire .... M. Pernez (René), à Plouéis (Finistère).
1158. — 26 m. 3 j. — Noire et blanche.... M. Gy (Jules), précité.
1159. — 26 m. 15 j. — Noire et blanche... M. Guyader (Louis), à Ergué-Gabéric (Finistère).

1160. — 27 m. — Noire et blanche...... M. Chandora (Léon), à Plabennec (Finistère).

1161. — 27 m. 5 j. — Noire et blanche ... M. Guyader (Louis), précité.
1162. — 27 m. 5 j. — Noire et blanche ... M. Nadaud (Aristide), à Dun-le-Palleteau (Creuse).

1163. — 27 m. 15 j. — Pie noir.......... M. Podras (Louis), à Riantec (Morbihan).
1164. — 28 m. — Pie noir.............. M. Caill (Pierre), à Lanriec (Finistère).
1165. — 28 m. — Noire et blanche....... M. Feunteun (Yves), à Ergué-Armel (Finistère).

1166. — 28 m. — Noire et blanche....... M. Voitellier, à Mantes (Seine-et-Oise).
1167. — 29 m. — Noire et blanche....... M. Le Gac (Hervé), à Briec (Finistère).
1168. — 29 m. — Noire et blanche....... M. Le Treste (Vincent), à Vannes (Morbihan).

1169. — 29 m. 1 j. — Noire et blanche.. . M. de Baudicour (Prosper), à Saint-Pierre-du-Mesnil (Eure).

1170. — 30 m. — Pie noir.............. M. de Baudicour (Prosper), précité.
1171. — 30 m. — Pie noir.............. M. Caill (Pierre), précité.
1172. — 30 m. — Froment............. M. Chandora)Léon) précité.
1173. — 30 m. — Noire et blanche...... M. Voitellier, précité.
1174. — 30 m. 10 j. — Noire et blanche .. M. Desprez (F.), à Cappelle (Nord).
1175. — 30 m. 22 j. — Noire et blanche .. M. Conan (Louis), précité.
1176. — 32 m. — Noire et blanche....... M. Le Gac (Hervé), précité.
1177. — 33 m. — Noire et blanche....... M. Voitellier, précité.
1178. — 33 m. 20 j. — Pie noir .... M. Rio (Jean), précité.
1179. — 34 m. — Pie noir............. M. Caudal (Joseph), à Vannes (Morbihan).
1180. — 34 m. — Noire et blanche....... M. Feunteun (Hervé), à Ergué-Armel (Finistère).

1181. — 34 m. — Noire et blanche....... Le même.
1182. — 34 m. — Noire et blanche .... M. Samson Père, à Sidi Mabrouck Constantine (Algérie).

1183. — 34 m. 8 j. — Blanche et noire ... M. Pernez (René), précité.
1184. — 34 m. 20 j. — Pie noir......... M. Podras (Louis), précité.
1185. — 35 m. 5 j. — Noire et blanche ... M. Feunteun (Yves), à Ergué-Armel (Finistère).

1186. — 36 m. — Pie noir............. M. Baron, Dr de l'École pratique d'agriculture du Lézardeau (Finistère).

1187. — 36 m. —Pie noir.............. M. Coquereau (Charles), à Maisons-Alfort (Seine).
1188. — 36 m. — Noire et blanche....... M. Feunteun (Joseph), à Penhars (Finistère).
1189. — 36 m. — Noire et blanche....... M. Lamo (Auguste-Maximilien), précité.

Animaux femelles de plus de 3 ans.

1er prix **300** et une médaille d'or.
2e — **250** — — d'argent.
3e — **200** — — de bronze.
4e — **175** — — de bronze.
5e — **150** — — de bronze.
6e — **100** — — de bronze.

1190. — 37 m. 15 j. — Pie noir .... M. Rio (Jean), à Hennebont (Morbihan).
1191. — 38 m. 15 j. — Pie noir .... M. Podras (Louis), à Riantec (Morbihan).
1192. — 39 m. — Noire et blanche....... M. Chandora (Léon), à Plabennec (Finistère).
1193. — 40 m. — Pie noir.............. M. Rochard (Julien), à Vannes (Morbihan).
1194. — 40 m. 15 j. — Pie noir .... M. Podras (Louis), précité.
1195. — 40 m. 20 j. — Noire et blanche.. M. Gy (Jules), à Carnac (Morbihan).
1196. — 42 m. — Froment.............. M. Chandora (Léon), à Plabennec (Finistère).
1197. — 45 m. — Noire et blanche....... M. Feunteun (Joseph), à Penhars (Finistère).
1198. — 46 m. — Pie noir............. .. M. de Baudicour (Prosper), à Saint-Pierre-du-Mesnil (Eure).
1199. — 4 ans. — Pie noir............. M. Baron (François), Dr de l'École pratique d'Agriculture du Lézardeau (Finistère).
1200. — 4 ans. — Blanche et noire....... M. Le Gac (Hervé), à Briec (Finistere).
1201. — 4 ans. — Noire et blanche ...... M. Voitellier, à Mantes (Seine-et-Oise).
1202. — 4 ans — Noire et blanche ...... Le même.
1203. — 4 ans 1 m. — Blanche et noire... M. Larhantec (Pierre), à Ploaré (Finistère).
1204. — 4 a. 1 m. 5 j. — Blanche et noire. M. Pernez (René), à Ploueis (Finistère).
1205. — 4 ans 3 m. — Noire et blanche... M. Feunteun (Joseph), précité.
1206. — 4 ans 6 m. — Pie noir.......... M. Baron (François), précité, Directeur de de l'École pratique d'Agriculture du Lézardeau, précité.
1207. — 4 ans 6 m. — Pie noir .... M. de Baudicour (Prosper), précité.
1208. — 4 ans 6 m. — Noire et blanche... M. Voitellier, précité.
1209. — 4 ans 8 m. 15 j................ M. Rio (Jean), précité.
1210. — 4 ans. 8 m. 20 j. — Noire et blanche. M. Nadaud (Aristide), à Dun-le-Palleteau (Creuse).
1211. — 4 ans 9 m. 25 j. — Pie noir...... M. Conan (Louis), à Mellac (Finistère).
1212. — 4 ans 10 m. 20 j. — Pie noir.... . M. Podras (Louis), précité.
1213. — 4 ans 11 m................... M. Caill (Pierre), à Lanriec (Finistere).
1214. — 4 ans 11 m. — Pie noir.......... M. Podras (Louis), précité.
1215. — 4 a. 11 m. 5 j. — Noire et blanche M. Conan (Louis), précité.
1216. — 4 ans 11 m. 20 j. — Pie noir ..... Le même.
1217. — 5 ans. — Pie noir .... M. Baron (François), Dr de l'École pratiqu d'Agriculture du Lezardeau, précité.
1218. — 5 ans. .... Le même.
1219. — 5 ans Pie noir .... M. Coquereau (Charles), à Maisons-Alfort (Seine).
1220. — 5 ans. — Noire et blanche....... M. Feunteun (Yves), à Ergué-Armel (Finistère).
1221. — 5 ans. — Noire et blanche....... M. Feunteun (Hervé), à Ergué-Armel (Finistère).
1222. — 5 ans. — Noire et blanche....... Le même.

1223. — 5 ans. — Noire et blanche... .. M. GUILLERMAIN, à Berny, commune de Fresnes (Seine).
1224. — 5 ans. — Noire et blanche....... M. GY (Jules), précité.
1225. — 5 ans. — Blanche et noire.. .... M. LE TRESTE (Vincent), à Vannes (Morbihan).
1226. — 5 ans. — Blanche et noire....... M. PERNEZ (René), précité.
1227. — 5 ans 6 j. — Noire et blanche.... M. CONAN (Louis), précité.
1228. — 5 ans 2 m. 3 j. — Pie noir....... M. PODRAS (Louis), précité.
1229. — 5 ans 3 m. — Blanche et noire... M. LAURENT (Louis), à Vannes (Morbihan).
1230. — 5 ans 3 m. — Pie noir .... M. ROCHARD (Julien), précité.
1231. — 5 a. 3 m. 4 j. — Blanche et noire. M. LARHANTEC (Pierre), précité.
1232. — 5 ans 4 m. 10 j. — Pie noir...... M. LE GUEN, à Vannes (Morbihan).
1233. — 5 ans 4 m. 15 j. — Pie noir...... M. PODRAS (Louis), précité.
1234. — 5 ans 6 m. — Pie noir .... M. CAUDAL (Joseph), à Vannes (Morbihan).
1235. — 5 a. 9 m. 14 j. — Noire et blanche M. CONAN (Louis), précité.
1236. — 5 ans 11 m. — Pie noir .... M. NÉZET (Jean), à Languidic (Morbihan)
1237. — 6 ans. — Pie noir.............. M. COQUEREAU (Charles), à Maison-Alfort (Seine))
1238. — 6 ans. — Pie noir.............. Le même.
1239. — 6 ans. — Noire et blanche....... M. FEUNTEUN (Yves). précité.
1240. — 6 ans. — Noire et blanche....... M. GUYADER (Louis), à Ergué-Gabéric (Finistère).
1241. — 6 ans. — Noire et blanche ...... M. GY (Jules), précité.
1242. — 6 ans.................. M. LAMO (Auguste-Maximilien), à Vannes (Morbihan).
1243. — 6 ans. — Pie noir .... M. LARHANTEC (Pierre), précité.
1244. — 6 ans. — Pie noir.............. M. MARHIN (Mathurin). au Faouët (Morbihan).
1245. — 6 a. 2 m. 3 j. — Noire et blanche. M. PODRAS (Louis), précité.
1246. — 6 ans 3 m. 18 j................. M. GY (Jules), précité.
1247. — 6 ans 4 m. — Noire et blanche... M. LE GAC (Herve), à Briec (Finistère).
1248. — 6 ans 10 m. — Noire et blanche.. M. CONAN (Louis), précité.
1249. — 7 ans. — Noire et blanche........ M. BARON (François), Directeur de l'Ecole pratique d'agriculture du Lezardeau, précité.
1250. — 7 ans. — Blanche et noir .... M. CAILL (Pierre), précité.
1251. — 7 m. — Noire et blanche........ M. FEUNTEUN (Hervè). précité.
1252. — 7 ans. — Noire et blanche....... M. GUYADER (Louis), précité.
1253. — 7 ans. — Noire et blanche....... M. GY (Jules), précité.
1254. — 8 ans 4 m. — Noire et blanche... M. CONAN (Louis), précité.
1255. — 9 m. — Pie noir.............. M. BARON (François), Directeur de l'Ecole pratique d'agriculture du Lézardeau, précité.
1256. — 9 ans. — Noire et blanche ...... Le même.
1257. — 9 ans. — Pie noir.............. M. COQUEREIAU (Charles), à Maisons-Alfort (Seine).

9ᵉ CATÉGORIE. — **Races gasconne et carolaise.**

Animaux mâles de 1 à 4 ans.

1ᵉʳ prix, **500** fr. une et médaille d'or.
   2ᵉ   — **400**   —   —   d'argent.
   3ᵉ   — **300**   —   —   de bronze.
   4ᵉ   — **200**   —   —   de bronze.

1258. — 12 m. — Gascon gris.......... M. JOLY (Jacques), à Fontrailles (Hautes Pyrénées).
1259. — 13 m. — Gascon gris ....'.... M. MILHAS, à Mazerolles (Hautes-Pyrénées).
1260. — 16. m. — Gris................ M. LABORIE (Dominique), à Monbernat (Haute-Garonne).

1261. — 17 m. 13 j. — Gascon gris....... M. Dilhan (Edouard), à Sainte-Marie (Gers).

1262. — 18 m. — Gascon gris foncé...... M. Solle (François), à Sarremesan (Haute-Garonne).

1263. — 18 m. 7 j. — Gris foncé........ M. Doumeng (Dominique), à l'Isle-en-Jourdain (Gers).

1264. — 19 m. 5 j. Gascon gris .... M. Dabrin (Antoine), à Prégnan (Gers).

1265. — 24 m. — Gascon gris .... M. Joly (Jacques) précité.

1266. — 24 mois. — Gascon gris........ M. Galinier (Jean), à Montaut-Gaudiès (Ariège).

1267. — 26 m. 4 j. — Gascon gris........ M. Tourné (Célestin), à Puydarrieux (Hautes-Pyrénées).

1268. — 28 m. 5 j. — Gascon gris........ M. Faulon (Laurent), à Puydarrieux (Hautes-Pyrénées),

Animaux femelles de 1 à 2 ans.

1er prix, **250** fr. et une médaille d'or.

2e — **150** — — d'argent

1269. — 12 m. 6 j. — Gasconne grise..... M. Dilhan (Edouard), à Sainte-Marie (Gers).

1270. — 14 m. — Gasconne grise........ M. Milhas (Eugène), à Mazerolles (Hautes-Pyrénées).

1271. — 14 m. 13 j. — Gasconne grise.... M. Dabrin (Antoine), à Preignan (Gers).

1272. — 15 m. — Gasconne grise........ M. Galinier (Jean), à Montaut-Gaudiès (Ariège).

1273. — 15 m. — Gasconne grise........ M. Joly (Jacques), à Fontrailles (Hautes-Pyrénées).

1274. — 15 m. — Gasconne gris blanc ... M. Solle (François), à Sarremesan (Haute-Garonne.

1275. — 18 m. — Gasconne gris foncé.... M. Doumeng (Dominique), à l'Isle-en-Jourdain (Gers).

1276. — 18 m. 3 j. — Gasconne grise..... M. Faulon (Laurent), à Puydarrieux (Hautes-Pyrénées).

1277. — 20 m. — Gasconne gris clair .... M. Doumeng (Dominique), précité.

Animaux femelles de 2 à 3 ans.

1er prix, **300** fr. et une médaille d'or

2e — **200** — — d'argent.

1278. — 25 m. — Gasconne grise .... M. Joly (Jacques), à Fontrailles (Hautes-Pyrénées).

1279. — 26 m. 1 j. — Gasconne grise :... M. Dilhan (Edouard), à Sainte-Marie (Gers).

1280. — 26 m. 3 j. — Gasconne grise..... M. Dabrin (Antoine), à Preignan (Gers).

1281. — 26 m. 20 j. — Gasconne grise.... M. Faulon (Laurent), à Puydarrieux (Hautes-Pyrénées).

1282. — 28 m. — Gasconne .... M. Solle (François), à Sarremesan (Haute-Garonne).

1283. — 30 m. — Gasconne gris foncé.... M. Doumeng (Dominique), à l'Isle-en-Jourdain (Gers).

1284. — 30 m. — Gasconne grise........ M. Galinier (Jean), à Montaut-Gaudiès (Ariège).

Animaux femelles de plus de 3 ans.

1er prix, **400** fr. et une médaille d'or.

2e — **300** — — d'argent.

1285. — 5 m. — Gasconne, gris clair..... M. Doumeng (Dominique), à l'Isle-en-Jourdain (Gers).

1286. — 5 ans. — Gasconne, grise....... M. Joly (Jacques), à Fontrailles (Hautes-Pyrénées).

1287. — 5 ans 17 j. — Gasconne, grise... M. Baric (Zacharie), à Gimont (Gers).

1288. — 5 ans 1 m. — Gasconne, grise... M. Galinier (Jean), à Montaut-Gaudiès (Ariège))

1289. — 6 ans 2 m. 20 j. — Gasconne, grise. M. Dilhan (Edouard), précité.

1290. — 7 ans 4 m. — Gasconne, grise... M. Dabrin (Antoine), à Preignan (Gers).

1291. — 7ans 4 m. 16 j.—Gasconne, grise. M. Dilhan (Edouard), à Sainte-Marie (Gers).

10e Catégorie. — **Races des Pyrénées.**

1º RACE DE LOURDES.

Animaux mâles de 1 à 4 ans.

1er prix, **500** fr. et une médaille d'or.

2e — **400** — — d'argent.

3e — **300** — — de bronze.

1292. — 12 m. — Froment.............. M· Daube (Jean), à Sarniguet (Hautes Pyrénées).

1293. — 19 m. — Froment.............. M. Grazide (Jean), à Bazet (Hautes-Pyrénées).

1294. — 24 m. — Froment.............. M. Joly (Jacques), à Fontrailles (Hautes-Pyrénées).

1295. — 24 m. 8 j. — Froment.......... M. Villeneuve (Charles), à Pouzac (Hautes-Pyrénées).

1296. — 26 m. 5 j. — Froment.   .... M. Omer-Mailhes (J.), à Momeres (Hautes-Pyrénées).

Animaux femelles de 1 à 2 ans.

1er prix, **200** fr. et une médaille d'or.

2e — **150** — — d'argent.

1297. — 12 m. 15 j. — Froment......... M. Omer-Mailhes (J.), à Momères (Hautes-Pyrénées).

1298. — 18 m. — Froment .... Le même.

1299. — 20 m. — Froment .... M. Grazide (Jean), à Bazet (Hautes-Pyrénées).

Animaux femelles de 2 à 3 ans.

1er prrix, **250** fr. et une médaille d'or.

2e — **150** — — d'argent.

1300. — 25 m. — Froment............. M. Joly (Jacques), à Fontrailles (Hautes-Pyrénées).

1301. — 25 m. — Froment............. M. Omer-Mailhes (J.), à Momères (Hautes-Pyrénées).
1302. — 26 m. — Froment............. M. Grazide (Jean), à Bazet (Hautes-Pyrénées).
1303. — 27 m. — Froment............. M. Daube (Jean), à Sarniguet (Hautes-Pyrénées).

Animaux femelles de plus de 3 ans.

1er prix, **300** fr. et une médaille d'or.
2e   —   **200**   —   —   d'argent.
3e   —   **100**   —   —   de bronze.

1304. — 4 ans. — Froment .... M. Joly (Jacques), à Fontrailles (Hautes-Pyrénées).
1305. — 5 ans 5 j. — Froment.......... M. Omer-Mailhes (J.), à Momères (Hautes-Pyrénées).
1306. — 6 ans 10 j. — Froment......... M. Villeneuve (Ch.), à Pouzac (Hautes-Pyrénées).
1307. — 6 ans 4 m. — Froment......... M. Grazide (Jean), à Bazet (Hautes-Pyrénées).
1308. — 6 ans 10 m. — Froment........ M. Omer-Mailhes (J.), précité.

2° RACES DES VALLÉES D'AURE ET DE SAINT-GIRONS.

Animaux mâles de 1 à 4 ans

1er prix, **400** fr. et une médaille d'or.
2e   —   **300**   —   —   d'argent.
3e   —   **200**   —   —   de bronze.

1309. — 15 m. —De St-Girons, gris..... M. Milhas (Eugène), à Mazerolles (Hautes-Pyrénées).
1310. — 16 m. — De Saint-Girons, gris blanc. M. Solle (François), à Sarremesan (Hautes-Garonne).
1311. — 20 m. — D'Aure, gris .... M. Omer-Mailhes (J.), à Momères (Hautes-Pyrénées).
1312. — 24 m. — .... M. Joly (Jacques), à Fontrailles (Hautes-Pyrénées).
1313. — 25 m. 5 j. — D'Aure .... M. Lalande (U.), à Illats (Gironde).
1314. — 29 m. — De St-Girons, gris .... M. Galinier (Jean), à Montaut-Gaudiès (Ariège).
1315. — 30 m. — D'Aure, gris.......... M. Porte (Cyprien), Ozon (Hautes-Pyrénées).

Animaux femelles de 1 à 2 ans.

1er prix, **200** fr. et une médaille d'or.
2e   —   **150**   —   —   d'argent.

1316. — 16 m. — De St-Girons, grise.... M. Galinier (Jean), à Montaut-Gaudiès (Ariège).
1317. — 17 m. —d'Aure, grise......... M. Omer-Mailhes (J.), à Momères (Hautes-Pyrénées).
1318. — 18 m. — .... M. Joly (Jacques), à Fontrailles (Hautes-Pyrédées).

Animaux femelles de 2 à 3 ans.

1ᵉʳ prix, **250** fr, et une médaille d'or.

2ᵉ — **150** — — d'argent.

1319. — 24 m. 15 j. — D'Aure, grise..... M. Dallas (Edouard), à Momères (Hautes-Pyrénées).

1320. — 27 m. 25 j. — De Saint-Girons, grise. M. Galinier (Jean), à Montaut-Gaudiès (Ariège).

1321. — 28 m. — .... M. Joly (Jacques), à Fontrailles (Hautes-Pyrénées).

1322. — 28 m. — De Saint-Girons, grise . M. Olivier (A.), à Jusix (Lot-et-Garonne).

Animaux femelles de plus de 3 ans.

1ᵉʳ prix, **300** fr, et une médaille d'or.

2ᵉ — **200** — — d'argent.

3ᵉ — **100** — — de bronze.

1323. — 38 m. — De St-Girons, grise.... M. Milhas (Eugène), à Mazerolles (Hautes-Pyrénées).

1324. — 4 ans. — .... M. Joly (Jacques), à Fontrailles (Hautes-Pyrénées).

1325. — 5 ans. — D'Aure, grise .... M. Porte (Cyprien), à Ozon (Hautes-Pyrénées).

1326. — 5 ans 2 m. — De St-Girons, grise. M. Dilhan (Edouard), à Ste-Marie (Gers).

1327. — 5 ans 2 m. — De St-Girons, grise. M. Galinier (Jean), précité.

1328. — 5 ans 6 m. — De St-Girons, grise. M. Olivier (A.), à Jusix (Lot-et-Garonne).

1329. — 6 ans 3 m. — D'Aure, grise..... M. Omer-Mailhes (J.), à Momères (Hautes-Pyrénées).

3° RACES BÉARNAISE, BASQUAISE, URT ET ANALOGUES.

Animaux mâles de 1 à 4 ans.

1ᵉʳ prix, **400** fr, et une médaille d'or.

2ᵉ — **300** — — d'argent.

3ᵉ — **200** — — de bronze.

1330. — 12 m. — Béarnais, froment...... M. Lascassies (Jean), à Idron (Basses-Pyrénées).

1331. — 21 m. 2 j. — Béarnais, froment.. M. Lascassies (Calixte), à Idron (Basses-Pyrénées).

1332. — 23 m. 13 j. — Béarnais......... M. Lalande (U.), à Illats (Gironde).

1333. — 24 m. — Béarnais, froment..... M. Daube (Jean), à Sarniguet (Hautes-Pyrénées).

1334. — 24 m. — Basquais, froment..... M. Garrigue (Jean), à Montaner (Basses-Pyrénées).

Animaux femelles de 1 à 2 ans.

1ᵉʳ prix, **200** fr. et une médaille d'or.

2ᵉ — **150** — — d'argent.

1335. — 14 m. 5 j. — Béarnaise, froment. M. Lascassies (Charles), à Idron (Basses-Pyrénées).

Animaux femelles de 2 à 3 ans.

1er prix, **250** fr. et une médaille d'or.
2e . — **150** — — d'argent.

1336. — 28 m. 3 j. — Bearnaise, froment.   M. Lascassies (Calixte), à Idron (Basses Pyrénées).

Animaux femelles de plus de 3 ans.

1er prix, **300** fr. et une médaille d'or.
2e — **200** — — d'argent.
3e — **100** — — de bronze

1337. — 38 m. — Béarnaise, froment....   M. Villeneuve (Charles), à Pouzac (Hautes-Pyrénées).
1338. — 5 ans 6 m. — Béarnaise, froment.   M. Daube (Jean), à Sarniguet (Hautes-Pyrénées).
1339. — 5 ans 6 m. — Basquaise, froment.   M. Olivier (A.), à Jusix (Lot-et-Garonne).
1340. — 6 ans. — Basquaise, froment ...   M. Lascassies (Calixte), à Idron (Basses-Pyrénées).
1341. — 6 ans 1 m. 20 j. — Béarnaise, froment.   M. Lascassies (Jean), précipité.
1342. — 8 ans 2 m. — Béarnaise, froment.   M. Lascassies (Calixte), précité).

11e Catégorie. — **Race fémeline.**

Animaux mâles de 1 à 4 ans.

1er prix, **600** fr. et une médaille d'or.
2e — **500** — — d'argent.
3e — **400** — — de bronze.

1343. — 12 m. — Froment ....   M. Ballot (Charles), à Chenevrey (Haute-Saône).
1344. — 12 m. — Froment clair ....   M. Cordier (F.-J.), Directeur de l'Ecole pratique d'Agriculture de St-Rémy (Hte-Saône).
1345. — 12 m. 5 j. — Froment ....   M. Ballot (Auguste), à Chancey (Haute-Saône).
1346. — 13 m. 4 j. — Froment ....   M. Dubourg (Léon), à Casamène, commune de Besançon (Doubs).
1347. — 13 m. 7 j. — Froment ....   Le même.
1348. — 18 m. — Jaune ....   M. Marie (Anatole), à Arc-les-Gray (Hte-Saône).
1349. — 25 m. 11 j. — Froment ....   M. Dubourg (Léon), à Cassamène, commune de Besançon (Doubs).
1350. — 27 m. 5 j. — Froment clair ......   M. Cordier (F.-J.), Directeur de l'Ecole pratique d'Agriculture de St-Remy (Hte-Saône).
1351. — 28 m. — Froment ....   M. Ballot (Auguste), à Chancey (Haute-Saône).
1352. — 31 m. 26 j. — Froment.........   M. Bardoux (Antoine), à Dôle (Jura).
1353. — 32 m. — Froment ....   M. Garnier de Falletans (Ch.), à Dôle (Jura).
1354. — 33 m. 3 j. — Froment ....   M. Dubourg (Léon), à Casamène, commune de Besançon (Doubs).

Animaux femelles de 1 à 2 ans·

1er prix, **250** fr. et une médaille d'or.

   2e — **150**   —   — d'argent.

   3e — **100**   —   — de bronze.

1355. — 12 m. 15 j. — Froment.......... M. CORDIER (F.-J.), Directeur de l'Ecole pratique d'Agriculture de St-Remy (Hte-Saône).

1356. — 13 m. 2 j. — Froment .... M. DUBOURG (Léon), à Casamène, commune de Besançon (Doubs).

1357. — 13 m. 5 j. — Froment........... Le même.

1358. — 14 m. 15 j. — Froment......... M. BALLOT (Auguste), à Chancey (Haute-Saône).

1359. — 16 m. — Froment............. M. CORDIER (F.-J.), Directeur de l'Ecole pratique d'Agriculture de Saint-Remy, précité.

1360. — 17 m. .... M. MARIE (Anatole), à Arc-les-Gray (Hte-Saône).

1361. — 18 m. 4 j. — Froment.......... M. CORDIER (F.-J.), Directeur de l'Ecole pratique d'Agriculture de Saint-Remy, précité.

1362. — 18 m. 24 j. — Froment .... M. BARDOUX (Antoine), à Dôle (Jura).

1363. — 23 m. — Froment............. M. BALLOT (Auguste), précité.

Animaux femelles de 2 à 3 ans.

1er prix, **300** fr, et une médaille d'or.

   2e — **200**   —   — d'argent.

   3e — **100**   —   — de bronze.

1364. — 27 m. — Froment .... M. BALLOT (Charles), à Chenevrey (Haute-Saône).

1365. — 27 m. — Froment clair .... M. CORDIER (F.-J.), Directeur de l'Ecole pratique d'Agriculture de Saint-Remy. (Haute-Saône).

1366. — 27 m. 9 j. — Froment .... M. DUBOURG (Léon), à Casamène, commune de Besançon (Doubs).

1367. — 27 m. 17 j. — Froment......... M. BARDOUX (Antoine), à Dôle (Jura).

1368. — 28 m. 18 j. — Froment......... M. DUBOURG (Léon), précité.

1369. — 30 m. — Froment............. M. BALLOT (Auguste), à Chancey (Haute-Saône).

1370. — 30 m....................... M. MARIE (Anatole), à Arc-les-Gray (Hte-Saône).

1371. — 30 m. 13 j.................. M. CORDIER (F.-J.), Directeur de l'Ecole pratique d'Agriculture de Saint-Remy, précité.

1372. — 31 m. 18 j. — Froment clair..... Le même.

Animaux femelles de plus de 3 ans.

1er prix, **400** fr, et une médaille d'or.

   2e — **300**   —   — d'argent.

   3e — **200**   —   — de bronze.

1373. — 40 m. — Froment............. M. BALLOT (Auguste), à Chancey (Haute-Saône).

1374. — 44 m. 14 j. — Froment......... M. DUBOURG (Léon), à Casamène Commune de Besançon (Doubs).
1375. — 45 m. — Froment............ M. BALLOT (Charles), à Chenevrey (Haute-Saône),
1376. — 4 ans..................... M. MARIE (Anatole), à Arc-les-Gray (Hte-Saône).
1377. — 4 ans 2 m. — Grise et rouge .... M. ROUCHÈS (Noël), 7 rue St-Sébastien, à Paris.
1378. — 4 ans 6 m. — Froment. M. DAVAL (Julien), à Roye (Haute-Saône).
1379. — 4 ans, 11 m. 6 j. — Froment .... M. DUBOURG (Léon), précité.
1380. — 5 ans. — Forment..... ...... M. BARDOUX (Antoine), à Dôle (Jura).
1381. — 5 ans, 2 m. — Froment........ M. CORDIER (F.-J.), Directeur de l'École pratique d'Agriculture de Saint-Remy (Haute-Saône).
1382. — 6 ans, 8 m. — Froment clair .... Le même.

12ᵉ CATÉGORIE. — **Race d'Aubrac.**

Animaux mâles de 1 à 4 ans.

1ᵉʳ prix, **700** fr, et une médaille d'or.
2ᵉ — **600** — — d'argent.
3ᵉ — **500** — — de bronze.
4ᵉ — **400** — — de bronze.

1383. — 14 m. 17 j. — Froment..... .... M. CAZES (Paul), à Alayrac, Commune d'Espalion (Aveyron).
1384. — 18 m. — Blaireau............ .... M. LAURENS (Pierre-Jean), à Cassuejouls (Aveyron).
1385. — 20 m. — Froment gris......... M. MICHEL (Pierre), aux Estables (Haute-Loire).
1386. — 22 m. 15 j. — Gris.... .... M. CHANAL (Pierre), à Chaudeyrolles (Hᵗᵉ-Loire).
1387. — 23 m. 8 j. — Brun............ M. CAZES (Paul), précité.
1388. — 24 m. 5 j. — Brun............ M. CAZES (Alexis), à Labro, Commune d'Espalion (Aveyron).
1389. — 25 m. — Blaireau............ Mᵐᵉ MIQUEL (Catherine), à Laguiole (Aveyron).
1390. — 25 m. — Froment .... M. OSTY (Pierre), à Saint-Léger-de-Peyre (Lozère).
1391. — 25 m. 5 j. — Bai gris .... M. DIJOLS (Antoine), à Laguiole (Aveyron).
1392. — 25 m. 12 j. — Froment........ M. CAZES (Paul), précité.
1393. — 26 m. 15 j. — Grise....... .... M. ABEL (Antoine), à Aurillac (Cantal).
1394. — 27 m. 10 j. — Noir............ M. FARMOND (Louis), à la Roche-Blanche (Puy-de-Dôme).
1395. — 27 m. 15 j. — Gris noir .... M. JARRIGEON (J.-B.), à La Souterraine (Creuse).
1396. — 33 m. 9 j. — Froment.......... M. GAUBERT (Prosper), à Salles-Curan (Aveyron).

Animaux femelles de 1 à 2 ans.

1ᵉʳ prix. **250** fr. et une médaille d'or.
2ᵉ — **150** — — d'argent.

1397. — 13 m. 3 j. — Froment.......... M. CAZES (Alexis), à Labro, Commune d'Espalion (Aveyron).

1398. — 14 m. 18 j. — Froment......... M. Cazes (Paul), à Alayrac, Commune d'Espalion (Aveyron).

1399. — 16 m. — Fro ent .... M. Osty (Pierre), à St-Léger-de-Peyre (Lozère).

1400. — 18 m. 2 j. — Froment.......... M. Dijols (Jean-Antoine), à Laguiole (Aveyron).

1401. — 22 m. 15 j. — Blaireau........ M. Laurens (Pierre-Jean), à Cassuejouls (Aveyron).

Animaux femelles de 2 à 3 ans.

1er prix, **300** fr. et une médaille d'or

2e — **200** — — d'argent.

1402. — 24 m. 15 j. — Bai clair......... M. Dijols (Jean-Antoine), à Laguiole (Aveyron).

1403. — 24 m. 22 j. — Grise............ Mme Jubléma, route de Mende, à Montpellier (Hérault).

1404. — 25 m. 3 j. — Froment.......... M. Gaubert (Prosper), à Salles-Curan (Aveyron).

1405. — 26 m. 9 j. — Baie.............. M. Cazes (Alexis), à Labro, Commune d'Espalion (Aveyron).

1406. — 26 m. 20 j. — Froment......... M. Cazes (Paul), à Alayrac, Commune d'Espalion (Aveyron).

Animaux femelles de plus de 3 ans.

1er prix, **350** fr. et une médaille d'or.

2e — **250** — — d'argent.

3e prix, **200** fr. — — de bronze.

1407. — 4 ans 2 m. 15 j. — Grise .... .. M. Abel (Antoine), à Aurillac (Cantal).

1408. — 4 ans 2 m. 16 j. — Froment ..... M. Gaubert (Prosper), à Salles-Curan (Aveyron).

1409. — 4 ans 6 m. — Jaune............ M. Rouchès (Noël), 7 rue St-Sébastien, à Paris.

1410. — 6 ans 15 j. — Grise .... M. Chanal (Pierre), à Chaudeyrolle (Haute-Loire).

1411. — 6 ans 2 m. 5 j. — Froment....... M. Cazes (Paul), à Alayrac Commune d'Espalion (Aveyron).

1412. — 7 ans 3 m. 18 j. — Grise .... M. Cazes (Alexis), à Labro, Commune d'Espalion (Aveyron).

1413. — 7 ans 8 m. — Grise............. M. Osty (Pierre), à Saint-Léger-de-Peyre (Lozère).

13e Catégorie. — **Race du Mézenc.**

Animaux mâles de 1 à 4 ans.

1er prix, **600** fr. et une médaille d'or.

2e — **500** — — d'argent.

3e — **400** — — de bronze.

1414. — 13 m. 15 j. — Froment......... M. Eyraud (Louis), aux Estables (Haute-Loire).

1415. — 16 m. — Froment..... .... M. Devidal (Joseph), à Chaudeyrolles (Haute-Loire).

1416. — 22 m. 18 j. — Froment......... M. Cazes (Alexis), à Labro, Commune d'Espalion (Aveyron).

1417. — 26 m. — Froment............. M. CHANAL (Pierre), à Chaudeyrolles (Hte-Loire),
1418. — 27 m. — Froment............. M. OSTY (Pierre), à St-Léger-de-Peyre (Lozère).
1419. — 30 m. 15 j. — Froment......... M. MICHEL (Régis), aux Estables (Haute-Loire).
1420. — 33 m. 10 j. — Froment.... ..... M. MICHEL (Pierre), aux Estables (Haute-Loire).

Animaux femelles de 1 à 2 ans.

1er prix, **200** fr. et une médaille d'or.
2e   —   **150**   —   — d'argent.

1421. — 13 m. 15 j. — Froment......... M. EYRAUD (Louis), aux Estables (Haute-Loire).
1422. — 18 m. 20 j. — Froment......... M. CHANAL (Pierre), à Chaudeyrolles (Hte-Loire).
1423. — 19 m. — Froment............. M. MICHEL (Régis), aux Estables (Haute-Loire).
1424. — 19 m. 15 j. — Froment......... M. MICHEL (Pierre), aux Estables (Haute-Loire).

Animaux femelles de 2 à 3 ans.

1er prix, **250** fr, et une médaille d'or.
  —   **150**   —   — d'argent.

1425. — 26 m. — Froment............. M. MICHEL (Régis), aux Estables (Haute-Loire).
1426. — 27 m. 10 j. — Froment......... M. CHANAL (Pierre), à Chaudeyrolles (Hte-Loire).
1427. — 30 m. 15 j. — Froment......... M. EYRAUD (Louis), aux Estables (Haute-Loire).

Animaux femelles de plus de 3 ans.

1er prix, **300** fr. et une médaille d'or.
2e   —   **200**   —   — d'argent.
3e   —   **100**   —   — de bronze.

1428. — 37 m. 15 j. — Froment......... M. MICHEL (Régis), aux Estables (Haute-Loire).
1429. — 42 m. 15 j. — Froment......... M. EYRAUD (Louis), aux Estables (Haute-Loire).
1430. — 5 ans. — Froment............. M. MICHEL (Régis), aux Estables (Haute-Loire).
1431. — 6 ans 4 m. 7. — Froment....... M. CHANAL (Pierre), à Chaudeyrolles (Hte-Loire).

14e CATÉGORIE. — **Race parthenaise et ses dérivées.**
(Nantaise, Cholelaise, Vendéenne).

Animaux mâles de 1 à 4 ans.

1er prix, **700** fr. et une médaille d'or.
2e   —   **600**   —   — d'argent.
3e   —   **500**   —   — de bronze.
4e   —   **400**   —   — de bronze.

1432. — 14 m. 8 j. — Parthenais, froment. M. CHANTECAILLE (François), à Chavagne (Deux-Sèvres).

1433. — 17 m. 12 j. — Parthenais, gris... M. de la MASSARDIÈRE, à Antran (Vienne).
1434. — 18 m. 18 j. — Vendéen, froment.. M. de PONSAY (Arthur), à Nesmy (Vendée).
1435. — 24 m. — Parthenais, froment... M. CHANTECAILLE (François), précité.
1436. — 25 m. 10 j. — Parthenais, gris... M. CREMET (Pierre), à Couëron (Loire-Inférieure).
1437. — 27 m. 3 j. — Parthenais, froment foncé. M. BERNEGOUE (Jacques), à Bessines (Deux-Sèvres).
1438. — 28 m. — Parthenais, gris....... M. NADAUD (Aristide), à Dun-le-Palleteau (Creuse).
1439. — 30 m. — Nantais, rouge........ M. BABIN (Julien), à St-Étienne-de-Mont-Luc (Loire-Inférieure).
1440. — 30 m. — Parthenais, gris....... Mme DE PAUMULE (Jeanne), au Péchereau (Indre).
1441. — 30 m. 27 j. Parthenais, froment. M. BONNET (Philippe), à Mouron (Charente-Inférieure).
1442. — 32 m. 25 j. — Parthenais, blaireau. M. FAULON (Laurent), à Puydarrieux (Hautes-Pyrénées)
1443. — 33 m. — Parthenais, gris....... M. MOROUX (Alfred), à Civran (Indre).
1444. — 34 m. — Nantais, froment...... M. MABILAIS (Julien), à St-Étienne-de-Mont-Luc (Loire-Inférieure).
1445. — 35 m. 21 j. — Parthenais, gris... M. ROGER DE VILLEBOIS-MAREUIL, à Saint-Hilaire-de-Lonlay (Vendée).
1446. — 36 m. — Parthenais, gris....... M. JARRIGEON (J.-B.), à La Souterraine (Creuse).

Animaux femelles de 1 à 2 ans.

1er prix, **250** fr. et une médaille d'or.

2e — **150** — — d'argent.

3e — **100** — — de bronze.

1447. — 12 m. — Parthenaise, grise..... M. CHANTECAILLE (François), à Chavagné (Deux-Sèvres).
1448. — 12 m. 2 j. — Parthenaise, grise. M. JARRIGEON (J.-B.), à La Souterraine (Creuse).
1449. — 12 m. 4 j. — Parthenaise, froment. M. DE PONSAY (Arthur), à Nesmy (Vendée).
1450. — 12 m. 6 j. — Parthenaise, froment. M. DE LA MASSARDIÈRE, à Antran (Vienne).
1451. — 12 m. 10 j. — Parthenaise, grise.. M. VERGNEAULT (Jacques), à St-Christophe-sur-Roc (Deux-Sèvres).
1452. — 19 m. 1 j. — Rouge foncé........ M. TISSEAU (Louis), à Bazoges en Pareds (Vendée).
1453. — 24 m. — Parthenaise, froment.. M. DE LA MASSARDIÈRE, précité.

Animaux femelles de 2 à 3 ans.

1er prix, **300** fr. et une médaille d'or.

2e — **200** — — d'argent.

3e — **100** — — de bronze.

1454. — 24 m. 5 j. — Parthenaise, froment. M. DE LA MASSARDIÈRE, à Antran (Vienne).
1455. — 25 m. — Parthenaise, froment... M. DE PONSAY (Arthur), à Nesmy (Vendée).
1456. — 26 m. 17 j. — Parthenaise, froment. M. CHANTECAILLE (François), à Chavagné (Deux-Sèvres).
1457. — 28 m. 6 j. — Parthenaise, froment. M. VERGNEAULT (Jacques), à Saint-Christophe-sur-Roc (Deux-Sèvres).
1458. — 30 m. 8 j. — Nantaise, jaune.... M. MABILAIS (Julien), à Saint-Étienne-de-Mont-Luc (Loire-Inférieure).

Animaux femelles de plus de 3 ans.

1er prix, **400** fr. et une médaille d'or.

    2e   —   **300**   —   —   d'argent.

    3e   —   **200**   —   —   de bronze.

1459. — 41 m. 18 j. — Brune......... M. Durand (Jean), à Muron (Charente-Inférieure).

1460. — 4 ans. — Parthenaise, grise .... M. le Cte de Briey, à La Roche-en-Gencey (Vienne).

1461. — 4 ans. — Parthenaise, grise .... Le même.

1462. — 4 ans 15 j. — Parthenaise, blaireau. M. Faulon (Laurent), à Puydarrieux (Hautes-Pyrénées).

1463. — 4 ans 15 j. — Parthenaise, froment. M. de la Massardière, à Antran (Vienne).

1464. — 5 ans 10 j. — Parthenaise, grise. M. Jarrigeon (J.-B.), à La Souterraine (Creuse).

1465. — 5 ans 1 m. 10 j.—Parthenaise, froment. M. Vergneault (Jacques), à Saint-Christophe-sur-Roc (Deux-Sèvres).

1466. — 6 ans. — Nantaise, blanche..... M. Mablais (Julien), à St-Étienne-de-Mont-Luc (Loire-Inférieure).

1467. — 6 ans 4 m. — Parthenaise, froment. M. de la Massardière, précité.

1468. — 10 ans 1 m. 5 j. — Parthenaise, froment. M. de Ponsay (Arthur), à Nesmy (Vendée).

15e Catégorie. — **Race tarentaise ou tarine.**

Animaux mâles de 1 à 4 ans.

1er prix, **500** fr. et une médaille d'or.

    2e   —   **400**   —   —   d'argent.

    3e   —   **200**   —   —   de bronze.

1469. — 15 m. — .... M. Jacquier (Gaston), à Gières (Isère).

1470. — 15 m. 2 j. — Gris .... M. Camus (Charles), à Chevry-Cossigny (Seine-et-Marne).

1471. — 17 m. 25 j. — Gris............. Le même.

1472. — 21 m. — Froment .... M. Duisit (Jean), à Chambéry (Savoie).

1473. — 21 m. 10 j. — Jaune brun....... M. Leroy (Louis), à Nangis (Seine-et-Marne).

1474. — 22 m. 15 j. — Froment......... M. Martin (Honoré), à Bourg St-Maurice (Savoie).

1475. — 27 m. — Froment............. M. Osty (Pierre), à Saint-Léger-de-Peyre (Lozère).

1476. — 30 m. — Froment............. M. Mayet (Charles), à Bourg St-Maurice (Savoie).

1477. — 32 m. — Froment............. M. Duisit (Jean), précité.

1478. — 32 mois. — Froment........... M. Jacquier (Gaston), précité.

1479. — 35 m. 10 j. — Froment........ M. Mayet (Charles), précité.

1480. — 34 m. 10 j. — Froment........ M. Pivot (Maxime), 45, route de Toulouse à Montpellier (Hérault).

Animaux femelles de 1 à 2 ans.

1er prix, **200** fr. et une médaille d'or.

    2e   —   **150**   —   —   d'argent.

1481. — 14 m. — Froment............. M. Osty (Pierre), à St-Léger-de-Peyre (Lozère).

1482. — 18 m. 15 j. — Froment......... M. Pivot (Maxime), 45 route de Toulouse à Montpellier (Hérault).

1483. — 21 m. 10 j. — Froment . . . . M. Duisit (Jean), à Chambery (Savoie).
1484. — 21 m. 20 j. — Froment . . . . M. Martin (Honoré), à Bourg-St-Maurice
  (Savoie).
1485. — 22 m. — Froment . . . . M. Mayet (Charles), à Bourg-St-Maurice
  (Savoie).

Animaux femelles de 2 à 3 ans.

1er prix, **250** fr. et une médaille d'or.
2e   —   **150**   —   —   d'argent.

1486. — 30 m. — Chamois . . . . M. Jacquier (Gaston), à Gières (Isère).
1487. — 34 m. 20 j. — Froment . . . ·. . . . . . M. Pivot (Maxime), 45 route de Toulouse à
  Montpellier (Hérault).
1488. — 34 m. 20 j. — Gris froment . . . . . . M. Duisit (Jean), à Chambery (Savoie).
1489. — 34 m. 25 j. — Froment . . . . M. Martin (Honoré), à Bourg-St-Maurice
  (Savoie).
1490. — 35 m. — Froment . . . . M. Mayet (Charles), à Bourg-St-Maurice
  (Savoie).

Animaux femelles de plus de 3 ans.

1er prix, **300** fr. et une médaille d'or.
2e   —   **200**   —   —   d'argent.
3e   —   **100**   —   —   de bronze.

1491. — 39 m. 6 j. — Jaune . . . . M. Leroy (Louis), à Nangis (Seine-et-
  Marne).
1492. — 4 ans 2 m. — Chamois . . . . M. Jacquier (Gaston), à Gières (Isère).
1493. — 4 ans 3 m. — Gris froment . . . . . . M. Duisit (Jean), à Chambery (Savoie).
1494. — 4 ans 5 m. — Froment . . . . M. Mayet (Charles), à Bourg-St-Maurice
  (Savoie).
1495. — 4 ans 10 m. — Froment . . . . M. Pivot (Maxime), 45 route de Toulouse à
  Montpellier (Hérault).
1496. — 5 ans 1 m. — Chamois . . . . M. Jacquier (Gaston), précité.
1497. — 6 ans. — Chamois . . . . Le même.
1498. — 6 ans 2 m. — Froment . . . . M. Martin (Honoré), à Bourg-St-Maurice
  (Savoie).
1499. — 6 ans 4 m. — Froment . . . . M. Mayet (Charles), précité.
1500. — 6 ans 4 m. — Froment . . . . M. Osty (Pierre) , à St-Léger-de-Peyre
  (Lozère).
1501. — 6 ans 5 m. — Gris froment . . . . . . M. Duisit (Jean), précité.
1502. — 6 ans 6 m. — Froment . . . . M. Mayet (Charles), précité.
1503. — 6 ans 9 m. — Froment . . . . M. Martin (Honoré), à Bourg-St-Maurice
  (Savoie).
1504. — 6 ans 10 m. — Froment . . . . M. Mayet (Charles), précité.
1505. — 7 ans 2 m. — Chamois . . . . M. Jacquier (Gaston), précité.
1506. — 7 ans 8 m. — Froment . . . . M. Mayet (Charles), précité.
1507. — 9 ans. — Froment . . . . M. Pivot (Maxime), précité.

16e Catégorie. — **Race montbéliarde.**

Animaux mâles de 1 à 4 ans.

1er prix, **400** fr. et une médaille d'or.
2e   —   **300**   —   —   d'argent.
3e   —   **200**   —   —   de bronze.

1508. — 14 m. 4 j. — Rouge et blanc . . . . MM. Marc Frères, à Chevigny-St-Sauveur
  (Côte-d Or).

1509. — 18 m. 15 j. — Rouge et blanc... M. FOURNIER (Frédéric), à Nommay (Doubs).
1510. — 20 m. — Rouge et blanc........ M. MARTIN-ROYER, à St-Apollinaire, près Dijon (Côte-d'Or).
1511. — 25 m. 10 j. — Rouge et blanc ... MM. MARC Frères, précités.
1512. — 26 m. — Rouge et blanc........ M. GRABER (J.), à Couthenans (Haute-Saône).
1513. — 26 m. 16 j. — Blanc et rouge.... M. BUDIN (J.), à Taxenne (Jura).
1514. — 26 m. 18 j. — Rouge et blanc... M. FOURNIER (Frédéric), précité.
1515. — 30 m. — Rouge et blanc... ..... M. MARIE (Anatole), à Arc – les – Gray (Haute-Saône).
1516. — 35 m. 8 j. — Rouge et blanc.... M. FOURNIER (Frédéric), précité.

Animaux femelles de 1 à 2 ans.

1er prix, **200** fr. et une médaille d'or.

2e — **150** — — d'argent.

3e — **100** — — de bronze.

1517. — 12 m. 8 j. — Rouge et blanche.. MM. MARC Frères, à Chevigny-St-Sauveur (Côte-d'Or).
1518. — 13 m. — Rouge et blanche...... M. MARTIN-ROYER, à St-Apollinaire, près Dijon (Côte-d'Or).
1519. — 18 m. 18 j. — Rouge et blanche. M. GOGUEL-FERRAND, à Allondans (Doubs).
1520. — 20 m. — Rouge et blanche...... M. MARIE (Anatole), à Arc-les-Gray (Haute-Saône).
1521. — 20 m. 4 j. — Rouge et blanche.. M. GOGUEL-FERRAND, précité.
1522. — 23 m. — Noire et blanche ...... M. DUPONT-SAVINIAT, à Piney (Aube).

Animaux femelles de 2 à 3 ans.

1er prix. **250** fr. et une médaille d'or.

2e — **200** — — d'argent.

3e — **150** — — de bronze.

1523. — 24 m. 8 j. — Rouge et blanche. MM. MARC Frères. à Chevigny-St-Sau- (Côte-d'Or).
1524. — 25 m. — Noire et blanche. M. DUPONT-SAVINIAT, à Piney (Aube).
1525. — 25 m. 15 j. — Rouge et blanche. M. REUGE (Frédéric), à Brognard (Doubs).
1526. — 28 m. — Rouge et blanche. M. MARIE (Anatole), à Arc-les-Gray (Haut – Saône).
1527. — 29 m. — Rouge et blanche. M. MARTIN-ROYER, à Saint-Apollinaire, près Dijon (Doubs).
1528. — 31 m. 12 j. — Rouge et blanche. M. FERRAND (Louis), à Sochaux (Doubs).
1529. — 33 m. 6 j. — Rouge et blanche. Le même.
1530. — 34 m. 17 j. — Rouge et blanche.. M. REUGE (Frédéric), précité.

Animaux femelles de plus de 3 ans.

1er prix, **300** fr. et une médaille d'or.

2e — **200** — — d'argent.

3e — **150** — — de bronze.

4e — **100** — — de bronze

1531. — 40 m. 6 j. — Rouge et blanche. M. GUIDOT (Emile), à Vaudancourt (Doubs).
1532. — 4 ans. — Rouge et blanche. MM. MARC Frères, à Chevigny-St-Sauveur (Côte-d'Or).
1533. — 4 ans. — Rouge et blanche...... M. MARIE (Anatole), à Arc-les-Gray (Haute-Saône).

1534. — 4 ans 10 m. 15 j. — Rouge et   M. Goll (Charles), à Grand Charmont
blanche.   (Doubs).
1535. — 4 ans 10 m. 16 j. — Rouge et   M. Louys Père, à Audincourt (Doubs).
blanche.
1536. — 4 ans 11 m. — Rouge.........   M. Rouchès (Noël), 7, rue St–Sébastien, à
Paris.
1537. — 5 ans. — Rouge et blanche.....   M. Dupont-Saviniat, à Piney (Aube).
1538. — 5 ans. — Rouge et blanche.....   M. Martin-Royer. à St-Apollinaire, près
Dijon (Côte-d'Or).
1539. — 5 ans 2 m. 15 j. — Rouge et   M. Reuge (Frédéric), à Brognard (Doubs).
blanche.
1540. — 5 ans 6 m. — Rouge et blanche.   M. Graber (J.), à Couthenans (Haute-
Saône).
1541. — 5 ans 7 m. 8 j. — Rouge et   M. Cury (Charles), à Audincourt (Doubs).
blanche.
1542. — 5 ans 8 m. — Rouge et blanche.   M. Beucler (Pierre), à Seloncourt (Doubs).
1543. — 7 ans 6 m. 25 j. — Rouge et   M. Coulley (Eugène), à Seloncourt (Doubs).
blanche.

17e Catégorie. — **Races vosgienne, meusienne, etc.**

Animaux mâles de 1 à 4 ans.

1er prix, **400** fr. et une médaille d'or.

2e — **300** — — d'argent.

3e — **200** — — de bronze.

1544. — 12 m. 1 j. — Vosgien, noir et   M. Graber (J.), à Couthenans (Haute-
blanc.   Saône).
1545. — 23 m. 10 j. — Ardennais, gris et   M. Laporte-Racelle, à Osnes (Ardennes).
blanc.
1546. — 26 m. 10 j. — Meusien, rouge   M. Mercier (Pierre-Antoine), à Troussey
bringé.   (Meuse).

Animaux femelles de 1 à 2 ans

1er prix, **200** fr, et une médaille d'or.
2e — **150** — — d'argent.
3e — **100** — — de bronze.

1547. — 12 m. 1 j. — Vosgienne, noire et   M. Graber (J.), à Couthenans (Haute-
blanche.   Saône).
1548. — 16 m. 14 j. — Meusienne, blanche.   M. Ballot (Charles), à Chenevrey (Haute-
Saône).

Animaux femelles de 2 à 3 ans.

1er prix, **250** fr. et une médaille d'or.
2e — **200** — — d'argent.
3e — **150** — — de bronze.

1549. — 34 m. — Vosgienne, noire et   M. Graber (J.). à Couthenans (Haute-
blanche.   Saône).

Animaux femelles de plus de 3 ans.

1er prix, **300** fr. et une médaille d'or.

2e — **200** — — d'argent.

3e — **150** — — de bronze.

4e — **100** — — de bronze.

1550. — 4 ans. — Meusienne, brune..... M. Broquet (Victor). à Void (Meuse).
1551. — 6 ans. — Vosgienne, noire...... M. Graber (J.), à Couthenans (Haute-Saône).
1552. — N.... Ardennaise, fauve... .... M. Coquereau (Charles), à Maisons-Alfort (Seine),

18e Catégorie — **Race de Villard-de-Lans**

Animaux mâles de 1 à 4 ans.

1er prix, **400** fr. et une médaille d'or.

2e — **300** — — d'argent.

3e — **200** — — de bronze.

1553. — 16 m. — Froment.............. M. Belle (Elie), à Méandre (Isère)..
1554. — 16 m. — Froment............. M. Jacquier (Gaston), à Gières (Isère)
1555. — 23 m. — Froment............. M. Faure (Zacharie), à Autrans(Isère)
1556. — 24 m. 8 j. — Froment. .... M. Allibert (Pierre), à Villard-de-Lans (Isère).
1557. — 24 m. 10 j. — Froment......... M. Bonnet-Merle(Amédée), à Lans (Isère).
1558. — 25 m. — Froment...... .... M. Collavet (Félicien), à Autrans (Isère).
1559. — 25 m. — Froment............. M. Gaillard (Eugène), à Autrans (Isère).
1560. — 25 m. 4 j. — Froment......... M. Jallifier (Clovis), à Lans (Isère)
1561. — 25 m. 10 j. — Froment .... M. Rochas (Emile), à Lans (Isère).
1562. — 26 m. — Froment............. M. Jacquier (Gaston), précité.
1563. — 30 m. — Froment.. .... M. Traffort (Eugène), à Lans (Isère).
1564. — 32 m. —Froment.............. M. Girard (Alphonse), à Lans (Isère).
1565. — 32 m. — Froment. .... M. Jacquier (Gaston), précité.

Animaux femelles de 1 à 2 ans.

1er prix, **200** fr. et une médaille d'or.

2e — **150** — — d'argent.

3e — **100** — — de bronze.

1566. — 14 m. — Froment............. M. Pellat (Josué), à Villard-de-Lans (Isère).
1567. — 15 m. — Froment............. M. Chabert (Louis), à Lans (Isère).
1568. — 15 m. — Froment............. Le même.
1569. — 16 m. 2 j. — Froment......... M. Griat (Eugène), à Méandre (Isère).
1570. — 18 m. — Froment......... .... M. Faure (Zacharie), à Autrans (Isère).
1571. — 20 m. — Froment............. M. Belle (Elie), à Méandre (Isère).
1572. — 20 m. — Froment............. M. Girard (Alphonse), à Lans (Isère).
1573. — 20 m. 16 j. — Froment......... M. Jallifier (Clovis), à Lans (Isère).
1574. — 22 m. — Froment............. M. Achard (J.), à Lans (Isère).
1575. — 22 m. 5 j.— Froment.......... M. Giraud (Amédée), à Lans (Isère).
1576. — 24 m. — Froment............ M. Chabert (Louis), à Lans (Isère).
1577. — 24 m. — Froment............. M. Troffort (Eugène), à Lans (Isère).

Animaux femelles de 2 à 3 ans.

1er prix, **250** fr. et une médaille d'or.

2e — **200** — — d'argent.

3e — **150** — — de bronze.

1578. — 24 m. 18 j. — Froment .... M. ALLIBERT (Pierre), à Villard-de-Lans (Isère).
1579. — 25 m. — Froment............. M. FAURE (Zacharie), à Autrans (Isère).
1580. — 27 m. — Froment............. M. BELLE (Elie), à Méandre (Isère).
1581. — 27 m. — Froment............. M. GAILLARD (Eugène), à Autrans)
1582. — 27 m. — Froment............. M. PELLAT (Josué), à Villard-de-Lans (Isère).
1583. — 27 m. — Froment............. M. REPELLIN (Célestin). à Autrans (Isère).
1584. — 30 m. — Froment............. M. JACQUIER (Gaston), à Gières (Isère).
1585. — 31 m. — Froment............. M. ACHARD (J.), à Lans (Isère).
1586. — 31 m. 18 j. — Froment .... M. GIRAUD (Amédée), à Lans (Isère).
1587. — 32 m. — Froment............. M. FAURE (François), à Autrans (Isère).
1588. — 32 m. — Froment............. M. TRAFFORT (Eugène), à Lans (Isère).
1589. — 36 m. — Froment............. M. REPELLIN (J.). à Méandre (Isère).

Animaux femelles de plus de 3 ans.

1er prix, **300** fr. et une médaille d'or.

2e — **200** — — d'argent.

3e — **150** — — de bronze.

4e — **100** — — de bronze.

1590. — 38 m. — Froment............. M. ARMAND (Célestin), à Autrans (Isère).
1591. — 38 m. — Froment.... .... M. REPELLIN (Célestin), à Autrans (Isère)
1592. — 39 m. — Froment...... ...... M. PELLAT (Josué), à Villard-de-Lans (Isère).
1593. — 4 ans 1 m.................. M. GIRAUD (François), à Méandre (Isère).
1594. — 4 ans 3 m. — Froment......... M. JACQUIER (Gaston), à Gières (Isère).
1595. — 4 ans 8 m. — Froment......... M. TRAFFORT (Eugène), à Lans (Isère).
1596. — 4 ans 9 m. — Froment .... M. ROZAND (Jean), à Lans (Isère).
1597. — 5 ans. — Froment.... . ... M. TRAFFORT (Eugène), précité.
1598. — 5 ans 1 m. — Froment......... M. GRIAT (Eugène), à Méandre (Isère).
1599. — 5 ans 2 m. — Froment......... M. ACHARD (Joseph), à Lans (Isère).
1600. — 5 ans 2 m. — Froment...,..... M. JACQUIER (Gaston), précité.
1601. — 5 ans 3 m. — Froment .... M. BELLE (Elie), à Méandre (Isère).
1602. — 5 ans 10 m. — Froment .... M. FAURE (Zacharie), à Autrans (Isère).
1603. — 6 ans 4 m. — Froment .... M. JACQUIER (Gaston), précité.
1604. — 7 ans 3 m. — Froment......... Le même.
1605. — 8 ans 3 m. — Froment......... M. FAURE (François), à Autrans (Isère).

19e CATÉGORIE. — **Race marchoise.**

Animaux mâles de 1 à 4 ans.

1er prix, **400** fr. et une médaille d'or.

2e — **300** — — d'argent.

3e — **200** — — de bronze.

1606. — 12 m. — Gris................. M. TOURNÉ (Célestin), à Puydarrieux (Hautes-Pyrénées).
1607. — 12 m. 5 j. — Gris .... M. JARRIGEON (J.-B.), à La Souterraine (Creuse).
1608. — 13 m. 9 j. — Gris foncé......... M. NADAUD (Aristide), à Dun-le-Palleteau (Creuse).

1609. — 18 m. 12 j. — Gris .... M. Faulon (Laurent), à Puydarrieux (Hautes-Pyrénées).

1610. — 20 m. 20 j. — Gris .... M. Faure (Ernest), à La Souterraine (Creuse).

1611. — 25 m. — Gris foncé .... Mme de Paumule (Jeanne), au Pêchereau (Indre).

1612. — 25 m. 2 j. — Gris blaireau ...... M. Déguison, à Guéret (Creuse).
1613. — 25 m. 3 j. — Gris noir .... M. Nadaud (Aristide), précité.
1614. — 30 m. 5. j. — Gris blaireau ...... M. Déguison, précité.
1615. — 36 m. — Gris foncé .... M. Jarrigeon (J.-B.), précité.

Animaux femelles de 1 à 2 ans.

1er prix, **200** fr. et une médaille d'or.

     2e   —   **150**   —   —   d'argent.

     3e   —   **100**   —   —   de bronze.

1616. — 12 m. 8 j. — Grise .... M. Jarrigeon (J.-B.), à La Souterraine (Creuse).

1617. — 13 m. 7 j. — Gris brun .... M. Nadaud (Aristide), à Dun-le-Palleteau (Creuse).

1618. — 13 m. 9 j. — Grise .... M. Déguison, à Guéret (Creuse).
1619. — 19 m. 7 j. — Grise .... Le même.

Animaux femelles de 2 à 3 ans.

1er prix, **250** fr. et une médaille d'or.

     2e   —   **200**   —   —   d'argent.

     3e   —   **150**   —   —   de bronze.

1620. — 25 m. 9 j. — Grise. .... M. Déguison, à Guéret (Creuse).
1621. — 28 m. 4 j. — Grise .... Le même.

Animaux femelles de plus de 3 ans.

1e prix, **300** fr. et une médaille d'or.

     2e   —   **200**   —   —   d'argent.

     3e   —   **150**   —   —   de bronze.

     4e   —   **100**   —   —   de bronze.

1622. — 39 m. — Grise .... M. Jarrigeon (J.-B.), à La Souterraine (Creuse).

1623. — 4 ans 9 m. — Grise .... M. Nadaud (Aristide), à Dun-le-Palleteau (Creuse).

1624. — 5 ans 4 m. 19 j. — Grise .... M. Déguison, à Guéret (Creuse).
1625. — 7 ans 1 m. 5 j. — Grise .... Le même.
1626. — 7 ans 3 m. — Grise .... M. Jarrigeon (J.-B.), précité.

20e Catégorie. — **Races françaises pures non comprises dans les catégories ci-dessus.**

Animaux mâles de 1 à 4 ans.

1er prix, **400** fr. et une médaille d'or.

     2e   —   **300**   —   —   d'argent.

     3e   —   **200**   —   —   de bronze.

1627. — 12 m. 1 j. — Bourbonnais, froment clair.   M. Aucouturier (Gilbert), à Saint-Jus (Cher).

1628. — 14 m. 3 j. — Jaune .... M. AMMEUX VAN HERSECKE, à Vieil-Eglise (Pas-de-Calais).

1629. — 22 m. — Froment .... M. MILHAS (Eugène), à Mazerolles (Hautes-Pyrénées).

1630. — 22 m. 7 j. — Landais, brun foncé M. MONCLA Fils, à Toulenne (Gironde).

1631. — 24 m. — N........, rouge clair. M. JOLY (Jacques), à Fontrailles (Hautes-Pyrénées).

1632. — 26 m. 3 j. — Bressan, rouge .... M. BALLOT (Charles), à Chenevrey (Haute-Saône).

1633. — 31 m. 23 j. — Landais, brun .... M. LALANDE (U.), à Illats (Gironde).

1634. — 32 m. — Bressan, rouge clair ... M. BALLOT (Auguste), à Chancey (Haute-Saône).

1635. — 32 m. 5 j. — Landais, brun ..... M. MONCLA Fils, à Toulenne (Gironde).

Animaux femelles de 1 à 2 ans.

1er prix, **200** fr. et une médaille d'or.

2e — **150** — — d'argent.

3e — **100** — — de bronze.

1636. — 12 m. 6 j. — Savoyarde, jaune cendré. M. GRABER (Joseph), à Couthenans (Haute-Saône).

1637. — 21 m. 6 j. — Landais, rouge foncé M. MÉDEVILLE (Numa), à Cadillac (Gironde).

1638. — 22 m. 4 j. — Bourbonnaise, froment clair. M. AUCOUTURIER (Gilbert), à Saint-Just (Cher).

Animaux femelles de 2 à 3 ans.

1er prix, **250** fr. et une médaille d'or.

2e — **200** — — d'argent.

3e — **150** — — de bronze.

1639. — 24 m. 1 j. — Bourbonnaise, froment clair. M. AUCOUTURIER (Gilbert), à Saint-Just (Cher).

1640. — 26 m. — N........ rouge clair. M. JOLY (Jacques), à Fontrailles (Hautes-Pyrénées).

Animaux femelles de plus de 3 ans.

1er prix, **300** fr. et une médaille d'or

2e — **200** — — d'argent.

3e — **150** — — de bronze.

4e — **100** — — de bronze.

1641. — 40 m. 3 j. — Landaise, brune ... M. MONCLA Fils, à Toulenne (Gironde).

1642. — 41 m. 3 j. — Landaise brun foncé M. MÉDEVILLE (Numa), à Cadillac (Gironde).

1643. — 4 ans 10 m. — Picarde rouge .... M. ROUCHÈS (Noël), 7, rue St-Sébastien, à Paris.

1644. — 6 ans 2 j. — Boulonnaise, rouge brun. M. PORQUET (Alfred), à Selles (Pas-de-Calais).

ESPÈCE BOVINE.

21ᵉ Catégorie. — **Races Algériennes.**

Animaux mâles de 1 à 4 ans.

1ᵉʳ prix, **500** fr. et une médaille d'or.
2ᵉ — **400** — . — d'argent.
3ᵉ — **200** — — de bronze.

1645. — 30 m. — De Montagne, noir et blanc. — M. Bure (Ad.), à Herbillon (Azel), dépᵗ de Constantine (Algérie).

1646. — 38 m. — De Guelma, gris....... — Le même.

1647. — 45 m. 25 j. — Algérien, rouan rouge et blanc. — M. Samson (Gustave), père, à Sidi-Mabrouck, commune de Constantine (Algérie).

1648. — 46 m. 27 j. — Algérien, gris foncé — Le même.

1649. — 47 m. — De Cheurfa, gris foncé — M. Mohamed ben Saïb, à Sidi-Mabrouck, commune de Constantine (Algérie).

Animaux femelles de 1 à 2 ans.

1ᵉʳ prix, **300** fr. et une médaille d'or.
2ᵉ — **250** — — d'argent.
3ᵉ — **200** — — de bronze.

1650. — 22 m. 20 j. — Algérienne, rouan gris. — M. Samson (Gustave), père, à Sidi-Mabrouck, commune de Constantine (Algérie).

1651. — 23 m. — De Cheurfa, grise ..... — M. Mohamed ben Saïb, à Sidi-Mabrouck, commune de Constantine (Algérie).

Animaux femelles de 2 à 3 ans.

1ᵉʳ prix, **400** fr. et une médaille d'or.
2ᵉ — **300** — — d'argent.
3ᵉ — **200** — — de bronze.

1652. — 34 m. — De Cheurfa, gris foncé. — M. Mohamed ben Saïb, à Sidi-Mabrouck, commune de Constantine (Agérie).

1653. — 35 m. — De Chaouia, rouan brun foncé. — M. Samson (Gustave), père, à Sidi-Mabrouck, commune de Constantine (Algérie).

1654. — 35 m. 5 j. — Algérienne, brun foncé et blanche. — M. Duriez (Edmond), à Bourbourg-Campagne (Nord).

Animaux femelles de plus de 3 ans.

1ᵉʳ prix, **500** fr. et une médaille d'or.
2ᵉ — **400** — — d'argent.
3ᵉ — **300** — — de bronze.

1655. — 36 m. 10 j. — Algérienne, brune et blanche. — M. Duriez (Edmond), à Bourbourg-Campagne (Nord).

1656. — 6 ans. — De Cheurfa, gris foncé — M. Mohamed ben Saïb, à Sidi-Mabrouck, commune de Constantine (Algérie).

1657. — 6 ans 3 m. — De Guelma, grise. M. Bure (Ad.), à Herbillon (Azel), dép. de Constantine (Algérie).

1658. — 6 ans 6 m.— De Montagne, noire et blanche. Le même.

1659. — 6 ans 6 m. — De Cheurfa, grise. M. Samson (Gustave), père, à Sidi-Mabrouck, commune de Constantine (Algérie).

1660. — 8 ans 2 m. — De Guelma, grise. M. Bure (Ad.), précité.

22e Catégorie. — **Races des pays de protectorat et des colonies françaises.**

Animaux mâles de 1 à 4 ans.

1er prix, **500** fr. et une médaille d'or.

2e — **400** — — d'argent.

3e — **200** — — de bronze.

1661. — 44 m 25 j. — Tunisien, rouan rouge. M. Samson (Gustave), père, à Sidi-Mabrouck, commune de Constantine (Algérie).

1662. — 45 m. 25 j.—Tunisien, rouan brun. M. Samson (Gustave), précité.

1663. — 47 m. — Tunisien, rouan noir... M. Mohamed ben Saib, à Sidi-Mabrouck, commune de Constantine (Algérie).

Animaux femelles de 1 à 2 ans.

1er prix, **300** fr et une médaille d'or.

2e — **250** — — d'argent.

3e — **200** — — de bronze.

1664. — 21 m. 28 j. — Tunisienne, rouan rouge. M. Samson (Gustave), père, à Sidi-Mabrouck, commune de Constantine (Algérie).

Animaux femelles de 2 à 3 ans.

1er prix, **400** fr. et une médaille d'or.

2e — **300** — — d'argent.

3e — **200** — — de bronze.

1665. — 35 m.— Tunisienne, rouan rouge. M. Samson (Gustave), père, à Sidi-Mabrouck, commune de Constantine (Algérie).

Animaux femelles de plus de 3 ans.

1er prix, **500** fr. et une médaille d'or.

2e — **400** — — d'argent.

3e — **300** — — de bronze.

1666. — 7 ans.—Tunisienne, rouan rouge et blanche. M. Samson (Gustave), père, à Sidi-Mabrouck, commune de Constantine (Algérie).

23e Catégorie. — **Racc Durham.**

(Shorthorned improved).

(Ne sont admis dans cette catégorie que les animaux inscrits ou déclarés pour être inscrits
au *Herd-Book*.)

Animaux mâles de 1 an à 2 ans.

1er prix, **700** fr. et une médaille d'or.
2e — **600** — — d'argent.
3e — **500** — — de bronze.
4e — **400** — — de bronze.
5e — **300** — — de bronze.

1667. — 12 m. 2 j. — Champagne-Mousseux (bull. 78), rouan ; son père, Mack, 16.556 ; sa mère, Mousse de Champagne, 15e vol. p. 220. — M. Huot (Gustave), à Saint-Léger (Aube).

1668. — 12 m. 26 j. — Tivoli Beeswing (bull. 76) ; son père, Tristan, 15.409 ; sa mère Créole, 15.630. — M. Signoret (Henri), au Clos-Ry, à Sermoise (Nièvre).

1669. — 13 m. — Trajan-White-Poppy (bull. 76), rouan foncé ; son père, Tristan, 15.409 ; sa mère Tulipe, 14e vol. p. 277. — Le même.

1670. — 13 m. 4 j. — Tortoni-Beeswing (bull. 76), rouan rouge ; son père, Tristan, 15.409 ; sa mère, Criquette, 16.906. — Le même.

1671. — 13 m. 8 j. — Morgan (bull. 75), rouan ; son père, Magnanime, 14.512 ; sa mère, Hermine, 16.222. — M. Massè (Auguste), à Germigny-l'Exempt (Cher).

1672. — 13 m. 11 j. — Nonchalant (bull. 75), rouge et blanc ; son père, Insouciant, 13.821 ; sa mère Ida, 14e vol. p. 234. — M. Larzat (Elie), à Germigny-l'Exempt (Cher).

1673. — 13 m. 12 j. — Débonnaire (bull. 74), rouge avec taches blanches ; son père, Domino, 14.446 ; sa mère, Eliza, 13.535. — M. Tiersonnier, au Colombier, par Gimouille (Nièvre).

1674. — 13 m. 13 j. — Consul-White-Poppy (bull. 76), rouge et blanc ; son père, Canotier, 13.737 ; sa mère, Centaurée, 15.625. — M. Signoret (Henri), au Clos-Ry, à Sermoise (Nièvre).

1675. — 13 m. 17 j. — Amor que Viene (bull. 74), rouan rouge étoilé blanc ; son père, Albion's-Victor (H. B. A. no 50.739) et (bull. 73) ; sa mère, Camarade, 16.235. — M. Nadaud (L. C.), à Chazelles (Charente).

1676. — 13 m. 21 j. — Duc de Tajoura (bull. 76), rouan foncé ; son père, Duc d'Estrées, 15.813 ; sa mère, Tajoura, 16.743. — M. le comte de Blois, au Bourg d'Iré (Maine-et-Loire).

1677. — 14 m. 3 j. — Chérubin-White-Poppy (bull. 76), rouan foncé ; son père, Canotier, 13.737 ; sa mère, Damiette, 16.907. — M. Signoret (Henri), précité.

1678. — 14 m. 4 j. — Caïde-Quickly (bull. 76), rouge et blanc ; son père Canotier , 13737 ; sa mère, Timbale, 15e vol. p. 270.

M. Signoret (Henri), précité.

1679. — 14 m. 8 j. — Coriolan-Beeswing (bull. 76), rouan foncé ; son père, Canotier , 13.737 ; sa mère, Cagnotte, 15.626.

Le même.

1680. — 14 m. 12 j. — Numa (bull. 75), rouge et blanc ; son père, Insouciant , 13821 ; sa mère, Ariane, 12.165.

M. Larzat (Elie), précité.

1681. — 14 m. 13 j. — Noël (bull. 75), rouan ; son père, Insouciant, 13.821 ; sa mère, Croisette , 13.346.

Le même.

1682. — 15 m. 2 j. — Lord Emma (bull. 74), rouge étoilé blanc ; son père, Lord Ashbourne (H. B. A. n° 53.121) ; sa mère, Lady Emma 5th (H. B. A. vol. 32, p. 386), et bull. 73.

M. Nadaud (L. C.), précité.

1683. — 15 m. 22 j. — Roland (bull. 74); rouge et blanc ; son père , Rama, 14.590; sa mère, Pérégrine 26e, 14.838.

Mme Vve Gernigon, à Château-Gontier (Mayenne).

1684. — 15. m. 27 j. — Tony (bull. 75), rouge taché de blanc ; son père, Mack, 16.556 ; sa mère, Toinon, 15e vol. p. 221.

M. Huot (Gustave), précité.

1685. — 18 m. 6 j. — Jupiter (bull. 73), rouge et blanc ; son père, Domino , 14.446 ; sa mère, Thalie, 15e vol. p. 245.

M. Paulin (Pierre), à Cugney (Haute-Saône).

1686. — 18 m. 7 j. — Neponucène-Sémelé (bull. 74), rouge étoilé blanc ; son père, Némorin, 15.921 ; sa mère, Casilda, 13.174.

M. Nadaud (L. C.), précité.

1687. — 19 m. 12 j. — Campagnard (bull. 73), rouge et blanc ; son père. Nécromancien , 14.544 ; sa mère, Suzette, 13.253.

M. Auclerc (Constant), à la Celle-Bruères-Allichamps (Cher).

1688. — 19 m. 19 j. — Mélilot (bull. 73). rouge et blanc ; son père, Musard, 15.917; sa mère, Ecaille 2e 16.761.

M. Chartier (Paul), à la Bouchetière, commune de la Chapelle St-Laud, par Seiches (Maine-et-Loire).

1689. — 19 m. 20 j. Gardenia (bull. 72), rouge et blanc; son père, Gill, 12.922 ; sa mère, Tiflis, 13e vol. p. 184.

M. Desprès (Ferdinand), au Temple, près la Guerche-de-Bretagne (Ille-et-Vilaine).

1690. — 20 m. — Duc de Tourangeau (bull. 73), rouge et blanc ; son père, Duc d'Estrées , 15.813 ; sa mère, Tourangelle, 13.523.

M. le comte de Blois, précité.

1691. — 20 m. — Mic-Mac (bull. 74), rouan ; son père, Jabot, 15.852; sa mère, Estelle, 11e vol. p. 280.

M. Durie (Edouard), à West-Cappel (Nord).

1692. — 20 m. 18 j. — Tartarin (bull. 72), rouge et blanc; son père, Tric-Trac, 15.404 ; sa mère, Hermine, 13e vol. p. 280.

M. Petiot (Emile), à Touches (Saône-et-Loire).

1693. — 21 m. 15 j. — Roméo (bull. 73), rouan ; son père , Mignon, 15,908 : sa mère , Rosine , 14ᵉ vol. p. 222.

M. Grégoire (Léon), à Alménèches (Orne).

1694. — 22 m. 4 j. — Tarquin (bull. 72), rouan ; son père , Tric-Trac, 15,404 ; sa mère, Historienne, 13ᵉ vol. p. 209.

M. Petiot (Émile) , à Touches (Saône-et-Loire).

1695. — 22 m. 5 j. — Tourbillon (bull. 72), rouge avec taches blanches , son père, Tyran , 16,025 : sa mère, Théodora, 15ᵉ vol. p. 276.

M. Tiersonnier, précité.

1696. — 22 m. 26 j. — Azur (bull. 72), rouan clair : son père , Duc d'Oxford , 15,207 ; sa mère , Aurore, 15,533.

M. Daudier (Daniel), à Niafle, par Craon (Mayenne).

1697. — 22 m. 28 j. — Porthos (bull. 72), rouan clair ; son père, Compère, 15,141 ; sa mère, Pallas, 14,976.

Nᵐᵉ Vᵉ Sibiril, à Milin-en-Prat, commune de Pleyber-Christ (Finistère).

1698. — 23 m. — Caro (bull. 71), rouge taché de blanc : son père, Apis, 12,703 ; sa mère, Marie-Antoinette, 13,552.

M. Huot (Gustave), précité.

1699. — 23 m. — Rapin-Hincks (bull. 71), rouan ; son père, Ribaud, 14,599 ; sa mère, Udine, 14,853.

M. Mahé (Yves), à Beaurepos, commune de Guipavas (Finistère).

1700. — 23 m. 4 j. — Comte-Adélaïde (bull. 72), rouan rouge : son père , Canotier , 13,737 ; sa mère, Cigogne, 15,629.

M. Signoret (Henri), précité.

1701. — 23 m. 11 j. — Tiberge (bull. 72), rouge et blanc ; son père, Tableau, 15,359) ; sa mère Titania, 14ᵉ vol. p. 252.

M. Le Bourgeois, au château-de-Launay, par Thenioux (Cher).

1702. — 23 m. 12 j. — Milord (bull. 71), rouge et blanc ; son père, Tom-Pouce, 15,993 ; sa mère, Digitale, 14,873.

M. Larzat (Élie) , précité.

1703. — 23 m. 15 j. — Patricien (bull. 72) rouge ; son père , Papillon, 13,033 ; sa mère, Pastourelle, 13,516.

M. Rousseau (François), à l'Étang-de-Mée, commune de Laubrières , par Cuillé (Mayenne).

1704. — 23 m. 20 j. — Parmentier (bull. 74), rouan ; son père, Duc de Crèvecœur, 15,812 ; sa mère, Laërte, 12,347.

M. Daudier (Daniel), précité).

1705. — 23 m. 25 j. — Histrion (bull. 72), rouge et blanc ; son père Fougueux, 15,826 : sa mère, Dinah, 16,765.

M. de Clercq, à Oignies (Pas-de-Calais).

1706. — 23 m. 26 j. — Héros (bull. 72), rouge et blanc ; son père, Fougueux, 15,826 ; sa mère, Alcinoé, 13,318.

Le même.

1707. — 23 m. 28 j. — Roitelet-Hincks (bull. 71), rouan ; son père, Ribaud 14,599 , sa mère , Agathe, 16,827.

M. Grollier, à la Motte-Grollier, par Durtal (Maine-et-Loire).

1708. — 23 m. 28 j. — Union-Quickly (bull. 72), rouge rouan ; son père, Tristan, 15,409 ; sa mère, Belladone, 14,259 et 14,978.

M. Signoret (Henri), précité.

1709. — 23 m. 29 j. — Ténériffe (bull. 72), rouge ; son père, Tipsy. 14,640 ; sa mère, Nadine, 11,059.

M. Le Bourgeois, précité.

Animaux mâles de 2 à 4 ans.

1er prix, **700** fr. et une médaille d'or.
2e — **600** — — d'argent.
3e — **500** — — de bronze.
4e — **400** — — de bronze.
5e — **300** — — de bronze.

1710. — 24 m. 24 j. — Abacuc 5e (bull. 74), rouan foncé ; son père, Duc de Crèvecœur, 15,812 ; sa mère, Devinette, 14e vol. p. 192.

M. Daudier (Daniel), à Niafle près Craon (Mayenne).

1711. — 25 m. 2 j. — Chambellan-Quickly (bull. 72), rouge et blanc ; son père, Canotier, 13,737 ; sa mère, Casquette, 15,624.

M. Signoret (Henri), au Clos-Ry, à Sermoise (Nièvre).

1712. — 25 m. 5 j. — Drapeau (bull. 71), rouge ; son père, Domino, 14,446 ; sa mère, Novice, 13,345.

M. Tiersonnier, au Colombier, par Gimouille (Nièvre).

1713. — 25 m. 5 j. — Inédit (bull. 71), rouan léger ; son père, Triboulet, 16,005 ; sa mère, Biscotte 2e, 14,220.

M. Blettery (Félix), à St-Vincent-de-Reins (Rhône).

1714. — 25 m. 8 j. — Mouton (bull. 72), rouan ; son père, Musard, 15,917 ; sa mère, La Paix, 16,763.

M. Chartier (Paul), à la Bouchetière, commune de la Chapelle St-Laud, par Seiches (Maine-et-Loire).

1715. — 25 m. 12 j. — Coquelicot-White-Poppy (bull. 72), rouan foncé ; son père, Canotier, 13,737 ; sa mère, Thérèse. 16,909.

M. Signoret (Henri), précité.

1716. — 26 m. 6 j. — Clocher-White-Poppy (bull. 72), rouan foncé ; son père, Canotier, 13,737 ; sa mère Tulipe, 14e vol. p. 277.

Le même.

1717. — 26 m. 20 j. — Kali 3e (bull. 71), rouan ; son père, Duc-de-Crèvecœur, 15,812 ; sa mère, Limousine, 14e vol. p. 199.

M. Daudier (Daniel), à Niafle, près Craon (Mayenne).

1718. — 29 m. 6 j. — Tibère no 16,678, rouge et blanc ; son père, Tambour, 14,625 ; sa mère, Titine, 16,924.

M. Cherbonneau (Alexis), à Charost, commune de Contigné (Maine-et-Loire).

1719. — 30 m. 26 j. — Harpagon no 16,506 rouan ; son père, Héros, 15,249 ; sa mère, Africaine, 16,741.

M. le Comte de Blois, au Bourg-d'Iré (Maine-et-Loire).

1720. — 31 m. — Corsaire no 16,451, rouan léger ; son père, Pretendant, 15,326 ; sa mère, Maudronette, 14,900.

M. Guillou (Jean-Marie), à Talingoat, commune de Pleyber-Christ (Finistère).

1721. — 33 m. 16 j. — Baron Gill no 16,408, rouge et blanc ; son père, Baron Oxford, 4 th., 15,110 ; sa mère, Gazelle, 16,877.

M. Pétiot (Emile). à Touches (Saône-et-Loire).

1722. — 33 m. 18 j. — Harpagon no 16.505, rouge ; son père, Hercule, 15,248 ; sa mère, Croquette, 16,891.

M. Souchard (Louis), à la Crochinière, par Verron (Sarthe),

1723. — 33 m. 21 j. — Manitou (bull. 71), rouan clair ; son père, Mauiéré 14,521 ; sa mère , Lactea 5ᵉ, 11ᵉ vol. p. 285.

M. DAUDIER (Daniel), précité.

1724. — 33 m. 22 j. — Kilmaine 1ᵉʳ (bull. 71), rouan ; son père, Decius-Mus, 15,192 ; sa mère, Girandole 4ᵉ, 15,484.

Le même.

1725. — 34 m. — Riri n° 16,629, rouge et blanc ; son père, Ministre, 14,538 ; sa mère, Riante, 16,799.

M. DEBAILLY (Achille), à Mézières, par Moreuil (Somme).

1726. — 34 m. 1 j. — Télémaque n° 16671, rouge et blanc ; son père, Talisman, 15,363 ; sa mère Camarade, 16,235.

M. NADAUD (L. C.), à Chazelles (Charente).

1727. — 34 m. 10 j. — Soumis n° 16,653, rouan ; son père , Kroumir, 15,277 ; sa mère , Soumise, 16,811.

M. GANDON (Charles) , à Grez-en-Bouère (Mayenne).

1728. — 34 m. 18 j. — Dandy n° 16.459, rouge ; son père , Domino, 14.446 ; sa mère , Nancy , 13.537.

M. PETIOT (Emile), précité.

1729. — 34 m. 20 j. — Whig n° 16.728 , rouge et blanc ; son père , Witikind, 14.683 bis ; sa mère, Vacana, 8.405.

M. RIVOAL (Guillaume), à Villery, commune de Plourin (Finistère).

1730. — 35 m. 15 j. — Titan-Beeswing n° 16.966, rouge et blanc ; son père, Tristan, 15.409 ; sa mère, Camille, 13.678.

M. SIGNORET (Henri), précité.

1731. — 35 m. 25 j. — César n° 16.443 , rouan et blanc ; son père, Bello, 13.721 ; sa mère , Cérès , 16.109.

M. CUDENNEC (Aimé), à Ker-a-Goff, commune de Plabennec (Finistère).

1732. — 37 m. — Sire de Coucy 2ᵉ nⁿ 16.650 , rouge et blanc ; son père, Sultan, 15.356 ; sa mère, Spiroea, 14.194.

M. DE LAVAUBLANCHE , à Lafeuillée , par Auffrique et Noyent (Aisne).

1733. — 37 m. 3 j. — Baron Troïlus nⁿ 16.410 , rouge et blanc ; son père, Baron Oxford 4th., 15.100 ; sa mère, Troïze, 15.472.

M. GROLLIER, à la Motte-Grollier , par Durtal (Maine-et-Loire).

1734. — 37 m. 14 j. — Commandeur-Walnut, 16,449, rouge et blanc ; son père, Canotier, 13.737 ; sa mère, Astrée , 12.167.

M. PAILLARD (Stanislas) , à Quesnoy-le-Montant (Somme).

1735. — 38 m. — Achille n° 16.363, rouge et blanc ; son père, Artaban, 14.375 ; sa mère , Hermine, 16.879.

M. PETIOT (Émile), précité.

1736. — 39 m. 16 j. — Baron Brutus n° 16.407 , rouge et blanc ; son père, Baron Oxford 4th., 15.110 ; sa mère, Bathia, 13.319.

M. le comte DE BLOIS , précité.

1737. — 39 m. 23 j. — Hâbleur n° 16.504, rouan : son père , Hareng 13.813 ; sa mère , Aubade 15.634.

M. HÉDIN (Marcel), à Montreuil-le-Chérif (Sarthe).

1738. — 47 m. 8 j. — Sardanapale n° 15.958 , blanc ; son père , Scélérat 13.966 ; sa mère, Lady-Robsart 15.561.

M. DE LAVAUBLANCHE, précité.

1739. — 47 m. 20 j. — Roméo-Hincks n° 15.951, rouan ; son père, Ribaud 14.599 ; sa mère, Pistaché 11.113.　　M. GROLLIER, précité.

Animaux femelles de 1 an à 2 ans.

1er prix, **300** fr. et une médaille d'or.
2e — **250** — — d'argent.
3e — **200** — — de bronze.
4e — **150** — — de bronze.
5e — **100** — — de bronze.

1740. — 12 m. 15 j. — Noémie (bull. 75), rouanne ; son père, Narcisse 15.919 ; sa mère, Suzanne 13.466.　　M. MASSÉ (Auguste), à Germigny-l'Exempt (Cher).

1741. — 13 m. 15 j. — Pervenche (bull. 74), rouge et blanche; son père, Ambassadeur 16.373; sa mere, Élégie 10e vol. p. 330.　　M. BERTRON-AUGER, au Château-de-la-Flèche, à la Flèche (Sarthe).

1742. — 13 m. 16 j. — Chérie-Beeswing (bull. 76), rouanne; son père, Canotier, 13.737 ; sa mère, Cadix, 14.979.　　M. SIGNORET (Henri), au Clos-Ry, à Sermois (Nièvre).

1743. — 14 m. 6 j. — Cocarde-Quickly (bull. 76), rouanne ; son père, Canotier, 13.737 ; sa mère ; Casquette, 15.624.　　Le même.

1744. — 14 m. 13 j. — Amie-Beeswing (bull. 76), rouge et blanche ; son père, Améric-Walnut, 16.374 ; sa mère, Chenille, 13e vol. p. 244.　　Le même.

1745. — 14 m. 14 j. — Comète-Quickly (bull. 76), rouge et blanche ; son père, Canotier, 13.737; sa mère, Ténébreuse (15e vol. p. 270).　　Le même.

1746. — 15 m. 15 j. — Io (bull. 75), rouan léger; son père, Email, 15.212 ; sa mère, Fellah, 15e vol. p. 180.　　M. DE CLERCQ, à Oignies (Pas-de-Calais).

1747. — 16 m. 13 j. — Noémi-Semélé (bull. 74), rouge et blanche ; son père, Némorin, 15.921 ; sa mère, Telesille, 16.875.　　M. NADAUD (L.-C.), à Chazelles (Charente).

1748. — 18 m. 25 j. — Anémone-Emmerson (bull. 73), rouanne; son père, Hercule, 15.248; sa mère, Tubéreuse-Emmerson, 16.297.　　M. SOUCHARD (Louis), à la Crochinière, par Verron (Sarthe).

1749. — 20 m. 28 j. — Charlotte (bull. 73), rouge et blanche ; son père, Domino, 14,446 ; sa mère, Niche. 16.057.　　M. AUCLERC (Constant), à la Celle-Bruères Allichamps (Cher).

1750. — 21 m. — Paulina (bull. 73), rouanne ; son père, Dragée 2e 15.804 ; sa mère, La Reine, 15e vol p. 188.　　M. CUDENNEC (Aimé), à Ker-ag-Goff, commune de Plabennec (Finistère).

1751. — 21 m. 10 j.—Duchesse-de-Trévise (bull. 73), rouge et blanche; son père, Duc d'Estrées, 15.813 sa mère, Trévise, 13.385.   M. le comte DE BLOIS, au Bourg-d'Iré (Maine-et-Loire).

1752. — 21 m. 12 j. — Claire (bull. 73), rouge et blanche; son père, Domino, 14.446; sa mère, Ninon, 16.736.   M. AUCLERC (Constant), précité.

1753. — 21 m. 16 j.— Catherine (bull. 73), rouge et blanche; son père, Domino, 14.446; sa mère, Nymphe, 16.058.   Le même.

1754. — 22 m. 15 j. — Thétis (bull. 72), rouge et blanche; son père, Tableau, 15.350; sa mère, Salambô, 14.924.   M. LE BOURGEOIS, au Château-de-Launay, par Thénioux (Cher).

1755. — 22 m. 18 j. — Charlotte Corday (bull. 72), rouge; son père, Ambassadeur, 16.373, sa mère, Niniche, 13e vol. p. 151.   M BERTRON-AUGER, précité.

1756. — 22 m. 23 j. — Cat-Catherine (bull. 71), rouge; son père, Casimir, 14.411; sa mère, Timide, 16.239.   M. NADAUD (L.-C.), précité

1757. — 22 m. 26 j.— Tyrannie (bull. 72). rouge et blanche; son père, Tyran, 16.025; sa mère, Tabarka, 16.918.   M. TIERSONNIER, au Colombier, par Gimouille (Nièvre).

1758. — 23 m. 5 j. — Tunisie (bull. 72), rouge et blanche; son père, Tableau, 13.359; sa mère, Norah, 15.583.   M. PÉTIOT (Émile), à Touches (Saône-et-Loire).

1759. — 23 m. 10 j. — Hélène (bull. 72), rouanne; son père, Fougueux, 15.826; sa mère, Dinorah, 16.766.   M. DE CLERCQ, à Oignies (Pas-de-Calais).

1760. — 23 m. 21 j. — Duchesse de Télégranie (bull. 71), rouge et blanche; son père, Duc d'Estrées, 15.813; sa mère, Télégranie, 14.828.   M. le Comte DE BLOIS, précité.

1761. — 23 m. 24 j. — Baronne Styrax (bull. 75), rouanne; son père, Baron Oxford, 4th., 15.110; sa mère, Stella, 13.329.   M. GROLLIER, à la Motte-Grollier, par Durtal (Maine-et-Loire).

1762. — 23 m. 24 j.— Duchesse Beeswing (bull. 72), rouge et blanche; son père, Duc de Corbon, 15.811; sa mère, Clochette, 16.289.   M. SIGNORET (Henri), précité.

1763. — 23 m. 24 j. — Hécate (bull. 72), rouge et blanche; son père, Email, 15.212; sa mère, Rasade, 16.102.   M. DE CLERCQ, précité.

1764. — 23 m. 25 j. — Mascotte (bull. 71), rouanne; son père, Insouciant 13.821; sa mère, Galilée, 16.184.   M. LARZAT (Elie), à Germigny-l'Exempt (Cher).

1765. — 23 m. 28 j. — Ténébreuse-Semelé (bull. 72), rouge et blanche; son père, Tableau 15.359; sa mère, Tempé, 15e vol. p. 252.   M. GROLLIER, précité.

Animaux femelles de 2 à 3 ans.

1er prix, **400** fr. et une médaille d'or.
2e — **300**   —   —   d'argent.
3e — **250**   —   —   de bronze.
4e — **200**   —   —   de bronze.
5e — **150**   —   —   de bronze.

1766. — 25 m. 4 j. — Baronne-Vastide (bull. 71), rouanne ; son père, Baron Oxford 4th. 15,110 ; sa mère, Vastad 16,775.
M. DE CLERCQ, à Oignies (Pas-de-Calais).

1767. — 27 m. 27 j. — Virgouleuse (bull. 70), rouge et blanche ; son père The right honourable Devonshire Dumpling, 12,037 ; sa mère, Virgule, 15,508.
M. DESPRÈS (Ferdinand), au Temple, près la Guerche-de-Bretagne (Ille-et-Vilaine)

1768. — 27 m. 28 j. —Hermione (bull. 70), rouan léger ; son père, Email, 15,212 ; sa mère, Carity, 16,100.
M. DE CLERCQ, précité.

1769. — 30 m. 1 j. — Rouanne de Champagne (16e vol. p. 242), rouanne ; son père, Apis, 12,703 ; sa mère, Fraise de Champagne 16,841.
M. HUOT (Gustave), à St-Léger (Aube).

1770. — 30 m. 5 j. — Trinacria (16e vol. p. 271), rouanne ; son père, Tipsy, 14,640 ; sa mère, Thalyrie 16,857.
M. GRAVIER (Charles), à Vichy (Allier).

1771. — 31 m. 24 j. — Dulcinée (16e vol. p. 309), rouge ; son père, Domino, 14,446 ; sa mère, Sophie, 14,993.
M. TIERSONNIER, au Colombier, par Gimouille (Nièvre).

1772. — 31 m. 28 j. — Baronne (16e vol. p. 182), blanche et rouge ; son père, Nautonnier, 15,200 ; sa mère, Ninette, 16,735.
M. AUCLERC (Constant), à la Celle-Bruères-Allichamps (Cher).

1773. — 32 m. 13 j. — Giroflée (16e vol. p. 202), rouge et blanche ; son père, Email, 15,211 ; sa mère, Emeraude, 16,767.
M. DE CLERCQ, précité.

1774. — 32 m. 19 j. — Rigolette-Hincks (16e vol. p. 237), rouanne ; son père, Ribaud, 14,599 ; sa mère Utopie, 14,857.
M. GROLLIER, à la Motte-Grollier, par Durtal (Maine-et-Loire).

1775. — 32 m. 26 j. — Rosa (bull. 70), rouan léger ; son père, York, 14,685 ; sa mère, Niniche, 13e vol. p. 151.
M. BERTRON-AUGER, au Château-de-la-Flèche, à la Flèche (Sarthe).

1776. — 33 m. 6 j. — Calypso (16e vol. p. 235), rouge et blanche ; son père, Carillon, 15,127 ; sa mère, Collerette, 16,824.
M. GRÉGOIRE (Léon), à Alménèches (Orne).

1777. — 33 m. 10 j. — Couronne (16e vol p. 275), rouge et blanche ; son père, Casimir, 14,411 ; sa mère, Tamise, 15,586.
M. NADAUD (L. C.), à Chazelles Charente).

1778. — 33 m. 13 j. — Hermine (16e vol. p. 191), rouanne ; son père, Héros, 15,249 ; sa mère, Turlutaine, 16,152.
M. le Comte DE BLOIS, au Bourg-d'Iré (Maine-et-Loire).

1779. — 34 m. — Ravissante (15e vol. p 219), rouge et blanche ; son père, Ministre, 14,538 : sa mère, Reine, 14,800.

M. Debailly (Achille), à Mézières, par Moreuil (Somme).

1780. — 34 m. 5 j. — Tarlatane (16e vol. p. 274), rouge et blanche ; son père, Talisman, 15,363 ; sa mère, Médéah, 14,043 et 14,928.

M. Nadaud (L. C.), précité.

1781. — 34 m. 16 j. — Terpsichore (16e vol. p. 27), rouge et blanche ; son père, Tipsy, 14,640 ; sa mère, Norah, 15,583.

M. Le Bourgeois, au Château-de-Launay, par Thenioux (Cher).

1782. — 35 m. 1 j. — Helvétie (16e vol. p. 187) ; rouge et blanche ; son père, Tipsy, 14,640 ; sa mère, Bavaroise 16,739.

M. Blettery (Félix), à Saint-Vincent-de-Reins (Rhône).

1783. — 35 m. 6 j. — Rachel-Hincks (16e vol. p. 237), rouanne ; son père, Ribaud, 14,599 ; sa mère, Asperge, 16,829.

M. Grollier, précité.

1784. — 35 m. 22 j. — Henriette-Miss-Point's (16e vol. p. 188), rouge et blanche ; son père, Héros 15,249 ; sa mère, Tajoura, 16,743.

M. le Comte de Blois, précité.

1785. — 35 m. 22 j. — Méduse (16e vol. p. 266), rouge et blanche ; son père, Magnanime, 14,512 ; sa mère, Nina, 15,578.

M. Massé (Auguste), à Germigny-l'Exempt (Cher).

1786. — 35 m. 24 j. — Lili (16e vol. p. 250), rouanne ; son père, Artaban, 14,375 ; sa mère, Gloriole, 16,845.

M. Larzat (Élie), à Germigny-l'Exempt (Cher).

1787. — 35 m. 25 j. — Any (16e vol. p. 279), rouge et blanche ; son père, Arum, 13,706 ; sa mère, Madelon, 16,881.

M. Pétiot (Emile), à Touches (Saône et Loire).

1788. — 35 m. 25 j. — Héroïde (16e vol. p. 190), rouge et blanche ; son père, Héros, 15.249 ; sa mère, Théodat, 16.745.

M. le comte de Blois, précité.

1789. — 35 m. 26 j. — Lambine (16e vol. p. 248), rouanne ; son père, Artaban, 14,375 ; sa mère, Edith, 14,876.

M. Larzat (Elie), précité.

Animaux femelles de plus de 3 ans.

1er prix, **500** fr. et une médaille d'or.

2^e	—	**400**	—	— d'argent.
3^e	—	**300**	—	— de bronze.
4^e	—	**250**	—	— de bronze.
5^e	—	**200**	—	— de bronze.
6^e	—	**150**	—	— de bronze.

1790. — 37 m. 8 j. — Étoile (16e vol. p. 201), rouanne ; son père, Annibal, 14.368 ; sa mère, Eclipse 2e 16.762.

M. Chartier (Paul), à la Bouchetière, commune de la Chapelle-St-Laud, par Seiches (Maine-et-Loire).

1791. — 38 m. 14 j. — Thélême (16e vol. p. 188), rouge et blanche ; son père, Tortoni, 13.989; sa mère, Amy-Mason, 16.742.

M. le comte DE BLOIS, au Bourg d'Iré (Maine-et-Loire).

1792. — 39 m. 22 j. — Chaperon-Rouge (16e vol. p. 274), rouge et blanche ; son père, Casimir, 14.411 ; sa mère, Devineresse, 16.873.

M. NADAUD (L.-C.), à Chazelles (Charente).

1793. — 44 m. 24 j. — Anne (16e vol. p. 184), rouge et blanche ; son père, Nabot, 13.901 ; sa mère, Veline, 11.223.

M. AUCLERC (Constant), à La-Celle-Bruères-Allichamps (Cher).

1794. — 45 m. 7 j. — Mousse-de-Champagne (15e vol. p. 220), blanche; son père, Cadet-de Champagne 14.400 ; sa mère, Marie-Antoinette, 13.552.

M. HUOT (Gustave), à Saint-Léger (Aube)

1795. — 46 m. 1 j. — Junon (15e vol p. 250), rouge ; son père, Jeannot, 13.828 : sa mère, Tamise, 15.586.

M. NADAUD (L.-C.), précité.

1796. — 46 m. 9 j. — Fanchonnette (15e vol. p. 181), rouge et blanche ; son père, Wilfrid, 14.038 ; sa mère, Régha, 14,088 et 14.745.

M. DE CLERCQ, à Oignies (Pas-de-Calais).

1797. — 47 m. 4 j. — Reine-Hincks (15e vol. p. 216), rouge et blanche; son père, Ribaud, 14.599 ; sa mère, Udine, 14.852.

M. GROLLIER, à la Motte-Grollier, par Durtal (Maine-et-Loire).

1798. — 47 m. 15 j. — Java (15e vol. p. 228), rouanne; son père, Artaban, 14.375 ; sa mère, Giroflée 16.187.

M. LARZAT (Elie), à Germigny-l'Exempt (Cher).

1799. — 47 m. 20 j. — Fellah (15e vol. p. 180), rouge et blanche ; son père, Wilfrid, 14.038 : sa mère, Bathie 14.086 et 14.743.

M. DE CLERCQ, précité.

1800. — 47 m. 26 j. — Amy-Rob (15e vol. p. 207), rouge et blanche ; son père, Absalon, 13.688 ; sa mère, Télégone, 14.162.

M. le comte DE BLOIS, précité.

1801. — 4 ans, 3 m. 14 j. — Toinon (15e vol p. 221), rouge et blanche ; son père Marchegay, 13850, sa mère, Nicole, 16.172.

M. HUOT (Gustave), précité.

1802. — 4 ans 7 m. 9 j. — Alésia (14e vol. p. 213), rouge et blanche ; son père, Absalon, 13.688 ; sa mère, Timbale, 13.382.

M. le comte DE BLOIS, précité.

1803. — 4 ans 8 m. — Titania (14e vol. p. 252), rouge et blanche ; son père, Téléphone 14.630 ; sa mère, Salambô, 14.924.

M. LE BOURGEOIS, au Château de Launay par Thenioux (Cher).

1804. — 4 ans 9 m. 10 j. — Télésille n° 16.875, rouge ; son père, Téléphone, 14.630 ; sa mère, Solange, 14.925.

M. NADAUD (L.-C.), précité.

1805. — 4 ans 10 m. 7 j. — Reine de Saba (14e vol. p. 237), rouge et blanche ; son père, Scélérat, 13.966; sa mère, Rose-Pompon, 15.563.

M. DE LAVAUBLANCHE, à Laffeuillée, par Auffrique et Noyent (Aisne).

1806. — 4 ans 10 m. 22 j. — Alfa-Hincks (14e vol. p. 224), rouanne ; son père, Apis, 12.703 ; sa mère, Urvillée, 14.175.   M. GROLLIER, précité.

1807. — 4 ans 11 m. 13 j. — Razzia (14e vol. p. 188), rouge ; son père, Royal Léo, 11.968 ; sa mère, Sincère, 14,749.   M. AUMONT (Alexandre), à Victot-Pontfol (Calvados).

1808. — 4 ans 11 m. 20 j. — Ève (14e vol. p. 249), rouanne; son père, Escamoteur, 12.885 ; sa mère, Nina, 15.578.   M. MASSÉ (Auguste), à Germigny-l'Exempt (Cher).

1809. — 4 ans 11 m. 22 j. — Angèle (14e vol. p. 223), rouanne ; son père, Apis, 12.703 ; sa mère, Parèle, 11,089.   M. GROLLIER, précité.

1810. — 4 ans 11 m. 25 j. — Taglioni n° 16.863 ; son père, Tao, 13.152 ; sa mère, Nadine, 11.059.   M. PETIOT (Émile), à Touches (Saône-et-Loire).

1811. — 5 ans. — Emeraude n° 16,767, rouge ; son père, Wilfrid, 14,038 ; sa mère, Bathie, 14,086 et 14,743.   M. DE CLERCQ, précité.

1812. — 5 ans 1 m. 11 j. — Violette (14e vol p. 218) rouanne; son père, Molière, 13,879; sa mère, Virago, 12,581.   Mme Ve GERNIGON, à Château-Gontier (Mayenne).

1813. — 5 ans 9 m. 15 j. — Ninon (n° 16,736), rouge et blanche ; son père, Novalis, 11,833 ; sa mère, Sapho 14,690.   M. AUCLERC (Constant), précité.

1814. — 5 ans 9 m. 17 j. — Fraise de champagne n° 16,841, rouanne; son père, Camarade, 12,768 ; sa mère, Belle de Champagne 13,421.   M. HUOT (Gustave), précité.

1815. — 6 ans 20 j. — Toinon n° 16,920, rouge : son père, Triboulet 12,067; sa mère, Naïda, 13,536.   M. TIERSONNIER, au Colombier, par Gimouille (Nièvre).

1816. — 6 ans 27 j. — Dinorah n° 16,766, rouanne ; son père, Abbas, 11,361 ; sa mère, Alcinoé, 13,318.   M. DE CLERCQ, précité.

1817. — 6 ans 1 m. 16 j. — Rêveuse (13e vol. p. 169), rouge et blanche ; son père, Royal-Léo, 11,968 ; sa mère, Sincère, 14,749.   M. GRAVIER (Charles), à Vichy (Allier).

1818. — 6 ans 8 m. 2 j. — Nymphe n° 16,058, rouge et blanche ; son père, Novalis, 11,833 ; sa mère, Victoria, 14,053 et 14.697.   M. AUCLERC (Constant), précité.

1819. — 6 ans 8 m. 8 j. — Niche (n° 16,057), rouge et blanche ; son père, Novalis, 11,833 ; sa mère, Sarah, 13,248.   M. AUCLERC (Constant), précité.

1820. — 6 ans 8 m. 10 j. — Araignée-Gwynne n° 16,164, rouanne, son père, Avant-Garde, 11,392; sa mère, Careless, 13,408.   M. GROLLIER, précité.

1821. — 6 ans 8 m. 13 j. — Nicole n° 16,172, rouge tachée de blanc ; son père, Camarade, 12,768 ; sa mère, Denise, 14,179.   M. HUOT (Gustave), précité.

1822. — 6 ans 9 m. 1 j. — Turlutaine (n° 16,152), rouge et blanche ; son père, Talma, 13,143 ; sa mère, Terensis, 12,537. M. le Comte DE BLOIS, précité.

1823. — 6 ans 11 m. 25 j. — Rainette (n° 15,503), blanche, son père, Picard, 13.046 ; sa mère, Regina, 14,148. M. DEBAILLY (Achille), à Mézières, par Moreuil (Somme).

1824. — 7 ans 2 m. 10 j. — Gloriole (n° 16,845) rouanne ; son père, The Right honourable Devonshire Dumpling, 12.037 ; sa mère, Digitale, 14,190. M. LARZAT (Élie), précité.

1825. — 7 ans 10 m. 8 j. — Suavita n° 15,470, rouge et blanche ; son père, Royal-Léo, 11,968 ; sa mère, Balsamine, 12,176. M. GRAVIER (Charles), précité.

1826. — 7 ans 11 m. 22 j. — Ida n° 14,934, rouanne ; son père, Windsor's Vice Roy, 12,141 ; sa mère, Tropœla, 11,203. M. le Vicomte DE NOYELLES, à Blendecques (Pas-de-Calais).

1827. — 8 ans 4 m. 27 j. — Reine n° 14,800, rouge et blanche ; son père, Apis, 11,378 ; sa mère, Gizelle, 13,361. M. DEBAILLY (Achille), à Mézières, par Moreuil (Somme).

1828. — 8 ans 10 m. 11 j. — Sincère (n° 14,749), rouan rouge ; son père, Royal Duke, 6,314 ; sa mère, Ingénue, 8,185. M. DE CLERCQ, précité.

1829. — 9 ans 17 j. — Carity (n° 16,100), rouanne ; son père, Rowlia, 10,569 ; sa mère, Carlotta, 9e vol. p. 375. Le même.

1830. — 10 ans 6 m. 15 j. — Emmy n° 13,262, rouge et blanche ; son père, Naïf, 7,606 ; sa mère, Emilia, 10,915. M. BERTRON-AUGER, au château de la Flèche, à la Flèche (Sarthe).

24e CATÉGORIE. — Race d'Ayr.

Animaux mâles de 1 à 4 ans.

1er prix, **350** fr. et une médaille d'or.

   2e   —   **300**   —   —   d'argent.

   3e   —   **200**   —   —   de bronze.

1831. — 14 m. — Rouge et blanc........ M. BROQUET (Victor), à Void (Meuse).

1832. — 22 m. 21 j. — Rouge et blanc.... M. SAMSON (Gustave), père, à Sidi Mabrouck, commune de Constantine (Algerie).

1833. — 25 m. 5 j. — Blanc et rouge foncé. M. CAILL (Claude), à Plouzévédé (Finistère).

1834. — 35 m. 27 j. — Rouge et blanc. Le même.

Animaux femelles de 1 à 2 ans.

1er prix, **200** fr. et une médaille d'or.

   2e   —   **150**   —   —   d'argent.

1835. — 23 m. 17 j. — Rouge et blanche. M. CAILL (Claude), à Plouzévédé (Finistère).

Animaux femelles de 2 à 3 ans.

1er prix, **250** fr. et une médaille d'or.
2e — **150** — — d'argent.

1836. — 24 m. 6 j. — Jaune et blanche.... M. Gy (Jules Adrien), à Carnac (Morbihan).
1837. — 24 m. 15 j. — Rouge et blanche.. M. Caill (Claude), à Plouzévédé (Finistère).
1838. — 28 m. 8 j. — Pie-rouge......... M. Marhin (Mathurin), à Faouët (Morbihan).
1839. — 34 m. 18 j. — Blanche et rouge. M. Caill (Claude), précité.
1840. — 35 m. — Rouge et blanche...... M. Samson (Gustave), père, à Sidi Mabrouk, commune de Constantine (Algérie).
1841. — 35 m. 10 j. — Brun foncé et M. Duriez (Edmond), à Bourbourg-Campagne (Nord).
blanche.

Animaux femelles de plus de 3 ans.

1er prix, **300** fr. et une médaille d'or.
2e — **200** — — d'argent.
3e — **100** — — de bronze.

1842. — 36 m. 15 j. — Brune et blanche. M. Duriez (Edmond), à Bourbourg-Campagne (Nord).
1843. — 4 ans, 2 m. 6 j. — Blanche et M. Caill (Claude), à Plouzévédé (Finistère).
rouge.

25e Catégorie. — **Races Hollandaises.**

Animaux mâles de 1 à 2 ans.

1er prix, **600** fr. et une médaille d'or.
2e — **500** — — d'argent.
3e — **400** — — de bronze.

1844. — 12 m. 2 j. — Blanc et noir....... M. Alexandre-Laporte, à Osnes (Ardennes).
1845. — 12 m. 5 j. — Noir et blanc...... M. Loumaye (Hyacinthe), à Vaux-Champagne (Ardennes).
1846. — 12 m. 10 j. — Noir et blanc..... M. Petit-Moreau, à Charbogne (Ardennes).
1847. — 13 m. — Noir et blanc.......... M. Tiers (Emile), à Roubaix (Nord).
1848. — 18 m. — Blanc et noir.......... M. Cousin (Adolphe), à Mons-en-Barœul (Nord).
1849. — 18 m. — Noir et blanc. M. Tiers (Emile), précité.
1850. — 18 m. 10 j. — Pie noir......... M. Roland (Léon), à Saint-Firmin (Oise).
1851. — 18 m. 20 j. — Blanc et noir...... M. Bonduel (J.-B.), à Sainghin-en-Mélantois (Nord).
1852. — 19 m. 25 j. — Noir et blanc..... M. Vitet (Albert), à Limoges (Haute-Vienne).
1853. — 21 m. 15 j. — Noir et blanc..... M. Laporte-Rouelle, à Osnes (Ardennes)
1854. — 22 m. 5 j. — Noir et blanc....... M. Loumaye (Hyacinthe), précité.
1855. — 23 m. — Blanc et noir.......... M. Moncla Fils, à Toulenne (Gironde).
1856. — 23 m. — Noir et blanc.......... M. Tiers (Emile), précité.

Animaux mâles de 2 à 4 ans.

1er prix, **600** fr. et une médaille d'or.
2e — **500** — — d'argent.
3e — **400** — — de bronze.

1857. — 24 m. 12 j. — Noir et blanc..... M. Laporte-Rouelle, à Osnes (Ardennes).
1858. — 25 m. — Noir et blanc.......... M. Tiers (Emile), à Roubaix (Nord).

1859. — 27 m. 2 j. — Blanc et noir....... M. MONCLA Fils, à Toulenne (Gironde).
1860. — 27 m. 4 j. — Noir et blanc...... M. BOSQUET (Sarazin), à Marby (Ardennes).
1861. — 28 m. — Blanc et noir......... M. COUSIN (Adolphe), à Mons-en-Barœul (Nord).
1862. — 28 m. 10 j. — Noir et blanc.... M. BONDUEL (J.-B.), à Sainghin-en-Mélantois (Nord).
1863. — 30 m. 16 j. — Noir et blanc.... M. GESTE (Théodore), à Auxerre (Yonne).
1864. — 30 m. 25 j. — Pie gris .... M. ROLAND (Léon), à Saint-Firmin (Oise).
1865. — 31 m. 5 j. — Noir et blanc...... M. TELLIER (Pauly), à Semuy (Ardennes).
1866. — 31 m. 15 j. — Blanc et noir..... M. MÉDEVILLE (Numa), à Cadillac (Gironde).
1867. — 34 m. 15 j. — Noir et blanc.... M. TIERS (Emile), précité.
1868. — 35 m. — Blanc et noir......... Le même.

Animaux femelles de 1 à 2 ans.

1er prix, **250** fr. et une médaille d'or.

2e — **200** — — d'argent.

3e — **150** — — de bronze.

1869. — 12 m. — Noire et blanche....... M. GESTE (Théodore), à Auxerre (Yonne).
1870. — 12 m. 10 j. — Noire et blanche. M. PETIT-MOREAU, à Charbogne (Ardennes).
1871. — 15 m. 8 j. — Blanche et gris foncé. M. PAPILLON (Germain), à Aulnay-lès-Bondy (Seine-et-Oise).
1872. — 16 m. 21 j. — Noire et blanche. M. LONG (Marcellin), avenue Saint-Ouen, 18 à Paris.
1873. — 18 m. — Blanche et noire....... M. GRABER (Joseph), à Couthenans (Haute-Saône).
1874. — 19 m. — Blanche et noire....... M. COUSIN (Adolphe), à Mons-en-Barœul (Nord).
1875. — 19 m. 12 j. — Noire et blanche.. M. TELLIER (Pauly), à Semuy (Ardennes).
1876. — 20 m. — Noire et blanche....... M. BONDUEL (J.-B.), à Sainghin-en-Mélantois (Nord).
1877. — 20 m. 15 j. — Noire et blanche.. M. TIERS (Emile), à Roubaix (Nord).
1878. — 21 m. 15 j. — Noire et blanche.. M. LOUMAYE (Hyacinthe), à Vaux-Champagne (Ardennes).
1879. — 22 m. 6 j. — Noire et blanche... M. LEBECQUE (Arthur), à Teteghem (Nord).
1880. — 23 m. — Noire et blanche....... M. LOUMAYE (Hyacinthe), précité.
1881. — 23 m. 15 j. — Noire et blanche.. M. TIERS (Emile), précité.
1882. — 23 m. 28 j. — Noire et blanche. M. ALEXANDRE-LAPORTE, à Osnes (Ardennes).

Animaux femelles de 2 à 3 ans.

1e prix, **300** fr. et une médaille d'or,

2e — **250** — — d'argent.

3e — **150** — — de bronze.

1883. — 24 m. 17 j. — Noire et blanche.. M. GESTE (Théodore), à Auxerre (Yonne).
1884. — 25 m. 11 j. — Pie à plaques noires.. M. HAVILAND (Théodore), à Ambazac (Haute-Vienne).
1885. — 26 m. — Noire et blanche....... M. LOUMAYE (Hyacinthe), précité
1886. — 30 m. — Noire et blanche....... M. COUSIN (Adolphe), à Mons-en-Barœul (Nord).
1887. — 31 m. 25 j. — Noire et blanche.. M. ALEXANDRE-LAPORTE, à Osnes (Ardennes).
1888. — 32 m. — Noire et blanche....... M. LOUMAYE (Hyacinthe). précité.
1889. — 32 m. 15 j. — Noire et blanche.. M. BONDUEL (J.-B.), à Sainghin-en-Mélantois (Nord).
1890. — 33 m. — Noire et blanche....... M. TIERS (Emile), à Roubaix (Nord).
1891. — 35 m. — Noire et blanche...... Le même.

6.

ESPÈCE BOVINE.

Animaux femelles de plus de 3 ans.

1ᵉʳ prix, **400** fr. et une médaille d'or.
2ᵉ — **300** — — d'argent.
3ᵉ — **200** — — de bronze.

1892. — 4 ans. — Blanche et Noire...... M. Cousin (Adolphe), à Mons-en-Barœul (Nord).
1893. — 4 ans 1 m. 5 j. — Noire et blanche. M. Vitet (Albert), à Limoges (Haute-Vienne).
1894. — 4 ans 4 m. 5 j. — Noire et blanche. M. Rouchès (Noël), rue Saint-Sébastien, 7, à Paris.
1895. — 4 ans 6 m. — Noire et blanche.. M. Bonduel (J.-B.), à Sainghin-en-Mélantois (Nord).
1896. — 4 ans 6 m. — Noire et blanche.. M. Loumaye (Hyacinthe), à Vaux-Champagne (Ardennes).
1897. — 5 ans 3 m. — Noire et blanche.. M. Bonduel (J.-B.), précité.
1898. — 5 ans 4 m. — Noire et blanche.. M. Loumaye (Hyacinthe), précité.
1899. — 5 ans 6 m. — Blanche et noire.. M. Bertrandus, à Igny (Seine-et-Oise).
1900. — 5 ans 9 m. — Blanche et noire.. M. Geste (Théodore), à Auxerre (Yonne).
1901. — 6 ans. — Noire et blanche...... M. Tiers (Emile), à Roubaix (Nord).
1902. — 6 ans 9 m. — Noire et blanche.. Le même.

26ᵉ Catégorie. — **Races Schwitz et analogues.**

Animaux mâles de 1 à 4 ans.

1ᵉʳ prix, **600** fr. et une médaille d'or.
2ᵉ — **500** — — d'argent.
3ᵉ — **400** — — de bronze.

1903. — 12 m. — Schwitz, brun......... M. Minangoin (Narcisse), à Esnon (Yonne).
1904. — 12 m. 1 j. — Schwitz, noir...... M. Poirson (Auguste), à Saint-Evre, commune de Toul (Meurthe-et-Moselle).
1905. — 12 m. 6 j. — Schwitz, gris souris. M. Graber (Joseph), à Couthenans (Haute-Saône).
1906. — 13 m. 21 j. — Schwitz, gris.... M. Chénon de Léché, à Subdray (Cher)
1907. — 14 m. 5 j. — Schwitz, noir...... M. Gaubert (Prosper), à Salles-Curan (Aveyron).
1908. — 14 m. 10 j. — Schwitz, brun.... M. Martenot (Charles), à Cruzy-le-Châtel (Yonne).
1909. — 15 m. — Schwitz, gris souris... M. Bertrandus, à Igny (Seine-et-Oise).
1910. — 18 m. — Schwitz, gris......... M. Martin-Royer, à St-Apollinaire, près Dijon (Côte-d'Or).
1911. — 18 m. — Schwitz, noir......... M. Taillefer (Louis), à Morières (Vaucluse).
1912. — 22 m. — Schwitz, gris souris... M. Caubet (J.-B.), à Villeurbanne (Rhône),
1913. — 23 m. 28 j. — Schwitz, brun.... M. Minot (Paul), à Bretenay (Haute-Marne).
1914. — 25 m. — Schwitz, gris foncé.... Mᵐᵉ Jublema, route de Mende, à Montpellier (Hérault).
1915. — 25 m. 5 j. — Schwitz, châtain noir. M. Duch (Séraphin), à Montfavet, commune d'Avignon (Vaucluse).
1916. — 26 m. — Schwitz, brun......... M. Beau (Albert), à Sambourg (Yonne)
1917. — 30 m. — Schwitz, noir et blanc. M. Poirson (Auguste), précité.
1918. — 32 m. — Schwitz, gris brun..... M. Broquet (Victor), à Void (Meuse).
1919. — 34 m. — Schwitz, brun......... M. Minangoin, précité.

Animaux femelles de 1 à 2 ans.

1er prix, **250** fr. et une médaille d'or.

2e — **200** — — d'argent.

3e — **150** — — de bronze.

1920. — 12 m. 2 j.— Schwitz, gris souris. M. GRABER (Joseph), à Couthenans (Haute-Saône).

1921. — 12 m. 3 j. — Schwitz, gris brun. M. POIRSON (Auguste), à St-Evre, commune de Toul (Meurthe-et-Moselle).

1922. — 14 m. — Schwitz, grise .... M. MARTIN-ROYER, à Saint-Apollinaire, près Dijon (Côte-d'Or).

1923. — 16 m. 15 j. — Schwitz, gris brun. M. MARTENOT (Charles), à Cruzy-le-Châtel (Yonne).

1924. — 17 m. — Schwitz, grise......... M. TAILLEFER (Louis), à Morières (Vaucluse).

1925. — 20 m. — Schwitz, gris souris.... M. Caubet (J.-B.), à Villeurbanne (Rhône).
1926. — 20 m. — Schwitz, brune .... M. MINANGOIN (Narcisse), à Esnon (Yonne).
1927. — 21 m. 5 j. — Schwitz, brune .... M. POIRSON (Auguste), précité.

Animaux femelles de 2 à 3 ans.

1er prix, **300** fr. et une médaille d'or.

2e — **200** — — d'argent,

3e — **150** — — de bronze.

1928. — 24 m. 10 j.— Schwitz, gris souris M. CAUBET (J.-B.), à Villeurbanne (Rhône).
1929. — 25 m. Schwitz, souris........... M. BERTRANDUS, à Igny (Seine-et-Oise).
1930. — 25 m. 10 j. — Schwitz, grise.... M. CHÉNON DE LÉCHÉ, à Subdray (Cher).
1931. — 27 m. — Schwitz, gris souris ... M. GRABER (Joseph), à Couthenans (Haute-Saône).

1932. — 28 m. 15 j. — Schwitz, grise.... M. MARTIN-ROYER, à St-Apollinaire, près Dijon (Côte-d'Or).

1933. — 30 m. 12 j. — Schwitz, brune ... M. MARTENOT (Charles), à Cruzy-le-Châtel (Yonne).

1934. — 32 m. — Schwitz, gris souris... M. MINANGOIN (Narcisse), à Esnon (Yonne).
1935. — 34 m. — Schwitz, brune........ M. POIRSON (Auguste), à St-Evre, commune de Toul (Meurthe-et-Moselle).

1936. — 34 m. 4 j. — Schwitz, brune .... M. MARTENOT (Charles), précité.

Animaux femelles de plus de 3 ans.

1er prix, **400** fr. et une médaille d'or,

2e — **300** — — d'argent.

3e — **200** — — de bronze.

1937. — 40 m. — Schwitz, brune........ M. POIRSON (Auguste), à Saint-Evre, commune de Toul (Meurthe-et-Moselle).

1938. — 42 m. — Schwitz, grise......... M. TAILLEFER (Louis), à Morières (Vaucluse).
1939. — 4 ans. — Schwitz, brune . ..... M. BROQUET (Victor), à Void (Meuse).
1940. — 4 ans. — Schwitz, gris souris... M. GRABER (Joseph), à Couthenans (Haute-Saône).

1941. — 4 ans. — Schwitz, brune........ M. POIRSON (Auguste), précité.
1942. — 4 ans. 6 m. 12 j.— Schwitz, grise et blanche. M. VAVASSEUR (Charles), à Ferrières-en-Brie (Seine-et-Marne).

1943. — 4 ans 10 m. 15 j. — Schwitz, gris souris. M. CAUBET (J.-B.), à Villeurbanne (Rhône).

1944. — 5 ans. — Schwitz, gris souris... M. GRABER (Joseph), précité.
1945. — 5 ans 1 m. 20 j. — Schwitz, brun clair. M. MARTENOT (Charles), à Cruzy-le-Châtel (Yonne).

1946. — 5 ans 3 m. — Schwitz grise .... M. MARTIN-ROYER, à St-Apollinaire, près Dijon (Côte-d'Or).

1947. — 5 ans 7 m. — Schwitz, gris souris. M. BERTRANDUS, à Igny (Seine-et-Oise).

1948. — 6 ans. — Schwitz, brune........ M. Minangoin (Narcisse), à Esnon (Yonne)
1949. — 6 ans 1 m. 3 j. — Schwitz, grise. M. Martenot (Charles), précité.
1950. — 6 ans 2 m. 3 j. — Schwitz, gris M. Chénon de Léché, à Subdray (Cher).
 clair.
1951. — 6 ans 6 m. — Schwitz, gris souris. M. Bertrandus, précité.
1952. — 9 ans. — Schwitz, gris souris... M. Caubet (J.-B.), précité.

27ᵉ Catégorie. — **Races Bernoise, Fribourgeoise, Simmenthal
et analogues.**

Animaux mâles de 1 à 4 ans.

1ᵉʳ prix, **600** fr. et une médaille d'or.
  2ᵉ — **500** — — d'argent.
  3ᵉ — **400** — — de bronze.

1953. — 12 m. — Fribourgeois, rouge et M. Dupont-Saviniat, à Brantigny com-
 blanc. mune de Piney (Aube).
1954. — 18 m. — Fribourgeois, rouge et M. Martin-Royer, à St-Apollinaire, près
 blanc. Dijon (Côte-d'Or).
1955. — 22 m. 8 j. — Fribourgeois, blanc MM. Marc Frères, à Chevigny-St-Sauveur
 et rouge. (Côte-d'Or).
1956. — 23 m. — Fribourgeois, rouge et M. Dupont-Saviniat, précité.
 blanc.
1957. — 35 m. — Fribourgeois, blanc et MM. Marc Frères, précités.
 rouge.

Animaux femelles de 1 à 2 ans.

1ᵉʳ prix, **250** fr. et une médaille d'or.
  2ᵉ — **200** — — d'argent.
  3ᵉ — **150** — — de bronze.

1958. — 13 m. — Fribourgeoise, rouge et M. Martin-Royer, à St-Apollinaire, près
 blanche. Dijon (Côte-d'Or).
1959. — 14 m. — Fribourgeoise, blanche MM. Marc Frères, à Chevigny-St-Sauveur
 et rouge. (Côte-d'Or).
1960. — 23 m. — Fribourgeoise, rouge et M. Dupont-Saviniat, à Piney (Anbe).
 blanche.

Animaux femelles de 2 à 3 ans.

1ᵉʳ prix, **300** fr. et une médaille d'or.
  2ᵉ — **200** — — d'argent.
  3ᵉ — **150** — — de bronze.

1961. — 26 m. — Fribourgeoise, rouge et M. Dupont-Saviniat, à Piney (Aube).
 blanche.
1962. — 29 m. — Fribourgeoise, rouge et Le même.
 blanche.
1963. — 30 m. — Fribourgeoise, rouge et M. Martin-Royer, à St-Apollinaire, près
 blanche. Dijon (Côte-d'Or).
1964. — 30 m. 15 j. — Fribourgeoise, MM. Marc Frères, à Chevigny-St-Sauveur
 blanche et rouge. (Côte-d'Or).

Animaux femelles de plus de 3 ans

1ᵉʳ prix, **400** fr. et une médaille d'or.
  2ᵉ — **300** — — d'argent.
  3ᵉ — **200** — — de bronze.

1965. — 4 ans. — Bernoise, blanche et M. Demaux, à Daméraucourt (Oise).
 noire.

1966. — 4 ans. — Fribourgeoise, rouge et blanche. M. Dupont-Saviniat, à Piney (Aube).

1967. — 4 ans 3 m. — Bernoise, blanche et blonde. M. Demaux, précité.

1968. — 4 ans 5 m. — Suisse, blanche et rouge.................... M. Rouchès (Noël), r ue Saint-Sébastien, 7, à Paris.

1969. — 4 ans 10 m. — Suisse, blanche et rouge.................... Le même.

1970. — 5 ans. — Fribourgeoise, blanche et rouge. MM. Marc Frères, à Chevigny-St-Sauveur (Côte-d'Or).

1971. — 5 ans 2 m. — Fribourgeoise, blanche et rouge. M. Martin-Royer, à St-Apollinaire, près Dijon (Côte-d'or).

1972. — 5 ans 6 m. — Fribourgeoise, rouge et blanche. MM. Marc Frères, précités.

1973. — 6 ans. — Fribourgeoise, rouge et blanche. M. Dupont-Saviniat, précité.

28e Catégorie. — Races étrangères diverses.

Animaux mâles de 1 à 4 ans.

1er prix, **500** fr. et une médaille d'or.
    2e — **400** — — d'argent.
    3e — **300** — — de bronze.

1974. — 12 m. 2 j. — Jersiais, gris....... M. Nicolas (Louis), à Arcy (Seine-et-(Marne).

1975. — 13 m. 21 j. — Jersiais, gris froment. M. le Comte Rœderer, à Bursard (Orne).

1976. — 14 m. — Jersiais, froment foncé. M. Chandora (Léon), à Leuhan, par Plabennec (Finistère).

1977. — 25 m. — Jersiais, froment...... M. Regnouf de Vains, à Brix (Manche).

1978. — 30 m. — Du glane, froment ..... M. Ballot (Auguste), à Chancey (Haute-Saône).

1979. — 30 m. 4 j. — Du Hainaut, gris et blanc. M. Douay (Victor), à Romeries (Nord).

1980. — 31 m. — Du glane, froment..... M. Chémery (Alfred), à Moiremont (Marne)

1981. — 35 m. — Jersiais, froment foncé. M, Chandora, (Léon), précité.

1982. — 47 m. — Jersiais, froment foncé. M. Chandora, (Léon), précité.

Animaux femelles de 1 à 2 ans.

1er prix, **200** fr. et une médaille d'or.
    2e — **150** — — d'argent.

1983. — 14 m. — Du glane, froment...... M. Ballot (Auguste), à Chancey (Haute-Saône).

1984. — 18 m. — Jersiaise, froment...... M. Regnouf de Vains, à Brix (Manche).

1985. — 19 m. 8 j. — Du Hainaut, gris M. Douay (Victor), à Romeries (Nord).

Animaux femelles de 2 à 3 ans.

1er prix, **250** fr. et une médaille d'or.
    2e — **150** — — d'argent.

1986. — 25 m. — Jersiaise, blonde et noire. M. Raulin (Ambroise), à St-Clair (Manche).

1987. — 28 m. — Du glane, froment..... M. Ballot (Auguste), à Chancey (Haute-Saône).

1988. — 30 m. 4 j. — Du Hainaut, gris M. Douay (Victor), à Romeries (Nord).

Animaux femelles de plus de 3 ans.

1e — **300** fr. et une médaille d'or.
    2e — **200** — — d'argent.

1989. — 39 m. — Du glane, froment..... M. Chémery (Alfred), à Moiremont (Marne).

1990. — 4 ans blanche et noire.........   M. Rouchès (Noël), 7, rue St-Sébastien Paris.

1991. — 4 ans 6 m. — Du glane, froment.   M. Ballot (Auguste), à Chancey (Haute-Saône),

1992. — 5 ans. — Jersiaise, froment.....   M. Regnouf de Vains, à Brix (Manche).

1993. — 6 ans 2 m. 10 j. — Du Hainaut, gris-bleu et blanche.   M. Douay (Victor), à Romeries (Nord),

1994. — 6 ans 8 m. 2 j. — Du Hainaut, gris-bleu et blanche.   Le même.

29ᵉ Catégorie. — **Croisements Durham.**

(Ne sont admis dans cette catégorie que les animaux ayant pour père des taureaux Durham, ou des taureaux croisés Durham).

Animaux femelles de 1 à 2 ans.

1ᵉʳ prix, **250** fr. et une médaille d'or.

2ᵉ	— 225	—	— d'argent.
3ᵉ	— 200	—	— de bronze.
4ᵉ	— 150	—	— de bronze.
5ᵉ	— 100	—	— de bronze.

1995. — 12 m. 2 j. — Durham-Charolaise, froment.   M. Clostre (Gabriel), à St-Pierre-le-Moûtiers (Nièvre).

1996. — 12 m. 3 j. — Croisée Durham-Charolaise, blanche.   M. Dubost (Michel-Rimbaud), à Ménétrol Puy-de-Dôme).

1997. — 12 m. 7 j. — Durham-Flamande, rouge et blanche.   M. Paillart (Stanislas), à Quesnoy-le-Montant (Somme).

1998. — 12 m. 8 j. — Durham-croisée, rouge et blanche.   M. Cherbonneau (Alexis), à Contigné (Maine-et-Loire).

1999. — 12 m. 8 j. — Croisée-Durham-Flamande, brune et blanche.   M. Gruson-Cousinne, à Estaires (Nord).

2000. — 13 m. 15 j. — Durham-Bretonne, rouan foncé.   M. Guyader (Louis), à Ergué-Gaberic (Finistère).

2001. — 15 m. — Durham-Flamande-croisée, rouan gris.   M. Fetel-Longueval, à Loon (Nord).

2002. — 16 m. 4 j. — Durham-croisée, rouge et blanche.   M. de Noyelles, à Blendecques (Pas-de-Calais).

2003. — 16 m. 15 j. — Durham-Normande, rouge et blanche.   M. Grégoire (Léon), à Alménèches (Orne).

2004. — 16 m. 15 j. — Durham-croisée, caille rouge.   M. Leconte (Basile), à Hubert-Folie (Calvados).

2005. — 18 m. 8 j. — Croisée-Durham-Flamande, rouge.   M. Deram (Victor), à Caestre (Nord).

2006. — 18 m. 10 j. — Durham-croisée, rouan gris.   M. de Noyelles, à Blendecques (Pas-de-Calais).

2007. — 20 m. — Durham-Normande, rouge pâle.   M. Geste (Théodore), à Auxerre (Yonne).

2008. — 20 m. 6 j. — Durham-croisée, blanche.   M. Desprès (F.), à la Guerche-de-Bretagne (Ille-et-Vilaine).

2009. — 21 m. — Durham-Bretonne, rouge et blanche.   M. Cudennec (Aimé), à Plabennec (Finistère).

2010. — 21 m. 2 j. — Durham-Mancelle, blanche.   M. Gandon, à Grez-en-Bouëre (Mayenne).

2011. — 23 m. — Croisée-Durham-Mancelle.   M. Duriez (Edmond), à Bourbourg-Campagne (Nord).

2012. — 23 m. — Durham-croisé-Flamande, rouge pâle marbré.   M. Morel (Maurice), à Adinfer (Pas-de-Calais).

2013. — 23 m. 4 j. — Durham-Mancelle, rouan foncé.   M. Boisard (Désiré), à Anvers-le-Hamon (Sarthe).

2014. — 23 m. 21 j. — Durham-Mancelle, rouan foncé.   M. Daudier (Daniel), à Niafle, près Craon (Mayenne).

Animaux femelles de 2 à 3 ans.

1ᵉʳ prix, **300** fr. et une médaille d'or.
2ᵉ — **250** — — d'argent.
3ᵉ — **200** — — de bronze.
4ᵉ — **150** — — de bronze.
5ᵉ — **100** — — de bronze.

2014bis — 25 m. — Durham-Flamande, rouge. — M. Fétel-Longueval, à Loon (Nord).

2015. — 26 m. — Durham-Normande, rouge et blanche. — M. Grégoire (Léon), à Alménêches (Orne).

2016. — 27 m. 4 j. — Croisé-Durham-Flamande, brune. — M. Gruson-Cousinne, à Estaires (Nord).

2017. — 28 m. 3 j. — Durham-Bretonne, rouan clair. — M. Guyader (Louis), à Ergué-Gabéric (Finistère).

2018. — 32 m. — Durham-croisée, rouge et blanche. — M. Cherbonneau (Alexis), à Contigné (Maine-et-Loire).

2019. — 32 m. — Croisé-Durham-Normande, rouge. — M. Geste (Théodore), à Auxerre (Yonne).

2020. — 32 m. 10 j. — Durham-Charolaise, rouge et blanche. — M. Bignon (Louis), Fils, à Theneuille (Allier).

2021. — 33 m. — Durham-croisée, rouge et blanche. — M. Cherbonneau (Alexis), précité.

2022. — 33 m. 5 j. — Durham-mancelle, rouan clair. — M. Gandon (Charles), à Grez-en-Bouère (Mayenne).

2023. — 34 m. 16 j. — Durham-croisée, blanche. — M. Després (F.), à la Guerche-de-Bretagne (Ille-et-Vilaine).

Animaux femelles de plus de 3 ans.

1ᵉʳ prix, **400** fr. et une médaille d'or.
2ᵉ — **300** — — d'argent.
3ᵉ — **250** — — de bronze.
4ᵉ — **200** — — de bronze.
5ᵉ — **150** — — de bronze.

2024. — 38 m. — Durham-Normande, rouanne. — M. Grégoire (Léon), à Alménêches (Orne).

2025. — 40 m. 4 j. — Durham-Charolaise, blanche. — M. Grignard (Frédéric), à Marcilly-Ogny (Côte-d'Or).

2026. — 43 m. — Durham-Mancelle, rouan clair. — M. Rezé (Léon), à Grez-en-Bouère (Mayenne).

2027. — 46 m. 14 j. — Durham-croisée, rouge et blanche. — M. Després (F.), à la Guerche-de-Bretagne (Ille-et-Vilaine).

2028. — 4 ans 3 m. — Durham-Charolaise, blanche. — M. Dubost (Michel-Rimbaud), à Ménétrol (Puy-de-Dôme).

2029. — 4 ans 4 m. — Croisée-Durham-Bretonne. — M. Rochard (Julien), à Vannes (Morbihan).

2030. — 4 ans 4 m. 9 j. — Durham-Mancelle, blanche et brune. — M. Nadaud (Louis-Cyprien), à Chazelles (Charente).

2031. — 4 ans 5 m. 8 j. — Croisé-Durham-Flamande. — M. Gruson-Cousinne, à Estaires (Nord).

2032. — 4 ans 6 m. — Durham-croisée, rouanne. — M. Cherbonneau (Alexis), à Contigné (Maine-et-Loire).

2033. — 4 ans 7 m. — Durham-croisée, rouge. — Le même.

2034. — 4 ans 7 m. 10 j. — Durham-mancelle, blanche. — M. Parage (Camille), à Chazé-sur-Argos (Maine-et-Loire).

2035. — 5 ans 10 j. — Durham-Mancelle, rouanne. — M. Boisard (Désiré), à Anvers-le-Hamon (Sarthe).

2036. — 5 ans 1 m. — Durham-Flamande, rouge pâle.
M. Morel (Maurice), à Adinfer (Pas-de-Calais).

2037. — 5 ans 1 m. 10 j. — Durham-Normande.
M. Copelle (Alfred), à Putot-en-Auge (Calvados).

2038. — 5 ans 1 m. 10 j. — Durham-maraichine rouanne.
M. Monnerie (Jacques), à Muron (Charente-Inférieure).

2039. — 5 ans 2 m. 14 j. — Durham-Mancelle, rouan clair.
M. Gandon (Charles), à Grez-en-Bouère (Mayenne).

2040. — 5 ans 4 m. — Durham-Flamande, rouge pâle.
M. Lebecque (Alexis), à Téteghem (Nord).

2041. — 5 ans 6 m. — Durham-Normande, blanche et rouge.
M. Bertrandus, à Igny (Seine-et-Oise).

2042. — 5 ans 11 m. 2 j. — Durham-croisée, rouge.
M. de Noyelles, à Blendecques (Pas-de-Calais).

2043. — 6 ans — Croisée-Durham-Flamande, rouge et blanche.
M. Ghesten (Alix), à Verlinghem (Nord).

2044. — 6 ans — Durham-croisée, bringée.
M. Leconte (Basile), à Hubert-Folie (Calvados).

2045. — 6 ans — Durham-Normande, rouan léger.
M. de Rœderer, à Bursard (Orne).

2046. — 6 ans 9 m. — Durham-croisée, pie blanc.
M. Daval (Julien), à Roye (Haute-Saône).

BANDES DE VACHES LAITIÈRES (en lait).

1re Catégorie. — **Races de grande taille**

(Hollandaise, Flamande, Normande, etc.)

1er prix, **1.000** fr. et une médaille d'or.

2e — **700** — — d'argent.

3e — **500** — — de bronze.

4e — **300** — — de bronze.

2047. — 4 ans. — Hollandaise, blanche et noire.
M. Bonduel (J.-B.), à Sainghin-en-Mélantois (Nord).

2048. — 5 ans. — Hollandaise, blanche et noire.
Le même.

2049. — 5 ans. — Hollandaise, blanche et noire.
Le même.

2050. — 6 ans. — Hollandaise, blanche et noire.
Le même.

2051. — 4 ans 6 m. — Normande, caille bringé.
M. Castel (Thomas), à Maisons (Calvados)

2052. — 5 ans. — Normande, caille bringé.
Le même.

2053. — 5 ans 6 m. — Normande, caille bringé.
Le même.

2054. — 5 ans 8 m. — Normande, caille bringé rouge.
Le même.

2055. — 5 ans 8 m. 18 j. — Normande bringée.
M. Derboven, 46, rue de La Chapelle, à Paris.

2056. — 6 ans 8 m. 6 j. — Normande bringée.
Le même.

2057. — 6 ans 8 m. 15 j. — Normande bringée.
Le même.

2058. — 7 ans 2 m. 10 j. — Normande bringée.
Le même.

2059. — 6 ans 3 m. — Hollandaise noire et blanche.   M. Derboven, précité.

2060. — 6 ans 7 m. — Hollandaise noire et blanche.   Le même.

2061. — 7 ans 1 m. — Hollandaise noire et blanche.   Le même.

2062. — 7 ans 2 m. — Hollandaise noire et blanche.   Le même.

2063. — 6 ans 3 m. — Flamande rouge et blanche.   Le même.

2064. — 6 ans 4 m. — Flamande rouge et blanche.   Le même.

2065. — 6 ans 10 m. — Flamande rouge et blanche.   Le même.

2066. — 7 ans 2 m. — Flamande rouge et blanche.   Le même.

2067. — 5 ans 10 m. — Hollandaise, noire et blanche.   M. Geste (Théodore), à Auxerre (Yonne).

2068. — 5 ans 11 m. — Hollandaise, noire et blanche.   Le même.

2069. — 6 ans 2 m. — Hollandaise, noire et blanche.   Le même.

2070. — 6 ans 8 m. — Hollandaise, noire et blanche.   Le même.

2071. — 5 ans 6 m. — Normande, bringé clair.   M. Gillet (Alfred), à Bonneuil (Seine).

2072. — 6 ans. — Normande, bringée...   Le même.

2073. — 6 ans 9 m. — Normande, bringée.   Le même.

2074. — 7 ans. — Normande, bringé foncé.   Le même.

2075. — 5 ans. — Normande, bringée...   M. Guillermain, à Berny (Seine).

2076. — 5 ans. — Normande, bringée....   Le même.

2077. — 5 ans. — Normande, bringée....   Le même.

2078. — 5 ans. — Normande, bringée...   Le même.

2079. — 4 ans 9 m. 20 j. — Flamande, brune et blanche.   M. Lebecque (Arthur), à Téteghem (Nord)

2080. — 5 ans. — Flamande, rouge brun.   Le même.

2081. — 6 ans 2 m. — Flamande, brune.   Le même.

2082. — 6 ans 3 m. — Flamande, rouge brun.   Le même.

2083. — 4 ans 5 m. — Fribourgeoise, rouge et blanche.   MM. Marc Frères, à Chevigny-St-Sauveur (Côte-d'Or).

2084. — 5 ans. — Fribourgeoise, rouge et blanche.   Le même.

2085. — 5 ans 2 m. — Fribourgeoise, rouge et blanche.   Le même.

2086. — 6 ans. — Fribourgeoise, rouge et blanche.   Le même.

2087. — 4 ans. — Normande, caille bringé.   M. Ménard, à Menerval (Seine-Inférieure).

2088. — 4 ans. — Normande, caille bringé.   Le même.

2089. — 5 ans 6 m. — Normande, caille bringé.   Le même.

2090. — 6 ans. — Normande, caille blond.   Le même.

2091. — 4 ans 5 m. — Flamande, brune.   M. Morel (Maurice), à Adinfer (Pas-de-(Calais).

2092. — 5 ans 2 m. — Flamande, brune.   Le même.

2093. — 5 ans 6 m. — Flamande, brune.   Le même.

2094. — 6 ans 4 m. — Flamande, brune.   Le même.

2095. — 4 ans. — Normande, bringée... M. QUILBŒUF, à Houlme (Seine-Inférieure)
2096. — 5 ans. — Normande, bringée... Le même.
2097. — 6 ans. — Normande, bringée... Le même.
2098. — 6 ans. — Normande, bringée... Le même.

2099. — 5 ans 6 m. — Normande, bringée   M. VAUCHELLE (Emile), à Sermaize (Orne).
2100. — 5 ans 6 m.— Normande, bringée   Le même.
2101. — 5 ans 6 m.— Normande, bringée   Le même.
2102. — 6 ans. — Normande, bringée ...   Le même.

2e CATÉGORIE. — **Races de moyenne taille.**

(Femeline, Vosgienne, Schwitz, etc.)

1er prix, **900** fr. et une médaille d'or.

2e   —   **600**   —   — d'argent.

3e   —   **400**   —   — de bronze.

4e   —   **250**   —   — de bronze.

(Pas d'animaux présentés).

3e CATÉGORIE. — **Races de petite taille.**

(Jersiaise, Ayrshire, Bretonne, etc.

1er prix, **800** fr. et une médaille d'or.

2e   —   **600**   —   — d'argent.

3e   —   **400**   —   — de bronze.

4e   —   **200**   —   — de bronze.

2103. — 36 m. — Bretonne, pie noire et   M. DE BAUDICOUR (Prosper), à St-Pierre-du-
    blanche.   Mesnil (Eure).
2104. — 40 m. — Bretonne, pie noire et   Le même.
   . blanche.
2105. — 44 m. — Bretonne, pie noire et   Le même.
    blanche.
2106. — 4 ans 2 m.— Bretonne, pie noire   Le même.
    et blanche.

2107. — 24 m. — Bretonne, noire et   M. CHANDORA (Léon), à Leuhan, par Pla-
    blanche.   bennec (Finistère).
2108. — 36 m — Bretonne, noire et   Le même.
    blanche.
2109. — 36 m. — Bretonne, noire et   Le même.
    blanche.
2110. — 36 m. — Bretonne, noire et   Le même.
    blanche.

2111. — 4 ans 1 m.— Bretonne, pie noire.   COMICE AGRICOLE D'HENNEBONT (Morbihan).
2112. — 4 ans 1 m.— Bretonne, pie noire.   Le même.
2113. — 4 ans 1 m.— Bretonne, pie noire.   Le même.
2114. — 4 ans 1 m.— Bretonne, pie noire.   Le même.

2115. — 5 ans. — Bretonne, pie noire...   M. COQUEREAU (Ch.), à Maisons-Alfort
    (Seine).
2116. — 6 ans. — Bretonne, pie noire...   Le même.

2117. — 6 ans. — Bretonne, pie noire...   Le même.

2118. — 7 ans. — Bretonne, pie noire...   Le même.

2119. — 4 ans. — Bretonne, noire et blanche. — M. Feunteun (Joseph), à Penhars (Finistère).

2120. — 4 ans 5 m. — Bretonne, noire et blanche. — Le même.

2121. — 5 ans. — Bretonne, noire et blanche. — Le même.

2122. — 6 ans 3 m. — Bretonne, noire et blanche. — Le même.

2123. — 5 ans. — Bretonne, noire et blanche. — M. Guyader (Louis), à Ergué-Gabéric (Finistère).

2124. — 6 ans 3 m. 4 j. —Bretonne, noire et blanche. — Le même.

2125. — 7 ans 1 m. — Bretonne, noire et blanche. — Le même.

2126. — 7 ans 8 m. 2 j. — Bretonne, noire et blanche. — Le même.

2127. — 6 ans. — Bretonne, noire et blanche. — M. Le Treste (Vincent), à Lamare, commune de Vannes (Morbihan).

2128. — 6 ans. — Bretonne, noire et blanche. — Le même.

2129. — 6 ans. — Bretonne, noire et blanche. — Le même.

2130. — 7 ans. — Bretonne, noire et blanche. — Le même.

2131. — 4 ans 9 m. 15 j. — Bretonne, pie noire. — M. Paboui (Pierre), à Languidic (Morbihan).

2132. — 4 ans 10 m. 15 j. — Bretonne, pie noire. — Le même.

2133. — 5 ans 2 m. —Bretonne, pie noire. — Le même.

2134. — 5 ans 3 m. —Bretonne, pie noire. — Le même.

2135. — 4 ans 8 m. 25 j. — Bretonne, pie noire. — M. Rio (Jean), à Hennebont (Morbihan).

2136. — 4 ans 11 m. 15 j. — Bretonne, pie noire. — Le même.

2137. — 5 ans. — Bretonne, pie noire . . — Le même.

2138. — 5 ans 2 m. 20 j. — Bretonne, pie noire. — Le même.

2139. — 5 ans. — Bretonne, pie noire ... — M. Voitellier, à Mantes (Seine-et-Oise).

2140. — 5 ans. — Bretonne, pie noire ... — Le même.

2141. — 5 ans. — Bretonne, pie noire ... — Le même,

2142. — 5 ans. — Bretonne, pie noire ... — Le même.

2143. — 5 ans. — Algérienne.......... — M. Samson (Gustave), père à Sidi-Mabrouck, commune de Constantine (Algérie).

2144. — 6 ans. — Algérienne.......... — Le même.

2145. — 7 ans. — Algérienne.......... — Le même.

2146. — 8 ans. — Algérienne.......... — Le même.

ESPÈCE OVINE.

Ire DIVISION.

ANIMAUX MALES ET ANIMAUX FEMELLES DE RACES ÉTRANGÈRES,
NÉS ET ÉLEVÉS A L'ÉTRANGER, AMENÉS OU IMPORTÉS EN FRANCE,
ET APPARTENANT SOIT A DES ÉTRANGERS SOIT A DES FRANÇAIS.

En outre des prix prévus pour chaque catégorie, le Jury pourra décerner, s'il y a lieu, dans la 1re Division :

Uu objet d'art de 500 francs au meilleur bélier ;

Un objet d'art de 500 francs au meilleur lot de brebis ;

Un grand prix d'honneur, d'une valeur de 1500 francs, au meilleur ensemble d'animaux ; ce lot devra être composé de deux mâles (un antenois et un adulte), et de deux lots de femelles (antenaises et adultes) de même race, nés et élevés chez l'exposant.

1re CATÉGORIE. — **Races Mérinos.**

Animaux mâles de 18 mois au plus.

1er prix, **300** fr et une médaille d'or.
2e   —   **250**   —   —   d'argent.
3e   —   **200**   —   —   de bronze.
4e   —   **100**   —   —   de bronze.

Pas d'animaux présentés.

Animaux mâles de plus de 18 mois.

1er prix, **300** fr. et une médaille d'or.
2e   —   **250**   —   —   d'argent.
3e   —   **200**   —   —   de bronze.
4e   —   **100**   —   —   de bronze.

Pas d'animaux présentés.

Animaux femelles de 18 mois au plus

(Lots de 3 brebis).

1er prix, **300** fr. et une médaille d'or.
2e — **250** — — d'argent.
3e — **200** — — de bronze.
4e — **100** — — de bronze.

Pas d'animaux présentés.

Animaux femelles de plus de 18 mois

(Lots de 3 brebis).

1er prix, **300** fr. et une médaille d'or.
2e — **250** — — d'argent.
3e — **200** — — de bronze.
4e — **100** — — de bronze.

Pas d'animaux présentés.

2e CATÉGORIE. — **Race Southdown.**

Animaux mâles de 18 mois au plus.

1er prix, **300** fr. et une médaille d'or.
2e — **250** — — d'argent.
3e — **200** — — de bronze.
4e — **100** — — de bronze.

1. — 13 m. 20 j...................... S. A. R. Le prince de Galles, à Sandringham, Norfolk (Angleterre).
2. — 13 m. 20 j...................... Le même.
3. — 13 m. 20 j...................... Le même.
4. — 14 m .... M. Colman (Jeremiah, James), à Carrow house, Norwich, Norfolk (Angleterre).
5. — 14 m...................... Le même.
6. — 14 m...................... M. Toop (William), à Aldingbourne, Chichester, Sussex (Angleterre).
7. — 14 m...................... Le même.
8. — 14 m. 6 j...................... M. le duc d'Hamilton, à Easton Park, Wickham Market, Suffolk (Angleterre).
9. — 14 m. 7 j...................... M. Ellis (Edwin), à Summersbury, Shalford, près de Guildford, Surrey (Angleterre)

Animaux mâles de plus de 18 mois.

1er prix, **300** fr. et une médaille d'or.
2e — **250** — — d'argent.
3e — **200** — — de bronze.
4e — **100** — — de bronze.

10. — 25 m. 24 j...................... M. le duc d'Hamilton, à Easton Park, Wickham Market, Suffolk (Angleterre).

11. — 26 m........................... M. Toop (William), à Aldingbourne, Chichester, Sussex (Angleterre).

12. — 26 m........................ . Le même.

13. — 26 m. 4 j...................... M. Ellis (Edwin), à Summersbury, Shalford, Guildford, Surrey (Angleterre).

14 — 39 m........................... M. Colman (Jeremiah, James) à Carrow house, Norwick, Norfolk (Angleterre).

Animaux femelles de 18 mois au plus.

(Lots de 3 brebis).

1er prix, **300** fr. et une médaille d'or.

     2e   —   **250**   —   —   d'argent.

     3e   —   **200**   —   —   de bronze.

     4e   —   **100**   —   —   de bronze.

15. — 13 m........................... S. A. R. le prince de Galles, à Sandringham, Norfolk (Angleterre).

16. — 13 m........................... Le même.

17. — 14 m........................... M. Colman (Jeremiah, James), à Carrow house, Norwick, Norfolk (Angleterre).

18. — 14 m........................... M. Toop (William), à Aldingbourne, Chichester, Sussex (Angleterre).

19. — 14 m. 4j.................. ..... M. le duc d'Hamilton, à Easton Park, Wickham Market, Suffolk (Angleterre).

20. — 14 m. 14 j.... .... M. Ellis (Edwin), à Summersbury, Shalford, Guildford, Surrey (Angleterre).

Animaux femelles de plus de 18 mois.

(Lots de 3 brebis).

1er prix, **300** fr. et une médaille d'or.

     2e   —   **250**   —   —   d'argent.

     3e   —   **200**   —   —   de bronze.

     4e   —   **100**   —   —   de bronze.

21. — 26 m........................... M. Toop (William), à Aldingbourne, Chichester, Sussex (Angleterre).

22. — 38 m........................... M. Colman (Jeremiah, James), à Carrow house, Norwick, Norfolk (Angleterre).

23. — 4 ans 1 m. 26 j................ M. le duc d'Hamilton, à Easton Park, Wickham Market, Suffolk (Angleterre).

24. — N .... M. Ellis (Edwin), à Summersbury, Shalford, Guildford, Surrey (Angleterre).

3e Catégorie. — **Races Shropshire, oxfordshire-down, hampshire-down et analogues.**

Animaux mâles de 18 mois au plus.

1er prix, **300** fr. et une médaille d'or.

     2e   —   **200**   —   —   d'argent.

25. — 14 m. — Shropshire.............. M. Fenn (Thomas), à Stonebrook house, Ludlow, Downton, Herefordshire (Angleterre).

26. — 14 m. — Shropshire.............. Le même.

27. — 15 m. — Oxford-down .... M. Adams (George) , à Royal Prize farm, Pidnell, Faringdon, Berkshire (Angleterre).

28. — 15 m. — Suffolk................. M. le marquis de Bristol, à Ickworth Park, Bury St Edmunds, Suffolk (Angleterre).

29. — 15 m. — Hampshire-down .... M. Coles (C. J), à Winterbourne Stoke, Salisbury, Wiltshire (Angleterre).

30. — 15 m. — Hampshire-down .... Le même.

31. — 15 m. 7 j. — Hampshire-down...... Collége d'Agriculture , Downton, Salisbury, Wiltshire (Angleterre).

Animaux mâles de plus de 18 mois.

1er prix, **300** fr. et une médaille d'or.

2e — **200** — — d'argent.

32. — 19 m. — Hampshire-down .... M. Haviland (Théodore), à Ambazac, dépt de la Haute-Vienne (France).

33. — 27 m. — Oxford-down. .... M. Adams (George), à Royal Prize farm, Pidnell, Faringdon, Berkshire (Angleterre).

34. — 27 m. — Suffolk................. M. le marquis de Bristol, à Ickworth Park, Burry St-Edmunds, Suffolk (Angleterre),

35. — 27 m. — Hampshire-down .... Collége d'Agricultrre, Downton , Salisbury Wiltshire (Angleterre).

36. — 27 m. 3 j. — Hampshire-down...... M. Coles (C. J.), à Winterbourne Stoke, Salisbury, Wiltshire (Angleterre).

Animaux femelles de 18 mois au plus.

(Lots de 3 brebis)

1er prix, **300** fr. et une médaille d'or.

2e — **200** — — d'argent.

37. — 14 m. — Shropshire............... M. Fenn (Thomas), à Stonebrook house, Ludlow, Downton, Herefordshire (Angleterre).

38. — 15 m. — Oxford-down............ M. Adams (George) , Royal Prize farm, Pidnell, Faringdon, Berkshire (Angleterre).

39. — 15 m. — Suffolk................. M. le marquis de Bristol, à Ickworth Park, Bury St Edmunds, Suffolk (Angleterre).

40. — 15 m. — Hampshire-down .... M. Coles (C.-J.), à Wenterbonne slohe, Salisbury, Wiltshire (Angleterre).

41. — 15 m. — Hampshire-down .... Le même.

42. — 15 m. 10 j. — Hampshire-down..... Collége d'Agriculture, Downton, Salisbury, Wiltshire (Angleterre).

Animaux femelles de plus de 18 mois.

(Lots de 3 brebis).

1er prix, **300** fr. et une médaille d'or.

2e — **200** — — d'argent.

43. — 19 m. — Hampshire-down .... M. Haviland (Théodore), à Ambazac, dépt de la Haute-Vienne (France).

44. — 27 m. — Oxford-down.. ... ... M. Adams (George), à Royal Prize farm, Pidnell , Faringdon, Berkshire (Angleterre).

45. — 36 m. — Hampshire-down .... COLLÉGE D'AGRICULTURE , Downton , Salisbury, Wiltshire (Angleterre).

46. — 39 m. — Suffolk................. M. LE MARQUIS DE BRISTOL, à Ickworth Park, Bury St-Edmunds, Suffolk (Angleterre).

4ᵉ CATÉGORIE. — **Races leicester, new-Kent, romney-marsh lincoln et analogues.**

Animaux mâles de 18 mois au plus.

1ᵉʳ prix, **300** fr. et une médaille d'or.

2ᵉ   —   **250**   —   —   d'argent.

3ᵉ   —   **200**   —   —   de bronze.

4ᵉ   —   **100**   —   —   de bronze.

47. — 14 m. — Leicester................ M. CRESWELL (Richard-G.), à Ravenstone, Ashby de la Zouch, Leicester (Angleterre).

48. — 14 m. — Leicester................ Le même.

49. — 14 m. — Leicester................ Le même.

50. — 14 m. — Leicester................ Le même.

51. — 14 m. — Lincoln................ M. DUDDING (Henry), à Riby grove, Great Grimsby, Lincolnshire (Angleterre).

52. — 14 m. — Lincoln................ Le même.

53. — 14 m. — Lincoln................ Le même.

54. — 14 m. — Lincoln................ Le même.

55. — 15 m. — Devon .... M. NORRIS (C.), à Mosshayne, Clyst Honiton, Exeter, Devonshire (Angleterre).

Animaux mâles de plus de 18 mois.

1ᵉʳ prix, **300** fr. et une médaille d'or.

2ᵉ   —   **250**   —   —   d'argent.

3ᵉ   —   **200**   —   —   de bronze.

4ᵉ   —   **100**   —   —   de bronze.

56. — 26 m. — Leicester................ M. CRESWELL (Richard-G.). à Ravenstone, Ashby de la Zouch, Leicester(Angleterre).

57. — 26 m. — Leicester................ Le même.

58. — 26 m. — Lincoln .... M. DUDDING (Henry), à Riby grove, great Grimsby, Lincolnshire (Angleterre).

59. — 27 m. — Devon .... M. NORRIS (C.), à Mosshayne, Clyst Honiton, Exeter, Devonshire (Angleterre).

60. — 38 m...................... M. JONGES (D.), à Jisperweg, Beemster, Nord-Hollande (Pays-Bas).

Animaux femelles de 18 mois au plus.
(Lots de 3 brebis.)

1ᵉʳ prix, **300** fr. et une médaille d'or.

2ᵉ   —   **250**   —   —   d'argent.

3ᵉ   —   **200**   —   —   de bronze.

4ᵉ   —   **100**   —   —   de bronze.

61. — 14 m. — Leicester................ M. CRESWELL (Richard-G.) à Ravenstone, Ashby de la Zouch , Leicester (Angleterre).

62. — 14 m. — Leicester................. Le même.
63. — 14 m. — Lincoln .... M. Dudding (Henry), à Riby grove, great Grimsby, Lincolnshire (Angleterre).
64. — 14 m. — Lincoln .... Le même.
65. — 15 m. — Devon................. M. Norris (C.), à Mosshayne, Clyst Honiton, Exeter, Devonshire (Angleterre).
66. — 16 m. 14 j. — Dorset horn......... M. Stanley (Edward James), à Quantock Lodge, Bridgewater, Sommerset, (Angleterre).

Animaux femelles de plus de 18 mois.

(Lots de 3 brebis),

1er prix, **300** fr. et une médaille d'or.

   2e — **250** — — d'argent.

   3e — **200** — — de bronze.

   4e — **100** — — de bronze.

67. — 26 m. — Leicester................. M. Cresweli (Richard, G.), à Ravenstone, Ashby de la Zouch, Leicester (Angleterre).
68. — 26 m. — Lincoln .... M. Dudding (Henry), à Riby grove, great. Grimby, Lincolnshire (Angleterre).
69. — 27 m. — Devon................. M. Norris (C.), à Masshayne, Clyst Honiton, Exeter, Devonshire (Angleterre).

5e Catégorie. — **Races Cotswold et analogues.**

Animaux mâles de 18 mois au plus.

1er prix, **300** fr. et une médaille d'or.

   2e — **200** — — d'argent.

   3e — **100** — — de bronze.

70. — 14 m. 12 j. — Cotswold .... M. Bagnall (Thomas, Owen), Westwell, Burford, Oxfordshire (Angleterre).
71. — 14 m. 14 j. — Cotswold............ Le même.

Animaux mâles de plus de 18 mois.

1er prix, **300** fr. et une médaille d'or.

   2e — **200** — — d'argent.

   3e — **100** — — de bronze.

72. — 28 m. — Cotswold................. M. Bagnall (Thomas, Owen), Westwell, Burford, Oxfordshire (Angleterre).
73. — 39 m. 10 j. — Cotswold............ Le même.

Animaux femelles de 18 mois au plus.

(Lots de 3 brebis).

1er prix, **300** fr. et une médaille d'or.

   2e — **200** — — d'argent.

   3e — **100** — — de bronze.

74. — 14 m. 20 j. — Cotswold ...... M. Bagnall (Thomas, Owen), à Westwell, Burford, Oxfordshire (Angleterre).

7.

Animaux femelles de plus de 18 mois.

(Lots de 3 brebis).

1er prix, **300** fr. et une médaille d'or.
   2e   —   **200**   —   —   d'argent.
   3e   —   **100**   —   —   de bronze.

75. — 27 m. 10 j. — Cotswold............ M. Bagnall (Thomas Owen), à Westwell, Burford, Oxfordshire (Angleterre).

6e Catégorie. — **Race Cheviot.**

Animaux Mâles.

1er prix, **300** fr. et une médaille d'or.
   2e   —   **200**   —   —   d'argent.

76. — 12 m. 5 j. — Cheviot............... M. Robson (John), à Newton, Bellingham, Northumberland (Angleterre).
77. — 36 m. 14 j. — Cheviot............. Le même.

Animaux Femelles.

(Lots de 3 brebis.)

1er prix, **300** fr. et une médaille d'or.
   2e   —   **200**   —   —   d'argent.

78. — 12 m. — Cheviot................ ..... M. Robson (John), à Bellingham, Newgton, Northumberland (Anleterre).
79. — 36 m. 14 j. — Cheviot.............. Le même.

7e Catégorie. — **Race Blackfaced.**

Animaux Mâles.

1er prix, **300** fr. et une médaille d'or.
   2e   —   **200**   —   —   d'argent.

80. — 12 m. 20 j. — Blackfaced.......... M. Robson (John), à Newton, Bellingham, Northumberland (Angleterre).

Animaux Femelles.

(Lots de 3 brebis.)

1er prix, **300** fr. et une médaille d'or.
   2e   —   **200**   —   —   d'argent,

81. — 24 m. et 36 m. — Blackfaced.. ..... M. Robson (John) à Newton, Bellingham, Northumberland (Angleterre).

8ᵉ Catégorie. — **Race des plaines basses et des polders.**

(Texel, Frise, Marsh, Holstein, Schlewig, Danemark etc.)

Animaux mâles.

1ᵉʳ prix, **300** fr. et une médaille d'or.

2ᵉ   — **250**   —   — d'argent.

3ᵉ   — **200**   —   — de bronze.

4ᵉ   — **100**   —   — de bronze.

82. — 12 m. — Improved Gueldrian....... M. Pauwen (H. A.), West-Pannerden Bemmel, Gueldre (Pays-Bas).

83. — 12 m. 11 j. — Texel..... .... M. Vromesteyn (A.), Leiderdorp, Sud-Hollande (Pays-Bas).

84. — 12 m. 23 j. — Texel............. Le même.

85. — 13 m. — des Polders... .... Société Zuider-Legmeer, à Nieumer-Amitel, Nord-Hollande (Pays-Bas).

86. — 14 m. — Belge « Entre Sambre et Meuse. » M. Meunier (Léopold), à Cour-sur-Mure, Hainaut (Belgique).

87. — 15 m. — Texel.... ... . M. Bremer (P. K.), à Texel, Nord-Hollande (Pas-Bas).

88. — 15 m. 11 j. — Belge « Entre Sambre et Meuse. » M. Losseau-Staumont, à Thuillies, Hainaut (Belgique).

89. — 24 m. — Improved Gueldrian ...... M. Pauwen (H.-A.), précité.

90. — 25 m. — Belge « Entre Sambre et Meuse. » M. Vital-Losseau, fils, à Thuillies, Hainaut (Belgique).

91. — 26 m. — Belge «Entre Sambre et Meuse. » M. Meunier (Léopold), précité.

92. — 26 m. — Belge « Entre Sambre et Meuse. » Le même.

93. — 28 m. 20 j. — Belge « Entre Sambre et Meuse. » M. Losseau-Staumont, précité.

94. — 36 m. — Improved Gueldrian....... M. Pauwen (H. A.), précité.

95. — 36 m. 5 j. — Belge « Entre Sambre et Meuse. » M. Vital-Losseau, fils, précité.

96. — 37 m. 6 j. — Belge « Entre Sambre et Meuse. » M. Losseau-Staumont, précité.

97. — 39 m. — Texel.................. M. Koning (S.-G.), à Texel, Nord-Hollande (Pays-Bas).

Animaux femelles

(Lots de 3 brebis.)

1ᵉʳ prix, **300** fr. et une médaille d'or.

2ᵉ   — **250**   —   — d'argent.

3ᵉ   — **200**   —   — de bronze.

4ᵉ   — **100**   —   — de bronze.

98. — 12 m. — Belge « Entre Sambre et Meuse. » Losseau-Staumont, à Thuillies, Hainaut (Belgique).

99. — 12 m. — Improved Gueldrian....... M. Pauwen (H.-A.), à West-Pannerden, Bemmel, Gueldre (Pays-Bas).

100. — 12 m. — Belge « Entre Sambre et Meuse. » M. Vital-Losseau, fils, à Thuillies, Hainaut (Belgique).

101. — 12 m. 26 j. — Texel............. M. Vromesteyn (A.), à Leiderdrop, Sud-Hollande (Pays-Bas).

102. — 13 m. 11 j. — Texel............. Le même.

103. — 14 m. — Belge « Entre Sambre et Meuse. » M. Meunier (Léopold), à Cour-sur-Mure, Hainaut (Belgique).

104. — 14 m. — Belge « Entre Sambre et Meuse. »   M. Meunier (Léopold), à Coup-sur-Mure, Hainaut (Belgique).

105. — 14 m. — Belge « Entre Sambre et Meuse. »   Le même.

106. — 14 m. — Belge « Entre Sambre et Meuse. »   Le même.

107. — 14 m. — Belge « Entre Sambre et Meuse. »   Le même.

108. — 14 m. — des Polders............ Société Zuider-Legmeer, à Nieumer-Amitel, Nord-Hollande (Pays-Bas).

109. — 24 m. à 39 m. — Texel........... M. Dikhers (G.-J.-O.), à Burg, Texel, Nord-Hollande (Pays-Bas).

110. — 24 m. à 39 m. — Texel .... M. Keyser (Auguste), à Burg, Texel, Nord-Hollande (Pays-Bas).

111. — 24 m. et 36 m. — Belge « Entre Sambre et Meuse. »   M. Losseau-Staumont, précité.

112. — 24 m. et 36 m. — Belge « Entre Sambre et Meuse. »   M. Vital-Losseau, fils, précité

113. — 25 m. — Texel................. M. Vromesteyn (A.), précité.

114. — 26 m. — Belge « Entre Sambre et Meuse. »   M. Meunier (Léopold), précité.

115. — 26 m. — Belge « Entre Sambre et Meuse. »   Le même.

116. — 26 m. — Belge « Entre Sambre et Meuse. »   Le même.

117. — 26 m. — Belge « Entre Sambre et Meuse. »   Le même.

118. — 26 m. — Belge « Entre Sambre et Meuse. »   Le même.

119. — 36 m. — Improved Gueldrian..... M. Pauwen (H.-A.), précité.

9e Catégorie. — **Races des pays des Landes ou de Bruyères**.

Animaux mâles.

1er prix, **300** fr. et une médaille d'or.

2e   —   **250**   —   —   d'argent.

3e   —   **200**   —   —   de bronze.

120. — 13 m. — N..................... M. Lefebvre (Emile), à Saint-Florent-le-Jeune, dépt du Loiret (France).

121. — 26 m. — N..................... Le même.

Animaux femelles

(Lots de 3 brebis.)

1er prix, **250** fr. et une médaille d'or.

2e   —   **200**   —   —   d'argent.

3e   —   **150**   —   —   de bronze.

122. — 13 m. — N..................... M. Lefebvre (Emile), à Saint-Florent-le-Jeune, dép. du Loiret (France).

123. — 26 m. — N..................... Le même.

10ᵉ Catégorie. — **Races des pays de montagne, non comprises dans les catégories ci-dessus.**

Animaux mâles.

1ʳʳ prix, **300** fr. et une médaille d'or.
2ᵉ — **250** — — d'argent.
3ᵉ — **200** — — de bronze.

124. — 14 m. — Foggenburger.......... M. Forrer (Gallus), à Hisighans, Wildhaus St-Gall, Obertoggenburg (Suisse).
125. — 26 m. — Exmoor Horn..... .. M. Stanley (Edward, James), à Quantock Lodge, Bridgewater, Somerset (Angleterre).
126. — 30 m. — Foggenburger. ... . M. Forrer (Gallus), précité.
127. — 36 m. — Foggenburger.......... Le même.
128. — N .... M. Lenhen (J.), à Wolfsacker, Gams, St-Gall (Suisse).

Animaux femelles.

(Lots de 3 brebis.)

1ᵉʳ prix, **250** fr. et une médaille d'or.
2ᵉ — **200** — — d'argent.
3ᵉ — **150** — — de bronze.

129. — 14 m. — Exmoor Horn.......... M. Stanley (Edward, James), à Quantock Lodge, Bridgewater, Somerset (Angleterre).
130. — 15 m. — Foggenburger.......... M. Forrer (Gallus), à Hisighans, Wildhaus, St-Gall, Obertoggenburg (Suisse).
131. — 18 m. — Foggenburger....... ... Le même.
132. — 30 m. — Foggenburger.......... Le même.
133. — 31 m. — Foggenburger.......... Le même.
134. — 36 m. — Foggenburger.......... Le même.
135. — N .... M. Lenhen (J.), à Wolfsacker, Gams, St-Gall (Suisse).
136. — N .... Le même.
137. — N .... Le même.
138. — N .... Le même.

2ᵉ DIVISION.

ANIMAUX MÂLES ET ANIMAUX FEMELLES DE RACES SOIT ÉTRANGÈRES, SOIT FRANÇAISES, NÉS ET ÉLEVÉS EN FRANCE.

En outre des prix prévus pour chaque catégorie, le jury pourra décerner, s'il y a lieu, dans la 2ᵉ Division :

Un objet d'art de 500 francs au meilleur bélier des races françaises ;

Un objet d'art de 500 francs, au meilleur bélier des races étrangères, né et élevé en France ;

Un objet d'art de 500 francs, au meilleur lot de brebis des races françaises ;

Un objet d'art de 500 francs, au meilleur lot de brebis des races étrangères, nées et élevées en France ;

Un grand prix d'honneur, d'une valeur de 1,500 francs, au meilleur ensemble d'animaux ; ce lot devra être composé de deux mâles (un antenais et un adulte) et de deux lots de femelles (antenaises et adultes), de même race, nés et élevés chez l'exposant.

1ʳᵉ CATÉGORIE. — **Race mérinos.**

Animaux mâles de 18 mois au plus.

1ᵉʳ prix, **300** fr. et une médaille d'or.

2ᵉ	—	**250**	—	— d'argent.
3ᵉ	—	**200**	—	— de bronze.
4ᵉ	—	**175**	—	— de bronze.
5ᵉ	—	**150**	—	— de bronze.
6ᵉ	—	**125**	—	— de bronze.
7ᵉ	—	**100**	—	— de bronze.

139. — 12 m...................... M. Chevalier (Edmond), à Braux Sainte Cohière (Marne).

140. — 12 m...................... M. Lemoine, à Montron (Aisne).

141. — 14 m. 15 j................ M. Renard (Victor), à Poiseul-la-Ville (Côte-d'Or).

142. — 14 m. 20 j................ M. Renard (Victor), précité.

143. — 15 m...................... M. Bajol, à Carcassonne (Aude).

144. — 15 m...................... M. Camus-Viéville (Édouard), à Pontruet (Aisne).

145. — 15 m...................... Le même.

146. — 15 m...................... M. Conseil-Triboulet, à Oulchy-le-Château (Aisne).

147. — 15 m...................... Le même.

148. — 15 m...................... M. Montenot (Auguste), à Étormay (Côte-d'Or).

149. — 15 m...................... Le même.

150. — 15 m, 12 j................ M. Duisit (Jean), à Chambéry (Savoie).

151. — 16 m...................... M. Archdeacon (Edmond), à Cheney (Yonne).

152. — 16 m...................... Le même,

153. — 16 m...................... Le même.

154. — 16 m...................... Le même.

155. — 16 m.....	M. Japiot (Léon), à Châtillon-sur-Seine (Côte-d'Or).
156. — 16 m..........	Le même.
157. — 16 m..........	Le même.
158. — 16 m..........	Le même.
159. — 16 m..........	Le même.
160. — 16 m..........	Le même.
161. — 16 m..........	Le même.
162. — 16 m. 20 j..........	M. Legendre (Anatole), à Villez-Champ-dominel (Eure).
163. — 17 m..........	M. Gilbert (Victor), à Wideville, commune de Crespierres (Seine-et-Oise).
164. — 17 m..........	M. Legendre (Anatole), précité.
165. — 17 m..........	M. Roger (Romain), à Charray (Eure-et-Loir).
166. — 17 m..........	Le même.
167. — 17 m..........	Le même.
168. — 17 m..........	M. Sedillot-Delaleu, à Dammarie (Eure-et-Loir).
169. — 17 m..........	Le même.
170. — 17 m..........	Le même.
171. — 17 m. 8 j..........	M. Gilbert (Victor), précité.
172. — 17 m. 10 j..........	M. Legendre (Anatole), précité.
173. — 17 m. 15 j..........	M. Delizy (Amédée), à Montémafroy (Aisne).
174. — 17 m. 15 j..........	Le même.
175. — 17 m. 15 j..........	Le même.
176. — 17 m. 15 j..........	Le même.
177. — 17 m. 20 j..........	M. Dargent (Paul), à Oinville-St-Liphard (Eure-et-Loir).
178. — 17 m. 20 j..........	M. Hincelin (Emile), à Loupeigne (Aisne).
179. — 17 m. 25 j..........	M. Hellard (Pierre), à Gouville (Eure).
180. — 17 m. 25 j..........	Le même.
181. — 17 m. 27 j..........	M. Hincelin (Emile), précité.
182. — 17 m. 28 j..........	Le même.
183. — 18 m..........	M. Camus-Viéville (Edouard), précité.
184. — 18 m..........	Le même.
185. — 18 m..........	M. Chevalier (Edmond), précité.
186. — 18 m..........	M. Conseil-Triboulet, précité.
187. — 18 m..........	Le même.
188. — 18 m..........	M. Cugnot (Charles), à Cernay-la-Ville (Seine-et-Oise).
189. — 18 m..........	Le même.
190. — 18 m..........	M. Dargent (Paul), précité.
191. — 18 m..........	M. Lemoine, précité.
192. — 18 m..........	Le même.
193. — 18 m.	Le même.
193bis.— 18 m.	Le même.
194. — 18 m..........	M. Parent (Prosper), à Passy-en-Valois (Aisne).
195. — 18 m..........	Le même.

Animaux mâles de plus de 18 mois.

1rr prix, **300** fr. et une médaille d'or.

2e	—	**250**	—	— d'argent.
3e	—	**200**	—	— de bronze.
4e	—	**175**	—	— de bronze.
5e	—	**150**	—	— de bronze.
6e	—	**125**	—	— de bronze.
7e	—	**100**	—	— de bronze.

196. — 18 m. 1 j..........	M. Thirouin-Sorreau, à Cherville, comm. de Oinville-sous-Auneau (Eure-et-Loir).

197. — 18 m. 4 j......................	M. Thirouin-Sorreau, à Cherville, comm. de Oinville-sous-Auneau (Eure-et-Loir).
198. — 18 m. 7 j......................	Le même.
199. — 18 m. 15 j......................	M. Dargent (Paul), à Oinville St-Liphard (Eure-et-Loir).
200. — 19 m. 8 j......................	M. Bajol (Henri), à Carcassonne (Aude).
201. — 23 m......................	M. Bourlier (Ch.), à Taslent, commune de Teniet-el-Haid (Alger).
202. — 27 m......................	M. Camus-Viéville (Édouard), à Pontruet (Aisne).
203. — 27 m......................	Le même.
204. — 27 m......................	Le même.
205. — 27 m......................	Le même.
206. — 27 m......................	M. Montenot (Auguste), à Etormay (Côte-d'Or).
207. — 28 m......................	M. Archdeacon (Edmond), à Cheney (Yonne).
208. — 28 m......................	Le même.
209. — 28 m......................	Le même.
210. — 28 m......................	Le même.
211. — 28 m......................	M. Japiot (Léon), à Châtillon-sur-Seine (Côte-d'Or).
212. — 28 m......................	Le même.
213. — 28 m......................	Le même.
214. — 28 m......................	Le même.
215. — 29 m......................	M. Roger (Romain), à Charray (Eure-et-Loir).
216. — 29 m......................	M. Sedillot-Delaleu, à Dammarie (Eure-et-Loir).
217. — 29 m......................	Le même.
218. — 29 m......................	Le même.
219. — 29 m. 4 j......................	M. Gilbert (Victor), à Wideville, comm. de Crespierres (Seine-et-Oise).
220. — 29 m. 6 j......................	Le même.
221. — 29 m. 8 j......................	M. Hincelin (Emile), à Loupeigne (Aisne).
222. — 29 m. 10 j......................	M. Gilbert (Victor), précité.
223. — 29 m. 15 j......................	M. Delizy (Amédée), à Montémafroy (Aisne).
224. — 29 m. 15 j......................	Le même.
225. — 29 m. 15 j......................	Le même.
226. — 29 m. 25 j......................	M. Hellard (Pierre), à Gouville (Eure).
227. — 29 m. 25 j......................	Le même.
228. — 29 m. 25 j......................	Le même.
229. — 29 m. 25 j......................	Le même.
230. — 30 m......................	M. Conseil-Triboulet, à Oulchy-le-Château (Aisne).
231. — 30 m......................	M. Legendre (Anatole), à Villez-Champ-dominel (Eure).
232. — 30 m......................	M. Lemoine, à Montron (Aisne).
233. — 30 m......................	Le même.
234. — 30 m......................	Le même.
235. — 30 m......................	M. Parend (Prosper), à Passy-en-Valois (Aisne).
236. — 30 m......................	Le même.
237. — 30 m. 15 j......................	M. Thirouin-Sorreau, précité.
238. — 30 m. 22 j......................	Le même.
239. — 30 m. 25 j......................	M. Legendre (Anatole), précité.
240. — 32 m......................	M. Chevalier (Edmond), à Braux-Sainte-Cohière (Marne).
241. — 32 m. 20 j......................	M. Legendre (Anatole), précité.
242. — 36 m. 5 j......................	M. Hincelin (Emile), précité.
243. — 41 m. 15 j......................	M. Delizy (Amédée), précité.
244. — 42 m......................	M. Conseil-Triboulet, précité.
245. — 42 m. 7 j......................	M. Thirouin-Sorreau, précité.

Animaux femelles de 18 mois au plus.

(Lots de 3 brebis.)

1er prix, **300** fr. et une médaille d'or.

2e	—	**250**	—	—	d'argent.
3e	—	**200**	—	—	de bronze.
4e	—	**175**	—	—	de bronze.
5e	—	**150**	—	—	de bronze.
6e	—	**125**	—	—	de bronze.
7e	—	**100**	—	—	de bronze.

246. — 14 m. 15 j . . . . M. RENARD (Victor) , à Poiseul-la-Ville (Côte-d-Or).

247. — 15 m . . . . M. CAMUS-VIÉVILLE (Edouard), à Pontruet (Aisne).

248. — 15 m . . . . M. MONTENOT (Auguste), à Etormay (Côte-d'Or).

249. — 16 m . . . . M. ARCHDEACON (Edmond) , à Cheney (Yonne).

250. — 16 m . . . . Le même.

251. — 16 m . . . . M. JAPIOT (Léon) , à Châtillon-sur-Seine (Côte-d'Or).

252. — 16 m . . . . Le même.

253. — 17 m . . . . M. LEGENDRE (Anatole), à Villez-Champdominel (Eure).

254. — 17 m . . . . M. ROGER (Romain), à Charray (Eure-et-Loir).

255. — 17 m . . . . M. SEDILLOT-DELALEU, à Dammarie (Eure-et-Loir).

256. — 17 m . . . . Le même.

257. — 17 m. 10 j . . . . M. PETIT-MOREAU, à Charbogne (Ardennes).

258. — 17 m. 15 j . . . . M. DELIZY (Amédée), àMontémafroy(Aisne).

259. — 17 m. 15 j . . . . Le même.

260. — 17 m. 15 j . . . . M. GILBERT (Victor), à Wideville commune de Crespierres (Seine-et-Oise).

261. — 17 m. 15 j . . . . Le même.

262. — 17 m. 25 j . . . . M. HELLARD (Pierre), à Gouville (Eure).

263. — 17 m. 25 j . . . . M. HINCELIN (Emile), à Loupeigne (Aisne).

264. — 18 m . . . . M. CAMUS-VIÉVILLE (Edouard), précité.

265. — 18 m . . . . M. CHEVALIER (Edmond), à Braux-Ste-Cohière (Marne).

266. — 18 m . . . . M. CONSEIL-TRIBOULET, à Oulchy-le-Château (Aisne).

267. — 18 m . . . . Le même.

268. — 18 m . . . . M. CUGNOT (Ch.), à Cernay-la-Ville (Seine-et-Oise).

269. — 18 m . . . . M. DARGENT (Paul), à Oinville-St-Liphard (Eure-et-Loir).

270. — 18 m . . . . Le même.

271. — 18 m . . . . M. HINCELIN (Emile), précité.

272. — 18 m . . . . Le même.

273. — 18 m . . . . M. LEMOINE, à Montron (Aisne).

274. — 18 m . . . . Le même.

275. — 18 m . . . . Le même.

276. — 18 m . . . . Le même.

277. — 18 m . . . . M. PAREND (Prosper), à Passy-en-Valois (Aisne).

Animaux femelles de plus de 18 mois.

(Lots de 3 brebis.)

1ᵉᵉ prix, **300** fr. et une médaille d'or.

2ᵉ	—	**250**	—	— d'argent.
3ᵉ	—	**200**	—	— de bronze.
4ᵉ	—	**175**	—	— de bronze.
5ᵉ	—	**150**	—	— de bronze.
6ᵉ	—	**125**	—	— de bronze.
7ᵉ	—	**100**	—	— de bronze.

278. — 18 m. 15 j..................... M. Thirouin-Sorreau , à Cherville commune de Oinville-sous-Auneau (Eure-et-Loir).

279. — 24 m. 20 j................ M. Renard (Victor), à Poiseul-la-Ville (Côte-d'Or).

280. — 27 m.......... M. Camus-Viéville (Edouard), à Pontruet (Aisne).

281. — 27 m.......... M. Montenot (Auguste), à Etormay (Côte-d'Or).

282. — 28 m............. M. Archdeacon (Edmond), à Cheney (Yonne).

283. — 28 m............. Le même.

284. — 28 m............. M. Japiot (Léon), à Châtillon s/Seine (Côte d'Or).

285. — 28 m............. Le même.

286. — 29 m............. M. Roger (Romain), à Charray (Eure-et-Loir).

287. — 29 m............. M. Sedillot-Delaleu, à Dammarie (Eure-et-Loir).

288. — 29 m. 15 j............. M. Delizy (Amédée), à Montémafroy (Aisne).

289. — 29 m. 15 j............. Le même.

290. — 29 m. 15 j......... M. Gilbert (Victor), à Wideville commune de Crespierres (Seine-et-Oise).

291. — 29 m. 15 j......... Le même.

292. — 29 m. 20 j......... M. Hincelin (Emile), à Loupeigne (Aisne).

293. — 30 m............. M. Conseil-Triboulet à Oulchy-le-Château (Aisne).

294. — 30 m......... M. Dargent (Paul), à Oinville-St-Liphard (Eure-et-Loir).

295. — 30 m......... M. Hincelin (Emile), précité.

296. — 30 m......... M. Legendre (Anatole), à Villez-Champ-dominel (Eure).

297. — 30 m......... M. Lemoine à Montron (Aisne).

298. — 30 m......... Le même.

299. — 30 m......... Le même.

300. — 30 m......... Le même.

301. — 30 m......... M. Parend (Prosper), à Passy-en-Valois (Aisne).

302. — 30 m. 15 j............. M. Thirouin-Sorreau, précité.

303. — 32 m............. M. Chevalier (Edmond), à Braux-Ste-Cohière (Marne).

304. — 33 m............. M. Montenot (Auguste), précité.

305. — 41 m............. M. Dargent (Paul(, précité.

306. — 41 m............. Le même.

307. — 41 m. 20 j......... M. Hellard (Pierre), à Gouville (Eure).

308. — 42 m............. M. Roger (Romain), précité.

309. — 42 m............. M. Thirouin-Sorreau, précité.

EXPOSITION HORS CONCOURS

Bergerie nationale de Rambouillet (Seine-et-Oise).

310. — 16 m. — Bélier mérinos.
311. — 16 m. — Bélier mérinos.
312. — 16 m. — Bélier mérinos.
313. — 28 m. — Bélier mérinos.
314. — 28 m. — Bélier mérinos.
315. — 28 m. — Bélier mérinos.

---

316. — 16 m. — Brebis mérinos.
317. — 16 m. — Brebis mérinos.
318. — 28 m. — Brebis mérinos.
319. — 28 m. — Brebis mérinos.

2ᵉ Catégorie. — **Races françaises à laine longue.**

(Artésienne. Normande, Picarde, etc.

Animaux mâles.

1ᵉʳ prix, **300** fr. et une médaille d'or.

2ᵉ — **250** — — d'argent.

3ᵉ — **200** — — de bronze.

4ᵉ — **100** — — de bronze.

320. — 14 m. 4 j. — Barbarin............ M. Théron (Joseph), à Aigues-Vives (Gard).
321. — 27 m. 10 j. — Barbarin .... Le même.
322. — 39 m. — Barbarin..... .... M. Bajol, à Carcassonne (Aude).
323. — 40 m. 18 j. — Barbarin.......... M. Théron (Joseph), précité.
324. — 14 m. — Comtois.............. M. Boulay (Alexis) , à Jonvelle (Haute-Saône).
325. — 12 m. 20 j. — Normand .... M. Ouvry (Frédéric), à Auppegard (Seine Inférieure).
326. — 13 m. — Normand.............. M. Ballue (Jean), à Criquetot-sur-Ouville (Seine Inférieure).
327. — 13 m. — Normand.............. M. Gillain fils (Victor), à St-Côme-du-Mont (Manche).
328. — 14 m. — Normand.............. M. Lemaitre (J.), à Hattenville commune de Fauville (Seine Inférieure).
329. — 14 m. — Normand............. Le même,
330. — 14 m. — Normand.............. M. Noël (François), à St-Vaast-la-Hougue (Manche).
331. — 14 m. — Normand............. M. Souday (Edmond), à Sierville (Seine-Inférieure).
332. — 18 m. — Normand............ .... M. Lemaitre (J.), précité.
333. — 24 m. — Normand............. M. Ouvry (Frédéric), précité
334. — 25 m. — Normand............. M. Ballue (Jean), précité.
335. — 26 m. — Normand........ ...... M. Souday (Edmond), précité.
336. — 20 m. 28 j. — N..... .... M. Faulon (Laurent) , à Puydarrieux (Hautes-Pyrénées).

Animaux femelles.

(Lots de 3 brebis.)

1er prix, **300** fr. et une médaille d'or.

2e — **250** — — d'argent.

3e — **200** — — de bronze.

4e — **100** — — de bronze.

337. — 24 m. — Algériennes..... .... M. Bourlier (Charles), à Taslent commune de Teniet-el-Haid (Alger)

338. — 24 m. — Algériennes............ Le même.

339. — 15 m. — Barbarines.. .... M. Théron (Joseph), à Aigues Vives (Gard).

340. — 4 ans 2 m. — Barbarines......... Le même.

341. — 13 m. — Normandes............ M. Ballue (Jean), à Criquetot-sur-Ouville (Seine-Inférieure)

342. — 13 m. — Normandes .. .. M. Gillain fils (Victor) , à St-Côme-du-Mont (Manche).

343. — 13 m. — Normandes............ M. Ouvry (Frédéric) à Auppegard Seine-Inférieure).

344. — 14 m. — Normandes............ M. Lemaitre (J.), à Hattenville commune de Fauville (Seine-Inférieure).

345. — 14 m. — Normandes............ M. Souday (Edmond), à Sierville (Seine-Inférieure).

346. — 24 m. — Normandes.......... .. M. Ouvry (Frédéric), précité.

347. — 26 m. — Normande.......... ... M. Noël (François), à St-Vaast-la-Hougue (Manche).

348. — 26 m. — Normandes............ M. Souday (Edmond), précité.

349. — 36 m. 15 j. — Normandes........ M. Ballue (Jean), précité.

350. — .... Normandes............ M. Lemaitre (J.), précité.

3e Catégorie. — **Races françaises des pays de plaine, à laine commune.**

(Berrichonne, Solognote, etc).

Animaux mâles.

1er prix, **300** fr. et une médaille d'or.

2e — **250** — — d'argent.

3e — **200** — — de bronze.

4e — **150** — — de bronze.

5e — **100** — — de bronze.

351. — 12 m. 8 j. — Berrichon.......... M. Edme (Jean), à Bussy (Cher).

352. — 12 m. 8 j. — Berrichon.......... M. Edme (Pierre), à Bussy (Cher).

353. — 14 m. — Berrichon .... M. Baucheron-de-Lécherolle (Paul) , à Maron (Indre).

354. — 15 m. — Berrichon............. M. Edme (Jean), précité.

355. — 19 m. — Berrichon............. Le même.

356. — 25 m. — Berrichon .... Le même.

357. — 26 m. 21 j. — Crevant .... M. Chénon-de-Léché, à Subdray (Cher).

358. — 17 m. — du Hodna............. M. Samson Père, à Sidi-Mabrouck, commune de Constantine (Algérie).

359. — 39 m. — du Hodna .... M. Mohamed ben Saïb, à Sidi-Mabrouck, commune de Constantine (Algérie).

360. — 26 m. 6 j. — Poitevin .... M. Couturier (François), à Saint-Pardoux (Deux-Sèvres).

361. — 13 m. — Solognot .... M. Lefebvre (Émile), à Saint-Florent-le-Jeune (Loiret).

362. — 26 m. — Solognot............,.... Le même.

363. — 24 m. — N....... .... M. JOLY (Jacques), à Fontrailles (Hautes-Pyrénées).

Animaux femelles.

(Lots de 3 brebis.)

1er prix, **300** fr. et une médaille d'or.

2e	—	**250**	—	—	d'argent.
3e	—	**200**	—	—	de bronze.
4e	—	**150**	—	—	de bronze.
5e	—	**100**	—	—	de bronze.

364. — 13 m. — Berrichonnes........... M. EDME (Pierre), à Bussy (Cher).
365. — 14 m. — Berrichonnes.... .... M. BAUCHERON DE LÉCHEROLLE (Paul), à Maron (Indre).
366. — 15 m. — Berrichonnes..... ..... M. EDME (Jean), à Bussy (Cher)..........
367. — 15 m. 10 j. — Berrichonnes....... M. AUCOUTURIER (Gilbert), à Saint-Just (Cher).
368. — 17 m. — Berrichonnes........... M. EDME (Jean), précité.
369. — 36 m. — Berrichonnes . ... Le même.
370. — 28 m. — Crevant .... M. AUCOUTURIER (Gilbert), précité.
371. — 18 m. — du Hodna............... M. SAMSON Père, a Sidi-Mabrouk, commune de Constantine (Algérie).
372. — 39 m. — du Hodna .... M. MOHAMED BEN SAÏB, à Sidi-Mabrouck, commune de Constantine (Algérie).
373. — 13 m. — Solognotes............. M. LEFEBVRE (Emile), à Saint-Florent-le-Jeune (Loiret).
374. — 13 m. — Solognotes............. Le même.
375. — 26 m. — Solognotes............. Le même.
376. — 36 m. — N. .... M. JOLY (Jacques), à Fontrailles (Hautes-Pyrénées).

4e CATÉGORIE. — **Races françaises des pays de montagnes.**

(Larzac, Lauraguais, des Pays de Causses, etc.)

Animaux mâles.

1er prix, **300** fr. et une médaille d'or.

2e	—	**250**	—	—	d'argent,
3e	—	**200**	—	—	de bronze.
4e	—	**150**	—	—	de bronze.
5e	—	**100**	—	—	de bronze.

377. — 12 m. 15 j. — Mezenc........... M. CHANAL (Pierre), à Chaudeyrolles (Haute-Loire).
378. — 13 m. — Savoisien............. M. DUISIT (Jean), à Chambéry (Savoie).
379. — 13 m. 8 j. — Causses du Lot. .... M. DELFOUR (Joseph), à Alvignac (Lot).
380. — 15 m. — Millery............... M. CAUBET (Jean-Baptiste), à Villeurbanne (Rhône).
381. — 15 m. — Lauraguais........... M. GALINIER (Jean), à Montaut-Gaudiès (Ariège).
382. — 15 m. 15 j. — Causses .... M. BREUIL (Théodore), à Ligneyrac (Corrèze).
383. — 15 m. 20 j. — Mezenc........... M. NICOLAS (Jacques), à St-Julien-Chapteuil (Haute-Savoie).
384. — 16 m. — St-Gironais... .... M. SOLLE (François), à Sarremesans (Haute-Garonne).
385. — ....de l'Aurès .... M. MOHAMED BEN SAÏB, à Sidi Mabrouck, commune de Constantine (Algérie).

386. — 18 m. 17 j. — Lauraguais......... M. FARMOND (Louis), à la Roche-Blanche (Puy-de-Dôme).
387. — 19 m. — Larzac................. M. BAJOL (Henri), à Carcassonne (Aude).
388. — 24 m. — Causses de l'Aveyron.... M. BERNARD DE BANCAREL, à Flavin (Aveyron).
389. — 24 m. — de St-Girons........... M. SOLLE (François), à Sarremesan (Haute-Garonne).
390. — 24 m. 3 j.— Causses de l'Aveyron. M. GAUBERT (Prosper), à Salles-Curan (Aveyron).
391. — 24 m. 6 j. — Causses du Lot..... M. GILET (Gabriel), à Turenne (Corrèze).
392. — 26 m. 8 j. — Causses du Lot...... M. DELFOUR (Joseph), précité.
393. — 35 m. 8 j. — Lauraguais......... M. GAUBERT (Prosper), précité.
394. — 36 m. 7 j. — Larzac............. Le même.
395. — 37 m. 8 j. — Causses du Lot...... M. GILET (Gabriel), précité.
396. — 38 m. 13 j. — Causses .... M. BREUIL (Théodore), précité.
397. — 4 ans 6 m. — de l'Aurès......... M. SAMSON Père, à Sidi-Mabrouck, commune de Constantine (Algérie).
388. — 5 ans. — Causses de l'Aveyron ... M. BERNARD DE BANCAREL, précité.

Animaux femelles.

(Lots de 3 brebis.)

1er prix, **300** fr. et une médaille d'or.

2e	—	**250**	—	—	d'argent.
3e	—	**200**	—	—	de bronze.
4e	—	**150**	—	—	de bronze.
5e	—	**100**	—	—	de bronze.

399. — 12 m. 10 j. — Mezenc.. .... M. CHANAL (Pierre), à Chaudeyrolles (Haute-Loire).
400. — 13 m. 15 j. — Causses du Lot..... M. DELFOUR (Joseph), à Alvignac (Lot.)
401. — 16 m. 17 j. — Lauraguaises....... M. GALINIER (Jean), à Montaut-Gaudiès (Ariège).
402. — 16 m. 20 j. — Lauraguaises....... Le même.
403. — 17 m. — Lauraguaises .... Le même.
404. — N... de l'Aurès................ M. MOHAMED BEN SAÏB, à Sidi-Mabrouck commune de Constantine (Algérie).
405. — 24 m. — Causses de l'Aveyron .... M. BERNARD DE BANCAREL, à Flavin (Aveyron),
406. — 24 m. — St-Girons .... : M. SOLLE (François), à Sarremesan (Haute-Garonne).
407. — 25 m. 15 j. — Causses du Lot..... M. DELFOUR (Joseph), précité.
408. — 27 m. — Causses .... M. BREUIL (Théodore), à Ligneyrac (Corrèze).
409. — 30 m. — de l'Aurès .... M. SAMSON Père, à Sidi-Mabrouck, commune de Constantine (Algérie).
410. — 36 m. — N.................... M. JOLY (Jacques), à Fontrailles (Hautes-Pyrénées).
411. — 36 m. 7 j. — Lauraguaises........ M. GAUBERT (Prosper), à Salles-Curan (Aveyron).
412. — 37 m. N.................... M. OSTY (Pierre), à St-Léger-de-Peyre (Lozère).
413. — 37 m. — Larzac........... ..... M. THÉRON (Joseph), à Aigues-Vives (Gard).
414. — 47 m. — Millery................ M. GAUBET (Jean-Baptiste), à Villeurbanne (Rhône).
415. — 4 ans — De St-Girons......... . M. SOLLE François), à Sarremesan (Haute-Garonne).
416. — 5 ans 4 m. — Causses........... M. BREUIL (Théodore), précité.

5e Catégorie. — **Race de la Charmoise.**

Animaux mâles.

1er prix, **300** fr. et une médaille d'or.
2e — **200** — — d'argent.
3e — **100** — — de bronze.

417. — 13 m..............................	Mme Vve Delhomme (Alexandre), à Crezancy (Aisne).
418. — 15 m..............................	M. Guyot de Villeneuve, à Saint-Bouize (Cher).
419. — 15 m..............................	Le même.
420. — 15 m..............................	Le même.
421. — 15 m. —	M. Nadaud (Aristide), à Dun-le-Palleteau (Creuse).
422. — 15 m..............................	M. Poinet (André), à Saulgé (Vienne).
423. — 16 m..............................	Mme Vve Delhomme (Alexandre), précité.
424. — 16 m..............................	M. Guyot de Villeneuve, précité.
425. — 16 m..............................	Le même.
426. — 16 m..............................	Le même.
427. — 27 m. 6 j........................	M. Nadaud (Aristide), précité.
428. — 28 m..............................	M. Guyot de Villeneuve, précité.
429. — 28 m..............................	Le même.
430. — 34 m..............................	M. Boulay (Alexis), à Jonvelle (Haute-Saône.

Animaux femelles.

(Lots de 3 brebis.)

1er prix, **300** fr. et une médaille d'or.
2e — **200** — — d'argent.
3e — **100** — — de bronze.

431. — 15 m..............................	M. Guyot de Villeneuve, à Saint-Bouize (Cher).
432. — 15 m..............................	Le même.
433. — 15 m..............................	M. Poinet (André), à Saulgé (Vienne).
434. — 15 m. 1 j........................	M. Nadaud (Aristide), à Dun-le-Palleteau (Creuse).
435. — 16 m..............................	Mme Vve Delhomme (Alexandre), à Crezancy (Aisne).
436. — 27 m. 10 j.......................	M. Nadaud (Aristide), précité.
437. — 28 m..............................	Mme Vve Delhomme (Alexandre), précitée.
438. — 28 m..............................	M. Guyot de Villeneuve, à Saint-Bouize (Cher).

6e Catégorie. — **Dishley-mérinos.**

Animaux mâles de 18 mois au plus.

1er prix, **300** fr. et une médaille d'or.
2e — **250** — — d'argent.
3e — **150** — — de bronze.

439. — 12 m..............................	M. Dupont-Saviniat, à Piney (Aube).
440. — 12 m..............................	Le même.
441. — 12 m. 10.........................	M. Longuet (Frédéric) à Marolles (Oise).
442. — 12 m. 20 j.......................	Le même.

443. — 12 m. 25 j............ .... M. LONGUET (F.), précité.
444. — 13 m....................... M. CAILLEAUX-LEMAY (Alfred), à Ollé (Eure-et-Loir).
445. — 13 m....................... M. CORDIER (F. J.), Directeur de l'École pratique d'Agriculture de Saint-Remy (Haute-Saône).
446. — 13 m....................... M. TRIBOULET (Camil e) à Assainvillers (Somme).
447. — 13 m....................... Le même.
448. — 13 m....................... LE même.
449. — 14 m. 18 j.... .... M. RENARD (Victor), à Poiseul-la-Ville (Côte-d'Or).
450. — 15 m....................... MM. MURET Frères, à Noyen-sur-Seine (Seine-et-Marne).
451. — 15 m....................... Les mêmes.
452. — 16 m 25 j... .... M. HELLARD (Pierre), à Gouville (Eure).
453. — 18 m....................... M. GUGNOT (Ch.), à Cernay-la-Ville (Seine-et-Oise).

Animaux mâles de plus de 18 mois.

1er prix, **300** fr. et une médaille d'or.

2e   —   **250**   —   —   d'argent.

3e   —   **150**   —   --   de bronze.

454. — 19 m....................... M. LONGUET (F.), à Marolles (Oise).
455. — 19 m. 10 j................... Le même.
456. — 19 m. 15 j................... Le même.
457. — 19 m. 25 j. .... Le même.
458. — 24 m....................... M. DUPONT-SAVINIAT, à Piney (Aube).
459. — 24 m....................... Le même.
460. — 25 m....................... M. CAILLEAUX-LEMAY (Alfred), à Ollé Eure-et-Loir)
461. — 26 m.... M. TRIBOULET (Camille), à Assainvillers (Somme).
462. — 26 m....................... Le même.
463. — 26 m....................... Le même.
464. — 26 m....................... Le même.
465. — 27 m....................... Mme Ve CHATRIOT, à Pecy (Seine-et-Marne).
466. — 27 m .... La même.
467. — 27 m....................... La même.
468. — 27 m....................... MM. MURET Frères, à Noyen-sur-Seine (Seine-et-Marne).
469. — 28 m. 6 j................... M. AUCOUTURIER (Gilbert), à St-Just (Cher).
470. — 28 m. 20 j .... M. HELLARD (Pierre), à Gouville (Eure).
471. — 30 m. 10 j.................. M. LONGUET (F.), précité.
472. — 31 m. 9 j... .... M. SARAZIN, à Couvron (Aisne).
473. — 42 m. 18 j................... Le même.

Animaux femelles de 18 mois au plus.

(Lots de 3 brebis.)

1er prix, **300** fr. et une médaille d'or.

2e   —   **250**   —   —   d'argent.

3e   —   **150**   —   —   de bronze.

474. — 12 m....................... M. DUPONT-SAVINIAT, à Piney (Aube).
475. — 12 m. 10 j..... .... M. LONGUET (Frédéric), à Marolles (Oise).
476. — 12 m. 20 j................... Le même.
477. — 13 m....................... M. TRIBOULET (Camille), à Assainvillers (Somme).
478. — 13 m.................... .... Le même.

479. — 13 m................................ M. Triboulet (Camille), à Assainvillers
(Somme).
480. — 14 m................................ MM. Pluchet—Frissard et Cie, à Roye
(Somme).
481. — 15 m................................ MM. Muret Frères, à Noyen-sur-Seine
(Seine-et-Marne).

Animaux femelles de plus de 18 mois.

(Lots de 3 brebis.)

1er prix, **300** fr. et une médaille d'or.

  2e — **250** — — d'argent.

  3e — **150** — — de bronze.

482. — 18 m. 8 j...................... M. Sarazin, à Couvron (Aisne).
483. — 19 m........................... M, Longuet (Frédéric), à Marolles (Oise).
484. — 24 m........................... M. Dupont-Saviniat, à Piney (Aube).
485. — 25 m........................... M. Cailleaux-Lemay (Alfred), à Ollé
(Eure-et-Loir).
486. — 26 m........................... M. Triboulet (Camille), à Assainvillers
(Somme).
487. — 27 m........................... MM. Muret Frères, à Noyen-sur-Seine
(Seine-et-Marne).
488. — 28 m........................... M. Cordier (F. J.), Directeur de l'Ecole
pratique d'Agriculture de Saint-Remy
(Haute-Saône).
489. — 28 m. 20 j..................... M. Hellard (Pierre), à Gouville (Eure).
490. — 30 m. 12 j..................... M. Sarazin, précité.
491. — 36 m........................... M. Longuet (Frédéric), précité.
492. — 39 m........................... M. Renard (Victor), à Poiseul-la-Ville
(Cote-d'Or).
493. — 43 m........................... M. Sarazin, précité.

EXPOSITION HORS CONCOURS.

École Nationale d'Agriculture de Grignon (Seine-et-Oise).

  494. — 14 m. — Bélier Dishley-Mérinos.
  495. — 26 m. — Bélier Dishley-Mérinos.
  496. — 37 m. — Bélier Dishley-Mérinos.

  497. — 14 m. — Brebis Dishley-Mérinos.
  498. — 26 m. — Brebis Dishley-Mérinos.

7e Catégorie. — **Races étrangères à laine longue.**

(Dishley et analogues).

Animaux mâles de 18 mois au plus.

1er prix, **300** fr. et une médaille d'or.

  2e — **250** — — d'argent.

  3e — **150** — — de bronze.

499. — 12 m. — Dishley................. M. Masse (Auguste), à Germigny-l'Exempt
(Cher).
500. — 12 m. — Dishley................. Le même.
501. — 12 m. 8 j. — Dishley........... M. Signoret (Henri-François), à Sermoise
(Nièvre).

502. — 12 m. 15 j. — Dishley............ M. Céran-Maillard, à Turqueville (Manche).
503. — 12 m. 20 j. — Dishley............ M. Signoret (Henri-François), précité.
504. — 13 m. — Dishley................. M. Céran-Maillard, précité.
505. — 13 m. — Dishley................. M. Cordier (F.-J.), directeur de l'Ecole pratique d'Agriculture de Saint-Remy (Haute-Saône).
506. — 13 m. — Dishley .... M. Gillain Fils (Victor), à Saint-Côme-du-Mont (Manche).
507. — 13 m. — Dishley................. M. Massé (Auguste), précité.
508. — 13 m. — Dishley................. Le même.
509. — 13 m. — Dishley................. Le même.
510. — 13 m. — Dishley................. M. Signoret (Henri-François), précité.
511. — 13 m. — Dishley................. M. Tiersonnier (Alphonse), à Gimouille (Nièvre).
512. — 13 m. — Dishley................. Le même.
513. — 13 m. — Dishley................. Le même.

Animaux mâles de plus de 18 mois.

1er prix, **300** fr. et une médaille d'or.

2e — **250** — — d'argent.

3e — **150** — — de bronze

514. — 18 m. 20 j. — Dishley............ M. Faulon (Laurent), à Puydarrieux (Htes-Pyrénées).
515. — 20 m. — Dishley................. MM. Pluchet-Frissard et Cie, à Roye (Somme).
516. — 25 m. — Dishley................. M. Céran-Maillard, à Turqueville (Manche).
517. — 25 m. — Dishley................. M. Massé (Auguste), à Germigny-l'Exempt (Cher).
518. — 25 m. — Dishley................. Le même.
519. — 25 m. — Dishley................. Le même.
520. — 25 m. — Dishley................. M. Signoret (Henri-François, à Sermoise (Nièvre).
521. — 25 m. — Dishley............ ... M. Tiersonnier (Alphonse), à Gimouille (Nièvre).
522. — 25 m. — Dishley................. Le même.
523. — 36 m. — Dishley............ ... M. Signoret (Henri-François), précité.
524. — 37 m. — Dishley................. M. Massé (Auguste), précité,
525. — 38 m. — Dishley................. M. Cordier (F.-J.), directeur de l'Ecole pratique d'Agriculture de Saint-Remy (Haute-Saône).

Animaux femelles de 18 mois au plus.

(Lots de 3 brebis.)

1er prix, **300** fr et une médaille d'or.

2e — **250** — — d'argent.

3e — **150** — — de bronze.

526. — 13 m. — Dishley................. M. Céran-Maillard, à Turqueville (Manche).
527. — 13 m. — Dishley............ .... M Cordier (F.-J.), directeur de l'Ecole pratique d'Agriculture de Saint-Remy (Haute-Saône).
528. — 13 m. — Dishley................. M. Gillain Fils (Victor), à Saint-Côme-du-Mont (Manche).
529. — 13 m. — Dishley................. M. Massé (Auguste), à Germigny-l'Exempt (Cher).
530. — 13 m. — Dishley................. Le même.

531. — 13 m. — Dishley................ M. Signoret (Henri-François), à Sermoise (Nièvre).
532. — 13 m. — Dishley................ Le même.
533. — 13 m. — Dishley................ M. Tiersonnier (Alphonse), à Gimouille (Nièvre).

Animaux femelles de plus de 18 mois.

(Lots de 3 brebis.)

1er prix, **300** fr. et une médaille d'or.

    2e — **250** — — d'argent.

    3e — **150** — — de bronze.

534. — 22 m. — Dishley................ M. Gillain Fils (Victor), à Saint-Côme-du-Mont (Manche).
535. — 25 m. — Dishley................ M. Massé (Auguste), à Germigny-l'Exempt (Cher).
536. — 25 m. — Dishley................ Le même.
537. — 25 m. — Dishley................ M. Signoret (Henri-François), à Sermoise (Nièvre).
538. — 25 m. — Dishley................ M. Tiersonnier (Alphonse), à Gimouille (Nièvre).
539. — 36 m. — Dishley................ M. Céran-Maillard, à Turqueville (Manche).
540. — 39 m. — Dishley................ M. Cordier (F.-J.), directeur de l'Ecole pratique d'Agriculture de Saint-Remy (Haute-Saône).

EXPOSITION HORS CONCOURS.

École Nationale d'Agriculture de Grignon (Seine-et-Oise).

541. — 4 ans. — Bélier Dishley.

8e Catégorie. — **Races étrangères à laine courte.**

(Soutdown et analogues.)

Animaux mâles de 18 mois au plus.

1er prix, **300** fr. et une médaille d'or.

    2e — **250** — — d'argent.

    3e — **150** — — de bronze.

542. — 13 m. — Shropshire............. M. Tiersonnier (Alphonse), à Gimouille (Nièvre).
543. — 13 m. — Shropshire .... Le même.
544. — 13 m. — Shropshire............. Le même.
545. — 13 m. 15 j. — Shropshire........ M. Berthier (Gabriel), à Chanliau, commune du Creusot (Saône-et-Loire).
546. — 14 m. 7 j. — Shropshire......... M. d'Imbleval (Raymond), à Haudricourt (Seine-Inférieure).
547. — 13 m. — Southdown............. M. le comte de Bouillé, à Villars (Nièvre).
548. — 13 m. — Southdown .... Le même.
549. — 13 m. — Southdown............. Le même.
550. — 13 m. — Southdown............. Le même.
551. — 13 m. — Southdown............. Le même.
552. — 13 m. — Southdown............. M. Colas (Louis), à Semoise (Nièvre).
553. — 13 m. — Southdown............. M. Coret (Eugène), à Laval (Seine-et-Marne).

554. — 13 m. — Southdown............. M. Nouette-Delorme, à Ouzouer-des-
                                           Champs (Loiret).
555. — 13 m. — Southdown..... ...... Le même.
556. — 13 m. — Southdown............. Le même.
557. — 13 m. — Southdown............. Le même.
558. — 13 m. — Southdown............. Le même.
559. — 13 m. — Southdown............. M. Teisserenc de Bort à St-Priest-Tau-
                                           rion (Haute-Vienne).
560. — 13 m. — Southdown............. Le même.
561. — 13 m. 15 j. — Southdown....... M. Roland (Léon), à Saint-Firmin (Oise).
562. — 13 m. 20 j. — Southdown....... Le même.
563. — 15 m. 5 j. — Southdown........ M. Jarrigeon (J.-B.), à la Souterraine
                                           (Creuse).
564. — 16 m. — Southdown............. Le même.
565. — 16 m. 15 j. — Southdown........ M. Prégermain, à Tintury (Nièvre).
566. — 12 m. 25 j. — Suisse............. M. Boulay (Alexis), à Jonvelle (Haute-
                                           Saône).

Animaux mâles de plus de 18 mois.

(Lots de 3 brebis.)

1er prix, **300** fr. et une médaille d'or.

    2e — **250** — — d'argent.

    3e — **150** — — de bronze.

567. — 25 m. — Shropshire............. M. Tiersonnier (Alphonse), à Gimouille
                                           (Nièvre).
568. — 24 m. — Southdown............. M. Coret (Eugène), à Laval (Seine-et-
                                           Marne).
569. — 25 m. — Southdown............. M. le comte de Bouillé, à Villars (Nièvre).
570. — 25 m. — Southdown .... M. Colas (Louis), à Sermoise (Nièvre).
571. — 25 m. — Southdown............. M. Nouette-Delorme, à Ouzouer-des-
                                           Champs (Loiret).
572. — 25 m. — Southdown .. .. Le même.
573. — 25 m. — Southdown............. M. Roland (Léon), à Saint-Firmin (Oise).
574. — 25 m. — Southdown .... M. Royneau-Heurteau, à Luplante (Eure-
                                           et-Loire).
575. — 25 m. — Southdown............. M. Teisserenc de Bort, à St-Priest-Tau-
                                           rion (Haute-Vienne).
576. — 25 m. — Southdown .... Le même.
577. — 29 m. — Southdown............. M. Prégermain, à Tintury (Nièvre).
578. — 36 m. — Southdown............. M. Coret (Eugène), précité.
579. — 36 m. — Southdown .... M. de Léobardy (Ch.), à La-Jonchère
                                           (Haute-Vienne).
580. — 37 m. — Southdown .... M. le comte de Bouillé, précité.
581. — 37 m. — Southdown .... M. Nouette-Delorme, précité.
582. — 37 m. 4 j. — Southdown .... M. Roland (Léon), précité.
583. — 47 m. — Southdown .... M. Coret (Eugène), précité.

Animaux femelles de 18 mois au plus.

(Lots de 3 brebis.)

1er prix, **300** fr. et une médaille d'or.

    2e — **250** — — d'argent.

    3e — **150** — — de bronze.

584. — 13 m. — Shropshire............. M. Berthier (Gabriel), à Chanliau, com-
                                           mune du Creusot (Saône-et-Loire).
585. — 13 m. — Shropshire........... .. M. Tiersonnier (Alphonse), à Gimouille
                                           (Nièvre).
586. — 13 m. — Southdown .... M. le comte de Bouillé, à Villars (Nièvre).
587. — 13 m. — Southdown .... Le même.
588. — 13 m. — Southdown .... M. Colas (Louis), à Sermoise (Nièvre).

589. — 13 m. — Southdown............. M. CORET (Eugène), à Laval (Seine-et-Marne).
590. — 13 m. — Southdown............. M. NOUETTE-DELORME, à Ouzouer-des-Champs (Loiret).
591. — 13 m. — Southdown............. Le même.
592. — 13 m. — Southdown............. M. TEISSERENC DE BORT, à St-Priest-Taurion (Haute-Vienne).
593. — 13 m. 19 j. — Southdown........ M. ROLAND (Léon), à St-Firmin (Oise).
594. — 13 m. 23 j. — Southdown........ Le même.
595. — 16 m. 15 j. — Southdown........ M. PRÉGERMAIN, à Tintury (Nièvre).

Animaux femelles de plus de 18 mois.

(Lots de 3 brebis.)

1er prix, **300** fr, et une médaille d'or.

2e — **250** — — d'argent.

3e — **150** — — de bronze.

596. — 18 à 24 m...................... M. DECLERCQ (Adolphe), à Drincham (Nord).
597. — 25 m. — Shropshire............. M. TIERSONNIER (Alphonse), à Gimouille (Nièvre).
598. — 24 à 36 m. — Southdown........ M. NOUETTE-DELORME, à Ouzouer-des-Champs (Loiret).
599. — 25 m. — Southdown............. M. le comte DE BOUILLÉ, à Villars (Nièvre).
600. — 25 m. — Southdown............. M. COLAS (Louis), à Sermoise (Nièvre).
601. — 25 m. 12 j. — Southdown........ M. ROLAND (Léon), à St-Firmin (Oise).
602. — 36 à 48 m. — Southdown........ M. NOUETTE-DELORME, précité.
603. — 36 m. — Southdown............. M. TEISSERENC DE BORT, à St-Priest-Taurion (Haute-Vienne).
604. — 37 m. 3 j. — Southdown......... M. ROLAND (Léon), précité.
605. — 41 m. — Southdown............. M. PRÉGERMAIN, à Tintury (Nièvre).
606. — 25 m. — Suisse.................. M. BOULAY (Alexis), à Jonvelle (Haute-Saône).

EXPOSITION HORS CONCOURS

ÉCOLE NATIONALE D'AGRICULTURE DE GRIGNON (Seine-et-Oise).

607. — 26 m. — Bélier Southdown.

608. — 26 m. — Brebis Southdown.

9e CATÉGORIE. — **Croisements divers.**

Animaux mâles.

1er prix, **250** fr. et une médaille d'or.

2e — **200** — — d'argent.

3e — **150** — — de bronze.

4e — **100** — — de bronze.

609. — 12 m...................... M. DECLERCQ, à Drincham (Nord).
610. — 12 m. 20 j. — Oxfordshire-Southdown-Cauchois. M. RASSET (Louis-Narcisse), à Montérolier (Seine-Inférieure).
611. — m. — Dishley-Normand....... M. GILLAIN Fils (Victor), à St-Côme-du-Mont (Manche).
612. — 13 m. — Solognot-Luxembourgeois. M. LEFEBVRE (Emile), à St-Florent-le-Jeune (Loiret).
613. — 13 m. — Oxfordshire-Picard..... MM. PLUCHET-FRISSART et Cie, à Roye (Somme).

614. — 13 m. 5 j...................... M. Poirson (Auguste), à St-Evre, commune de Toul (Meurthe-et-Moselle).

615. — 14 m. — Merinos-Arabe.......... M. Bourlier (Charles), à Taslent, commune de Teniet-el-haid (Alger).

616. — 15 m. — Mérinos-Arabe.......... Le même.

617. — 23 m. — Shropshire-Charolais.... M. Caubet (Jean-Baptiste), à Villeurbanne (Rhône).

618. — 24 m........ .... M. Joly (Jacques), à Fontrailles (Hautes-Pyrénées).

619. — 25 m. — Dishley-Mérinos-Berrichon. M. Edme (Pierre), à Bussy (Cher).

620. — 25 m. — Oxfordshire-Picard..... MM. Pluchet-Frissard et Cie, précités.

621. — 25 m. 8 j.— Oxfordshire-Southdown Cauchois. M. Rasset (Louis-Narcisse), à Montérolier (Seine-Inférieure).

622. — 26 m...................... M. Lefebvre (Emile), précité.

623. — 27 m. — Dishley-Mérinos-Berrichon. M. Edme (Jean), à Bussy (Cher).

624. — 27 m. 20 j.................... M. Hellard (Pierre), à Gouville (Eure).

625. — 30 m. — Southdown-Berrichon... M. Farmond (Louis), à la Roche-Blanche (Puy-de-Dôme).

626. — 30 m. — Mérinos algérien........ M. Samson Père, à Sidi-Mabrouck commune de Constantine (Algérie).

627. — 35 m. 15 j. .... M. Barrère (Jean-Marie), à Odos (Hautes-Pyrénées).

628. — 39 m. 4 j.— Southdwon-Pyrénéen. Le même.

Animaux Femelles (Lots de 3 brebis).

1er prix, **250** fr. et une médaille d'or.
2e — **200** — — d'argent.
3e — **150** — — de bronze.
4e — **100** — — de bronze.

629. — 12 mois 20 j.................... M. Declercq (Adolphe), à Drincham (Nord).

630. — 13 m. — Southdown-Dishley-Mérinos. M. Coret (Eugène), à Laval (Seine-et-Marne).

631. — 13 m. — Dishley-Normandes..... M. Gillain Fils (Victor), à St-Côme-du-Mont (Manche).

632. — 13 m. .... M. Lefebvre (Emile), à St-Florent-le-Jeune (Loiret).

633. — 13 m.................. ...... M. Lefebvre (Emile), précité.

634. — 13... .... M. Poirson (Auguste), à St-Evre, commune de Toul (Meurthe-et-Moselle).

635. — 13 m. — Oxfordshire-Southdown-Cauchoises. M. Rasset (Louis-Narcisse), à Montérolier (Seine-Inférieure).

636. — 15 m. — Berrichonnes-Mérinos... M. Montenot (Auguste), à Etormay (Côte-d'Or).

637. — 23 m. — Shropsphire-Charolaises. M. Caubet (Jean-Baptiste), à Villeurbanne (Rhône).

638. — 24 m. — Dishley-Picardes........ MM. Pluchet-Frissard et Cie, à Roye (Somme).

639. — 25 m. — Oxfordshire-Picardes.... MM. Pluchet-Frissard et Cie, précités.

640. — 25 m. — Limousines-Dishley..... M. Teisserenc de Bort, à St-Priest-Taurion (Haute-Vienne).

641. — 26 m...................... M. Lefebvre (Emile), précité.

642. — 26 m. à 39 m. — Southdown-Pyrénéennes. M. Barrère (Jean-Marie), précité.

643. — 27 m. 20 j.................... M. Hellard (Pierre), à Gouville (Eure).

644. — 34 m. 20 j. — Southdonn-Berrichonnes. M. Farmond (Louis), à la Roche-Blanche (Puy-de-Dôme).

645. — 36 m...................... M. Joly (Jacques), à Fontrailles (Hautes-Pyrénées).

646. — 37 m.......................... M. Barrère (Jean-Marie), à Odos (Hautes-Pyrénées).

647. — 37 m. — Dishley-Mérinos-Berri-chonnes. M. Edme (Jean), à Bussy (Cher).

648. — 38 m. — Dishley-Mérinos-Berri-chonnes M. Edme (Pierre), à Bussy (Cher).

649. — 38 m. — Larzac-Barbarines..... M. Théron (Joseph), à Aigues-Vives (Gard).

650. — 42 m. — Mérinos-Algériennes..... M. Samson Père, à Sidi-Mabrouck commune de Constantine (Algérie).

651. — 4 ans 2 m. — N................. M. Osty (Pierre), à Saint-Léger-de-Peyre (Lozère).

ESPÈCE PORCINE.

Ire DIVISION.

ANIMAUX MALES ET ANIMAUX FEMELLES DE RACES ÉTRANGÈRES,
NÉS ET ÉLEVÉS A L'ÉTRANGER, AMENÉS OU IMPORTÉS EN FRANCE
ET APPARTENANT SOIT A DES ÉTRANGERS SOIT A DES FRANÇAIS.

En outre des prix prévus pour chaque catégorie, le jury pourra décerner, s'il y a lieu, dans la 1re division :

Un objet d'art d'une valeur de 500 fr., au meilleur verrat ;

Un objet d'art d'une valeur de 500 fr., à la meilleure femelle.

Un grand prix d'honneur d'une valeur de 1.000 fr., au meilleur ensemble d'animaux ; le lot devra être composé d'un mâle et de trois femelles de même race, nés et élevés chez l'exposant.

1re CATÉGORIE. — Grandes races de la Grande-Bretagne et de l'Irlande.

Animaux Mâles.

1er prix, **300** fr. et une médaille d'or.
2e — **250** — — d'argent.
3e — **200** — — de bronze.
4e — **100** — — de bronze.

1. — 7 m. — Yorkshire, blanc........... M. LEFEBVRE (Emile), à Saint-Florent-le-Jeune, dép^t. du Loiret (France).

2. — 9 m. — Yorkshire, blanc .... M. NADAUD (Louis, Cyprien), à Chazelles, dép. de la Charente (France).

3. — 9 m. 28 j. — Yorkshire, blanc..... M. HAVILAND (Théodore), à Ambazac, dép^t. de la Haute-Vienne (France).

4. — 15 m. 27 j. — Yorkshire, blanc..... M. NADAUD (Louis, Cyprien), précité.

5. — 16 m. — Yorkshire, blanc......... M. D'ETCHEGOYEN (Paul), à Saint-Denis-de-Gastines, dép^t. de la Mayenne (France).

6. — 18 m. — De grande race, blanc..... M. DUCKERING, (Charles, Elmhirst), à Kirton, Lindsey, Lincolnshire (Angleterre).

7. — 24 m. — Yorkshire, blanc......... M. MOONS DE COEN, à Calmpthout, Château des Chenaies, Anvers (Belgique).

8. — 26 m. — De grande race, blanc ..... M. DUCKERING (Charles, Elmhirst), précité.

9. — 36 m. 5 j. — Yorkshire, blanc ...... M. RAMSDEN (William), Westfield house, Knotty ash, Liverpool, Lancashire (Angleterre).

10. — 38 m. 12 j. — Yorkshire, blanc ...... M. ESCHLER (David), à Champvent, Vaud (Suisse).

11. — 4 ans. — Yorkshire, blanc .... M. RAMSDEN (William), précité.

Animaux Femelles.

1ᵉʳ prix, **300** fr. et une médaille d'or.

    2ᵉ — **250** — — d'argent.

    3ᵉ — **200** — — de bronze.

    4ᵉ — **100** — — de bronze.

12. — 6 m. — Yorkshire, blanche .... M. LEFEBVRE (Emile), à Saint-Florent-le-Vieil, dépᵗ. du Loiret (France).

13. — 6 m. — Yorkshire blanche .... M. MOONS DE COEN, à Calempthout, château des Chenaies, Anvers (Belgique).

14. — 7 m. — Yorkshire, blanche .... M. LEFEBVRE (Emile), précité.

15. — 9 m. — Yorkshire, blanche .... M. HAVILAND (Théodore), à Ambazac, dépᵗ. de la Haute-Vienne (France).

16. — 9 m. — Yorkshire, blanche .... Le même.

17. — 9 m. — Yorkshire, blanche .... M. NADAUD (Louis, Cyprien), à Chazelles, dépᵗ. de la Charente (France).

18. — 15 m. — Yorkshire, blanche ...... M. ESCHLER (David), à Champvent, Vaud (Suisse).

19. — 16 m. — de grande race, blanche .... M. DUCKERING (Charles, Elmhirst), à Kirton, Lindsey, Lincolnshire (Angleterre).

20. — 16 m. — Yorkshire, blanche .... M. LEFEBVRE (Emile), précité.
21. — 19 m. — de grande race, blanche .... M. DUCKERING (Charles, Elmhirst), précité.
22. — 20 m. — de grande race, blanche .... Le même.
23. — 20 m. — Yorkshire, blanche .... M. MOONS DE COEN, précité.
24. — 22 m. 14 j. — Yorkshire, blanche .... M. ESCHLER (David), précité.
25. — 28 m. 6 j. — Yorkshire, blanche .... M. NADAUD (Louis, Cyprien), précité.
26. — 30 m. 4 j. — Yorkshire, blanche .... M. ESCHLER (David), précité.
27. — 32 m. — Yorkshire, blanche .... M. RAMSDEN (William), Westfield house, à Knotty ash, Liverpool, Lancashire (Angleterre).

28. — 4 ans 5 m. — Yorkshire, blanche ... Le même.

2ᵉ CATÉGORIE. — **Petites et moyennes races de la Grande-Bretagne et de l'Irlande.**

Animaux Mâles.

1ᵉʳ prix, **250** fr. et une médaille d'or.

    2ᵉ — **200** — — d'argent.

    3ᵉ — **100** — — de bronze.

29. — 6 m. — Berkshire, noir .... M. MOONS DE COEN, à Calmpthout, château des Chenaies, Anvers (Belgique).

30. — 9 m. 9 j. — de petite race, noir .... M. le Duc D'HAMILTON, à Easton Park, Wickham Market, Suffolk (Angleterre).

31. — 10 m. — Berkshire, noir, taches blanches. M. DUCKERING (Charles, Elmhirst), à Kirton, Lindsey, Lincolnshire (Angleterre).

32. — 14 m. — de moyenne race, blanc....　M. Duckering (Charles, Elmhirst), précité.
33. — 14 m. 13 j. — de petite race, noir.　M. le Duc d'Hamilton, précité.
34. — 16 m. — Berkshire, noir...........　M. Moons de Coen, précité.
35. — 20 m. 13 j. — de petite race, noir.　M. le Duc d'Hamilton, précité.
36. — 23 m. — Yorkshire, blanc..........　M. Ramsden (William), Westfield house, Knotty ash, Liverpool (Angleterre).
37. — 24 m. 22 j. — de petite race, noir...　M. le Duc de d'Hamilton, précité.
38. — 25 m. —.......................　M. Ramsden (William), précité.
39. — 29 m. 12 j. — Yorkshire de moyenne race, blanc.　M. d'Etchegoyen (Paul), à Saint-Denis-de-Gastines, dépᵗ. de la Mayenne (France).
40. — 30 m.— Berkshire, noir, taches blanches.　M. Duckering (Charles, Elmhirst), précité.
41. — N....Tamworth..................　M. Tindall (C. W.), à Scamby Hall, Brigg, Lincolnshire (Angleterre).

Animaux Femelles.

1ᵉʳ prix, **200** fr. et une médaille d'or.
2ᵉ　—　**150**　　—　　—　d'argent.
3ᵉ　—　**125**　　—　　—　de bronze.

42. — 6 m. 15 j. — Berkshire, noire.......　M. Moons de Coen, à Calempthout, château-des-Chenaies, Anvers (Belgique).
43. — 6 m. 15 j. — Berkshire, noire.......　Le même.
44. — 9 m. 9 j.— de petite race, noire......　M. le Duc d'Hamilton, à Easton Park, Wickham Market, Suffolk (Angleterre).
45. — 9 m. 9 j.—de petite race, noire......　Le même.
46. — 9 m. 9 j.—de petite race, noire......　Le même.
47. — 10 m. — de moyenne race, blanche..　M. Duckering (Charles, Elmhirst), à Kiston Lindsey, Lincolnshire (Angleterre).
48. — 13 m. — de moyenne race, blanche..　Le même.
49. — 13 m. — de moyenne race, blanche..　M. Long (James), à Romsey, Hampshire (Angleterre).
50. — 13 m. — de moyenne race, blanche..　Le même.
51. — 14 m. — Berkshire, noire, taches blanches.　M. Duckering (Charles, Elmhirst), précité.
52. — 14 m. 13 j. — de petite race, noire...　M. le Duc d'Hamilton, précité.
53. — 14 m. 13 i. — de petite race, noire...　Le même.
54. — 14 m. 15 j. — Yorkshire de moyenne, race blanche.　M. d'Etchegoyen (Paul), à Saint-Denis-de-Gastines, dépᵗ. de la Mayenne (France).
55. — 14 m. 22 j. — de petite race, noire...　M. le Duc d'Hamilton, précité.
56. — 19 m. — Berkshire, noire et blanche.　M. Duckering (Charles, Elmhirst), précité.
57. — 19 m. — Berkshire, noire, taches blanches.　Le même.
58. — 20 m. — de moyenne race, blanche..　M. Duckering (Charles, Elmhirst), précité.
59. — 20 m. — Berkshire, noire..........　M. Moons de Coen, précité.
60. — 20 m. — Berkshire, noire..........　Le même.
61. — 25 m. — N.....................　M. Ramsden (William), Westfied house, Knotty ash, Liverpool (Angleterre).
62. — 25 m. 5 j. — Yorkshire, de moyenne. race, blanche.　M. d'Etchegoyen (Paul), précité.
63. — 27 m. — Yorkshire, blanche........　M. Ramsden (William), précité.
64. — 27 m. — N....................　Le même.
65. — 32 m. — Yorkshire, blanche........　Le même.
66. — N.... de moyenne race ....　M. Long (James), précité.
67. — N....Tamworth..................　M. Tindall (C. W.), à Scamby Hall, Brigg, Lincolnshire (Angleterre).

3ᵉ Catégorie. — **Races Italiennes.**

Animaux Mâles.

1ᵉʳ prix. **250** fr. et une médaille d'or.
2ᵉ — **200** — — d'argent.
3ᵉ — **100** — — de bronze.

(Pas d'animaux présentés).

Animaux Femelles.

1ᵉʳ prix, **200** fr. et une médaille d'or
2ᵉ — **150** — — d'argent.
3ᵉ — **100** — — de bronze.

(Pas d'animaux présentés).

4ᵉ Catégorie. — **Races de Serbie et de Hongrie.**

Animaux Mâles.

1ᵉʳ prix, **250** fr. et une médaille d'or.
2ᵉ — **200** — — d'argent.
3ᵉ — **100** — — de bronze.

(Pas d'animaux présentés).

Animaux Femelles.

1ᵉʳ prix, **200** fr. et une médaille d'or.
2ᵉ — **150** — — d'argent.
3ᵉ — **100** — — de bronze.

(Pas d'animaux présentés).

5ᵉ Catégorie. — **Races étrangères diverses non classées ci-dessus.**

Animaux Mâles.

1ᵉʳ prix, **250** fr. et une médaille d'or.
2ᵉ — **200** — — d'argent.
3ᵉ — **100** — — de bronze.

Pas d'animaux présentés.

Animaux Femelles.

1ᵉʳ prix, **200** fr. et une médaille d'or.
2ᵉ — **150** — — d'argent.
3ᵉ — **100** — — de bronze.

68. — 7 m. 14 j. — grande race, blanche... M. GRYMONPREZ (M.-P.), à Lichtervelde, Flandre occidentale (Belgique).

2ᵉ DIVISION.

ANIMAUX MALES ET ANIMAUX FEMELLES DE RACES SOIT ÉTRANGÈRES, SOIT FRANÇAISES, NÉS ET ÉLEVÉS EN FRANCE.

En outre des prix prévus par chaque catégorie, le jury pourra décerner, s'il y a lieu, dans la 2ᵉ Division :

Un objet d'art, d'une valeur de 500 francs, au meilleur verrat ;

Un objet d'art, d'une valeur de 500 francs, à la meilleure femelle ;

Un grand prix d'honneur d'une valeur de 1,000 au meilleur lot d'ensemble ; le lot devra être composé d'un mâle et de trois femelles de même race, nés et élevés chez l'exposant.

1ʳᵉ CATÉGORIE. — **Races normande et craonnaise.**

Animaux Mâles.

1ᵉʳ prix, **300** fr. et une médaille d'or.
2ᵉ — **250** — — d'argent.
3ᵉ — **200** — — de bronze
4ᵉ — **100** — — de bronze.

69. — 12 m. — Normand................ M. Noel (François), à St-Vaast-la-Hougue (Manche).
70. — 18 m. — Normand .... M. Bertrandus, à Igny (Seine-et-Oise).
71. — 6 m. 10 j. — Craonnais............ M. Guillaumin (Alexis), à Lépine commune de Pouzy (Allier).
72. — 6 m. 10 j. — Craonnais........... M. Goussu, à Voves (Eure-et-Loir).
73. — 8 m. 15 j. — Craonnais........... M. Hervouin, à Moutiers (Ille-et-Vilaine).
74. — 9 m. 15 j. — Craonnais........... M. Bertrandus, précité.
75. — 10 m. 5 j. — Craonnais........... M. Goussu (A.), précité.
76. — 10 m. 14 l. — Craonnais .... Le même.
77. — 10 m. 16 j. — Craonnais.......... M. Paillart (Stanislas), à Quesnoy-le-Montant (Somme).
78. — 11 m. 10 j. — Craonnais.......... M. Guillaumin (Alexis), précité.
79. — 12 m. 12 j. — Craonnais........ .. M. Ammeux Van Herseck, à Vieille-Église (Pas-de-Calais).
80. — 13 m. — Craonnais.............. M. Bry (René), à Durtal (Maine-et-Loire).
81. — 13 m. — Craonnais .... M. Candora (Léon), à Plabennec (Finistère).
82. — 14 m. — Craonnais .... M. Lefebvre (Emile), à St-Florent-le-Jeune (Loiret).
83. — 18 m. 25 j. — Craonnais.......... Le même.

Animaux Femelles.

1ᵉʳ prix, **250** fr. et une médaille d'or.
2ᵉ — **200** — — d'argent.
3ᵉ — **150** — — de bronze.
4ᵉ — **100** — — de bronze.

84. — 10 m. 15 j. — Normande.......... M. Raulin (Ambroise), à St-Clair (Manche).
85. — 14 m. — Normande .... Le même.

86.	— 26 m. — Normande	M. RASSET (Louis-Narcisse), à Montéro-lier (Seine-Inférieure).
87.	— 6 m. 10 j. — Craonnaise............	M. GUILLAUMIN (Alexis), à Pouzy (Allier)
88.	— 6 m. 10 j. — Craonnaise............	Le même.
89.	— 7 m. 10 j. — Craonnaise............	M. BERTRANDUS, à Igny (Seine-et-Oise).
90.	— 7 m. 15 j. — Craonnaise..	M. SOUCHARD (Louis), à Verron (Sarthe).
91.	— 8 m. 15 j. — Craonnaise............	M. HERVOUIN (Pierre), à Moutiers (Ille-et-Vilaine).
92.	— 8 m. 15 j. — Craonnaise	Le même.
93.	— 10 m. — Craonnaise.	M. LEFEBVRE (Emile), à St-Florent-le-Jeune (Loiret).
94.	— 10 m. 14 j. — Craonnaise...........	M. GOUSSU (A), à Voves (Eure-et-Loir).
95.	— 10 m. 14 j. — Craonnaise	Le même.
96.	— 10 m. 15 j. — Craonnaise	M. BERTRANDUS, précité.
97.	— 10 m. 16 j. — Craonnaise..........	M. PAILLART (Stanislas), à Quesnoy-le-Montant (Somme).
98.	— 10 m. 24 j. — Craonnaise..........	M. GOUSSU (A.), précité.
99.	— 11 m. 10 j. — Craonnaise	M. GUILLAUMIN (Alexis), précité.
100.	— 11 m. 10 j — Craonnaise	Le même.
101.	— 11 m. 25 j. — Craonnaise..........	M. BERTRANDUS, précité.
102.	— 12 m. — Craonnaise	M. LEFEBVRE (Emile), précité.
103.	— 13 m. — Craonnaise	M. OSTY (Pierre), à St-Léger-de-Peyre (Lozère).
104.	— 13 m. — Craonnaise	M. BRY (René), à Durtal (Maine-et-Loire).
105.	— 13 m. — Craonnaise	Le même.
106.	— 13 m. — Craonnaise.............	M. SINOIR (Magloire), à Fontaine-Couverte (Mayenne).
107.	— 13 m. 8 j. — Craonnaise..........	M. ROUSSEAU (François), à Caubrières (Mayenne).
108.	— 14 m. 28 j. — Craonnaise.........	M. CHÉNON DE LÉCHÉ, à Subdray (Cher).
109.	— 15 m. 25 j. — Craonnaise.........	M. HERVOUIN (Pierre), précité.
110.	— 16 m. — Craonnaise	M. AMMEUX VAN HERSECKE, à Vielle-Eglise (Pas-de-Calais).
111.	— 17 m. — Craonnaise.............	M. LEFEBVRE (Emile), précité.
112.	— 18 m. — Craonnaise	M. BERTRANDUS, précité.
113.	— 20 m. — Craonnaise.............	M. LEFEBVRE (Emile), précité.
114.	— 20 m. 4 j. — Craonnaise..........	M. VERGNEAUD (Jacques), à St-Christophe-sur-Roc (Deux-Sèvres).
115.	— 20 m. 14 j. — Craonnaise.........	M. GUILLAUMIN (Alexis), précité.
116.	— 22 m. — Craonnaise.............	M. LEFEBVRE (Emile), précité.
117.	— 24 m. — Craonnaise.............	M. BRY (René), précité.
118.	— 5 ans 5 m. 17 j. — Craonnaise.....	M. CHÉNON DE LÉCHÉ, précité.

2ᵉ CATÉGORIE. — Races indigènes pures ou croisées entre elles, autres que celles de la première catégorie.

Animaux Mâles.

1ᵉʳ prix, **300** fr. et une médaille d'or.

   2ᵉ — **200** — — d'argent.

   3ᵉ — **150** — — de bronze.

   4ᵉ — **100** — — de bronze.

119.	— 6 m. — Lorrain	M. DUTHU (Louis), à Nancy (Meurthe-et-Moselle).
120.	— 6 m. — Limousin.............	M. BORDAS (Lucien), à Coussac-Bonneval (Haute-Vienne).
121.	— 6 m. 8 j. — Bourbonnais........	M. HENRY (François), à Noyant (Allier).
122.	— 6 m. 15 j. — Bourbonnais........	M. GUILLAUMIN (Alexis), à Pouzy (Allier).
123.	— 6 m. 20 j. — Bourbonnais........	M. HENRY (François), précité.
124.	— 7 m. 12 j. — Augeron...........	Mᵐᵉ JUBLÉMA, route de Mende, à Montpellier (Hérault).

125. — 8 m. — .... M. VILLENEUVE (Charles), à Pouzac (Hautes-Pyrénées).
126. — 8 m. 15 j. — .... M. GUYADER (Louis), à Ergué-Gabéric (Finistère).
127. — 8 m. 20 j. — Bourbonnais .... M. BERTRANDUS, à Igny (Seine-et-Oise).
128. — 9 m. — .... M. JOLY (Jacques), à Fontrailles (Hautes-Pyrénées).
129. — 9 m. 2 j. — Normand-craonnais.. M. GILLET (Alfred), à Bonneuil-sur-Marne (Seine).
130. — 9 m. 12 j. — .... M. HERVOUIN (Pierre), à Moutiers (Ille-et-Vilaine).
131. — 10 m. 15 j. — .... M. CASSAN (Joseph)) rue des Frères à Aurillac (Cantal).
132 — 12 m. — Flamand .....—........ M. RANCY (Auguste), à Hazebrouck (Nord).
133. 15 m. — Lorrain .... M. DUTHU (Sébastien), à Nancy (Meurthe-et-Moselle).

Animaux Femelles.

1er prix, **300** fr. et une médaille d'or.

2e — **200** — — d'argent.

3e — **150** — — de bronze.

4e — **100** — — de bronze.

134. — 6 m. — .... M. BACY (Jules), à Strazeele (Nord)
135. — 6 m. 8 j. — Bourbonnaise........ M. HENRY (François), à Noyant (Allier).
136. — 6 m. 8 j. — Bourbonnaise .... Le même.
137. — 8 m. 2 j. — Augeronne........ . Mme JUBLÉMA, route de Mende, à Montpellier (Hérault).
138. — 8 m. 2 j. — Augeronne .... La même.
139. — 9 m. — .. .. M. JOLY (Jacques), à Fontrailles (Hautes-Pyrénées).
140. — 9 m. 2 j. —Normande-Craonnaise. M. GILLET (Alfred), à Bonneuil-sur-Marne (Seine).
141. — 10 m. — .... M. BACY (Jules), précité.
142. — 10 m. 15 j. — Bourbonnaise...... M. BERTRANDUS, à Igny (Seine-et-Oise).
143. — 10 m. 15 j. — Bourbonnaise ...... Le même.
144. — 10 m. 15 j. — Bourbonnaise...... Le même.
145. — 10 m. 15 j. — Augeronne .... Mme JUBLÉMA, précitée.
146. — 12 m. — Limousine.... .... M. BORDAS (Lucien), à Coussac-Bonneval (Haute-Vienne).
147. — 12 m. — Flamande .... M. LOBBEDEZ (Aimé), à Steenwoorde (Nord).
148. — 12 m. — .... M. MILHAS (Eugène), à Mazerolles (Hautes-Pyrénées).
149. — 12 m. 10 j. — Bourbonnaise ...... M. GUILLAUMIN (Alexis), à Pouzy (Allier).
150. — 12 m. 14 j. — .... M. CASSAN (Joseph), rue des Frères, à Aurillac (Cantal).
151. — 12 m. 14 j. — .... Le même.
152. — 12 m. 14 j. — .... Le même.
153. — 13 m. — Lorraine............. M. DUTHU (Louis), à Nancy (Meurthe-et-Moselle).
154. — 13 m. — .... M. PÉCHAIRE (Auguste), au Puy (Haute-Loire).
155. — 13 m. — .... Le même.
156. — 13 m. — .... Le même.
157. — 15 m. — Lorraine............. M. DUTHU (Sébastien), à Nancy (Meurthe-et-Moselle).
158. — 15 m. — . ... M. OSTY (Pierre), à St-Léger-de-Peyre (Lozère).
159. — 19 m. 15 j. — .... M. CATTOEN (Louis), à Quaedypre (Nord)

160. — 20 m. — Normande-Craonnaise... M. GILLET (Alfred), précité.
161. — 20 m. — Normande-Craonnaise... Le même.
162. — 36 m. — Limousine............. M. BORDAS (Lucien), précité.
163. — 4 ans. — Limousine .... Le même.

3e CATÉGORIE. — **Races étrangères pures ou croisées entre elles**

Animaux Mâles.

1er — **300** fr. et une médaille d'or.

2e — **250** — — d'argent.

3e — **200** — — de bronze.

4e — **175** — — de bronze.

5e — **150** — — de bronze.

6e — **125** — — de bronze.

7e — **100** — — de bronze.

164. — 7 m. 15 j. — Berkshire........... M. DE LA MASSARDIÈRE, à Antran (Vienne).
165. — 12 m. 15 j. — Berkshire......... M. SOUCHARD (Louis), à Verron (Sarthe).
166. — 16 m. — Bershire.............. M. DE LA MASSARDIÈRE, précité.
167. — 18 m. 2 j. — Berkshire.......... M. CHÉNON-DE-LÉCHÈ, à Subdray (Cher).
168. — 30 m — Berskire.............. M. DE LA MASSARDIÈRE, précité.
169. — 6 m. — Yorkshire............. M. DUTHU (Louis), à Nancy (Meurthe-et-Moselle.
170. — 6 m. 3 j. — Yorkshire .... M. BOISSEAU (Ferdinand), à Mesnil-Amelot (Seine-et-Marne).
171. — 6 m. 10 j. — Yorkshire.......... M. TRIBOULET (Camille), à Assainvillers (Somme).
172. — 6 m. 15 j. — Yorkshire.......... M. GUILLAUMIN (Alexis), à Pouzy (Allier).
173. — 6 m 15 j. — Yorkshire.......... M. LEFEBVRE (Emile), à St-Florent-le-Jeune (Loiret).
174. — 6 m. 15 j. — Yorkshire........ M. TRIBOULET (Camille), précité.
175. — 6 m. 18 j. — Yorkshire......... M. DE CLERCQ, à Oignies (Pas-de-Calais).
176. — 6 m. 23 j. — Yorkshire........ M. PAILLART (Stanislas), à Quesnoy-le-Montant (Somme).
177. — 6 m. 26 j. — Yorkshire........ M. DE CLERCQ, précité.
178. — 7 m. — Yorkshire........... M. DUTHU (Louis), précité.
179. — 7 m. 10 j. — Yorkshire......... M. BERTRANDUS, à Igny (Seine-et-Oise).
180. — 8 m. — Yorkshire .... M. GUÉRAULT-GODARD, à Fère-Champenoise (Marne)
181. — 8 m. 4 j. — Yorkshire... .... M. NADAUD (Louis-Cyprien), à Chazelles (Charente.
182. — 8 m. 25 j. — Yorkshire .... M. NOBLET (Auguste), à Châteaurenard (Loiret).
183. — 9 m. — Yorkshire .... M. CAUBET (Jean-Baptiste), à Villeurbanne (Rhône).
184. — 9 m. — Yorkshire .... M. CORDIER, directeur de l'École pratique d'agriculture de St-Remy (Haute-Saône).
185. — 9 m. — Yorkshire .... M. NADAUD (Louis-Cyprien), précité.
186. — 9 m. 5 j. — Yorkshire .... M. DE CLERCQ, précité.
187. — 9 m. 10 j. — Yorkshire.......... Le même.
188. — 10 m. — Yorkshire............. Le même.
189. — 10 m. — Yorkshire............. M. DE LA MASSADIÈRE, précité.
190. — 10 m. 18 j. — Yorkshire .... M. NOBLET (Auguste), précité.
191. — 12 m. — Yorkshire .... M. BOISSEAU (Ferdinand), précité.
192. — 12 m. — Vorkshire .... M. GUÉRAULT-GODARD. précité.
193. — 13 m. 7 j. — Yorkshire .... M. NADAUD (Louis-Cyprien), précité.
194. — 14 m. 14 j. — Yorkshire .... M. PARRY (Louis), à Limoges (Haute-Vienne).

195. — 15 m. — Yorkshire.............. M. Duthu (Sébastien), à Nancy (Meurthe-et-Moselle).
196. — 16 m. — Yorkshire............ M. Bertrandus, précité.
197. — 18 m. 10 j. — Yorkshire......... M. Parry (Louis), précité.
198. — 22 m. 10 j. — Yorkshire .... Le même.
199. — 24 m. 18 j. — Yorkshire......... M. de la Massadière, précité.
200. — — 9 m. — N.... .... M. Joly (Jacques), à Fontrailles (Hautes-Pyrénées).

Animaux femelles.

1er prix, **300** fr. et une médaille d'or.

2e — **250** — — d'argent.

3e — **200** — — de bronze.

4e — **175** — — de bronze.

5e — **150** — — de bronze.

6e — **125** — — de bronze.

7e — **100** — — de bronze.

201. — 12 m. 20 j. — Berkshire......... M. de la Massardière, à Antran (Vienne).
202. — 15 m. — Berkshire... ...... M. Cordier (F.-J.), directeur de l'Ecole pratique d'agriculture de Saint-Remy (Haute-Saône).
203. — 20 m. 17 j. — Berkshire... ..... M. de la Massardière, précité.
204. — 25 m. 21 l. — Berkshire .... Le même.
205. — 28 m. — Berkshire .... M. Rasset (Louis-Narcisse), à Montérolier (Seine-Inférieure).
206. — 30 m. 25 j. — Berkshire... ..... M. Chenon-de-Léché, à Subdray (Cher).
207. — 45 m. 28 j. — Berkshire......... Le même.
208. — 6 m. 2 j. — Yorkshire .... M. Lefebvre (Emile), à Saint-Florent-le-Jeune (Loiret).
209. — 6 m. 3 j. — Yorkshire .... M. Boisseau (Ferdinand), à Mesnil-Amelot (Seine-et-Marne).
210. — 6 m. 5 j. — Yorkshire .... M. Lefebvre (Emile), précité.
211. — 6 m. 10 j. — Yorkshire .... M. Triboulet (Camille), à Assainvillers (Somme).
212. — 6 m. 18 j. — Yorkshire .... M. de Clercq, à Oignies (Pas-de-Calais).
213. — 6 m. 23 j. — Yorkshire.......... M. Paillart (Stanislas), à Quesnoy-le-Montant (Somme).
214. — 6 m. 26 j. — Yorskhire...... .... M. de Clercq, précité.
215. — 7 m. — Yorkshire .... M. Cordier (J.-F.), directeur de l'Ecole pratique d'agriculture de Saint-Remy (Haute-Saône).
216. — 7 m. 20 j. — Yorkshire......... M. Noblet (Auguste), à Châteaurenard (Loiret).
217. — 8 m. — Yorkshire.............. M. Triboulet (Camille), précité.
218. — 8 m. 4 j. — Yorkshire .... M. Paillart (Stanislas), précité.
219. — 8 m. 6 j. — Yorkshire.......... M. Bertrandus, à Igny (Seine-et-Oise).
220. — 8 m. 15 j.— Yorkshire.......... M. Triboulet (Camille), précité.
221. — 9 m. — Yorkshire .... M. Nadaud (Louis-Cyprien), à Chazelles (Charente).
222. — 9 m. — Yorkshire .... M. Cordier (J.-F.), directeur de l'Ecole pratique d'agriculture de Saint-Remy, précité.
223. — 9 m. 3 j. — Yorkshire .... M. de Clercq, précité.
224. — 10 m. — Yorkshire.......... ... Le même.
225. — 10 m. — Yorkshire............. M. Caubet (Jean-Baptiste), à Villeurbanne (Rhône).
226. — 10 m. — Yorkshire.............. Le même.

227. — 10 m. 10 j. — Yorkshire .... M. BERTRANDUS, précité.
228. — 10 m. 10 j. — Yorkshire.......... M. NOBLET (Auguste). précité.
229. — 10 m. 16 j. — Yorkshire .... M. DE LA MASSARDIÈRE, à Antran (Vienne).
230. — 10 m. 16 j. — Yorkshire.......... Le même.
231. — 11 m. 8 j. — Yorkshire .... M. CASSAN (Jh.), rue des Frères, à Aurillac (Cantal).
232. — 11 m. 11 j. — Yorkshire .... M. GUILLAUMIN (Alexis), à Pouzy (Allier).
233. — 11 m. 22 j. — Yorkshire .. .. M. DE CLERCQ, précité.
234. — 12 m. — Yorkshire.............. M. GUÉRAULT-GODARD, à Fère-Champenoise (Marne).
235. — 12 m. — Yorkshire.............. Le même.
236. — 12 m. — Yorkshire.............. Le même.
237. — 12 m. — Yorkshire.............. Le même.
238. — 12 m. — Yorkshire.............. M. DE LA MASSARDIÈRE, précité.
239. — 12 m. 1 j. — Yorkshire .... M DE CLERCQ, précité.
240. — 12 m. 15 j. — Yorkshire.......... M. BERTRANDUS, précité.
241. — 13 m. — Yorkshire .... M. DUTHU (Sébastien), à Nancy (Meurthe-et-Moselle).
242. — 13 m. — Yorkshire.............. Le même.
243. — 14 m. — Yorkshire .... Le même.
244. — 14 m. — Yorkshire.............. M. DUTHU (Louis), à Nancy Meurthe-et-Moselle).
245. — 14 m. — Italienne .... M. OSTY (Pierre), à St-Léger-de-Peyre (Lozère).
246. — 14 m. 5 j. — Yorkshire........... M. NADAUD (Louis-Cyprien), précité.
247. — 15 m. — Yorkshire .... M. CAUBET (Jean-Baptiste), précité.
248. — 15 m. — Yorkshire .... M. CORDIER (F.-J.), directeur de l'Ecole pratique d'agriculture de St-Remy, précité.
249. — 15 m. — Yorkshire .... M. TRIBOULET (Camille), précité.
250. — 15 m. 3 j. — Yorkshire .... M. BERTHIER (Gabriel), au Creusot (Saône-et-Loire).
251. — 15 m. 10 j. — Yorkshire .... M. BERTRANDUS, précité.
252. — 17 m. — Yorkshire............. M. LEFEBVRE (Emile), précité.
253. — 17 m. 17 j. — Yorkshire .... M. NADAUD (Louis-Cyprien), précité.
254. — 19 m. 23 j. — Yorkshire .... M. NOBLET (Aug.), précité.
255. — 20 m. — Yorkshire.............. M. BOISSEAU (Ferdinand), précité.
256. — 21 m. 3 j. — Yorkshire .... M. DE CLERCQ, précité.
257. — 21 m. 17 j. — Yorkshire .... M. PAILLART (Stanislas), précité.
258. — 22 m. 9 j. — Yorkshire .... M. NADAUD (Louis-Cyprien), précité.
259. — 22 m. 9 j. — Yorkshire.......... Le même.
260. — 23 m. 10 j. — Yorkshire .... M. DE CLERCQ, précité.
261. — 24 m. 5 j. — Yorkshire .... M. PARRY (Louis), à Limoges (Haute-Vienne).
262. — 25 m. 6 j. — Yorkshire.......... M. NOBLET (Auguste), précité.
263. — 25 m. 6 j. — Yorkshire,.......... Le même.
264. — 26 m. — Yorkshire .... M. PAILLART (Stanislas), précité.
265. — 28 m. 1 j. — Yorkshire .... M. NADAUD (Louis-Cyprien), précité.
266. — 28 m. 1 j. — Yorkshire .... Le même.
267. — 30 m. 3 j. — Yorkshire .... M. DE CLERCQ, précité.
268. — 32 m. 15 j. — Yorkshire.......... M. PARRY (Louis), précité.
269. — 32 m. 15 j. — Yorkshire .... Le même.
270. — 34 m. — Yorkshire.............. M. PARRY (Louis), précité.
271. — 9 m. — N.................... M. JOLY (Jacques), à Fontrailles (Hautes-Pyrénées).

4ᵉ Catégorie. — Croisements divers entre races étrangères et races françaises.

Animaux mâles.

1ᵉ prix, **300** fr. et une médaille d'or.
3ᵉ — **200** — — d'argent.
3ᵉ — **150** — — de bronze.
4ᵉ — **100** — — de bronze.

272. — 6 m. 4 j. — Anglo-Périgourdin.... Mᵉ Goumard (Julien-Sicaire), à Mazières (Charente).

273. — 6 m. 15 j. — Yorkshire-Normand. M. Rasset (Louis-Narcisse), à Montérolier (Seine-Inférieure).

274. — 6 m. 18 j. — Yorkshire-Craonnais. M. Guillaumin (Alexis), à Pouzy (Allier).
275. — 6 m. 22 j. — Bershire, croisé..... M. Le Gac (Hervé), à Briec (Finistère).
276. — 7 m. — Yorshire-Picard .... M. Triboulet (Camille), à Assainvillers (Somme).

277. — 7 m. 5 j. — Normand-Yorkshire.. M. Bertrandus, à Igny (Seine-et-Oise).
278. — 7 m. 5 j. — Yorkshire-Craonnais. Mᵐᵉ Jubléma, route de Mende, à Montpellier (Hérault).

279. — 7 m. 16 j. — Yorkshire-Normand. M. Noblet (Auguste), à Châteaurenard (Loiret).

280. — 9 m. — N......... .... M. Joly (Jacques), à Fontrailles (Hautes-Pyrénées).

281. — 9 m. 11 j. — Yorkshire-Picard ... M. Paillart (Stanislas), à Quesnoy-le-Montant (Somme).

282. — 10 m. — Yorkshire-Lorrain....... M. Duthu (Sébastien), à Nancy (Meurthe-et-Moselle).

283. — 10 m. — N.................... M. Milhas (Eugène), à Mazerolles-Hautes-Pyrénées).

284. — 11 m. 10 j. — N............... M. Barrère (Jean-Marie), à Odos, commune de Tarbes (Hautes-Pyrénées).

285. — 14 m. 7 j. — Yorkshire-Limousin. M. Parry (Louis), à Limoges (Haute-Vienne).

286. — 19 m. 4 j. — Yorkshire-Picard ... M. Ammeux-van Hersecke, à Vielle-Eglise (Pas-de-Calais).

Animaux femelles.

1ᵉʳ prix, **300** fr. et une médaille d'or.
2ᵉ — **200** — — d'argent.
3ᵉ — **150** — — de bronze.
4ᵉ — **100** — — de bronze.

287. — 6 m. — Yorkshire-Craonnaise.... M. Lefebvre (Emile), à Saint-Florent-le-Jeune (Loiret).

288. — 6 m. — Yorkshire-Picarde....... M. Triboulet (Camille), précité.
289. — 8 m. Yorkshire-Picarde.......... Le même.
290. — 8 m. — Yorkshire-Picarde....... Le même.
291. — 9 m. — N.................... M. Joly (Jacques), à Fontrailles (Hautes-Pyrénées).

292. — 9 m. 7 j. — Yorshire-Craonnaise. M. Guillaumin (Alexis), à Pouzy (Allier).
293. — 11 m. — Yorhshire-Craonnaise... Le même.
294. — 11 m. — Yorkshîre-Craonnaise... Le même.
295. — 11 m. — Anglo-Française........ M. Lefebvre (Emile), précité.
296. — 12 m. — Yorkshire-Lorraine ..... M. Duthu (Louis), à Nancy (Meurthe-et-Moselle).

297. — 12 m. 15 j. — Yorkshire-Craonnaise. — Mme JUBLEMA, route de Mende, à Montpellier (Hérault).

298. — 13 m. — Yorkshire-Lorraine..... M. DUTHU (Sébastien), à Nancy (Meurthe-et-Moselle).

299. — 13 m. 4 j. — Yorkshire-Craonnaise. — M. GUILLAUMIN (Alexis), précité.

300. — 14 m. — Anglo-Périgourdine..... M. GOUMARD (Julien-Sicaire), à Mazières (Charente).

301. — 14 m. — N...................... M. MILHAS (Eugène), à Mazerolles (Hautes-Pyrénées).

302. — 15 m. — Yorkshire-Picarde...... M. TRIBOULET (Camille), précité.

303. — 15 m. 10 j.— Normande-Yorkshire M. BERTRANDUS, à Igny (Seine-et-Oise).

304. — 15 m. 14 j. — N................. M. LE GAC (Hervé), à Briec (Finistère).

305. — 15 m. 24 j. — N................. Le même.

306. — 16 m. — Yorkshire-Bressanne.... M. DUISIT (Jean), à Chambéry (Savoie).

307. — 17 m. 24 j. — Bershire-croisée.... M. LE GAC (Hervé), précité.

308. — 18 m. — Hampshire-Normande.... M. RASSET (Louis-Narcisse), à Montérolier (Seine-Inférieure).

309. — 18 m. 9 j. — Berkshire-Picarde... M. AMMEUX-VAN HERSECKE, à Vieille-Eglise (Pas-de-Calais).

310. — 18 m. 20 j.—Normande-Yorkshire M. BERTRANDUS, à Igny (Seine-et-Oise).

311. — 20 m. 14 j.—Yorkshire-Normande M. NOBLET (Auguste, à Châteaurenard (Loiret).

312. — 24 m. — N...................... M. MILHAS (Eugène), précité.

313. — 27 m. — Yorkshire-Normande.... M. RASSET (Louis-Narcisse), précité.

314. — 31 m. 10 j. — Yorkshire-Limousine. — M. PARRY (Louis), à Limoges (Haute-Vienne).

315. — 34 m. 26 j. — Yorkshire-Picarde.. M. PAILLART (Stanislas), à Quesnoy-le-Montant (Somme).

316. — 34 m. 26 j. — Yorkshire-Picarde.. Le même.

ANIMAUX DE BASSE-COUR.

ÉTRANGERS ET FRANÇAIS.

En outre des prix prévus pour chaque catégorie, un objet d'art, d'une valeur approximative de 500 francs, pourra être décerné au plus bel ensemble de lots d'animaux de basse-cour, sans dictinction de race, appartenant au même propriétaire.

1re CATÉGORIE. — **Race de Crèvecœur.**

Coqs.

1er prix. une médaille d'argent.
2e   —   —   de bronze.
3e   —   —   de bronze.
4e   —   —   de bronze.
5e   —   —   de bronze.

1. — 1 noir .... M. Croizet (Charles), à Amiens (Somme).
2. — 1 noir .... Le même.
3. — 1 noir .... Mme Davoust-Periot, à Houdan (Seine-et-Oise).
4. — 1 noir .... M. Delauyé (Henri), 24, quai de Seine, à Bezons (Seine-et-Oise).
5. — 1 noir .... M. Farcy (Ch.), à Cérans-Foulletourte (Sarthe).
6. — 1 noir .... Le même.
7. — 1 noir .... Le même.
8. — 1 noir .... Le même.
9. — 1 noir .... Le même.
10. — 1 noir .... Le même.
11. — 1 noir .... Le même.
12. — 1 noir .... Le même.
13. — 1 noir .... M. Gagnepain (Xavier), à Sannois commune d'Argenteuil (Seine-et-Oise).
14. — 1 noir .... Le même.
15. — 1 noir .... Le même.
16. — 1 noir .... Le même.
17. — 1 noir .... M. Lagrange (Etienne), à Autun (Saône-et-Loire).
18. — 1 noir .... Le même.
19. — 1 noir .... M. Lasseron (H.), 116, rue de l'Ouest, à Paris.

20. — 1 noir........................ M. Lejeune (Jean-Joseph), aux Essarts-le-
Roi (Seine-et-Oise).

21. — 1 noir.......................... Le même.
22. — 1 noir.......................... Le même.
23. — 1 noir.......................... Le même.
24. — 1 blanc........................ M. Loyau (Pierre), à Louplande (Sarthe).
25. — 1 noir .... Le même.
26. — 1 blanc........ .... Mme Maillet du Boullay, à Herqueville
(Eure).

27. — 1 bleu.... .... La même.
28. — 1 blanc......................... La même.
29. — 1 noir.......................... La même.
30. — 1 noir.......................... M. Mesny (Gustave), à Beauchamp, commune de Taverny (Seine-et-Oise).

31. — 1 noir......................... M. Pointelet, à Louveciennes (Seine-et-
Oise).

32. — 1 noir......................... MM. Roullier & Arnoult, à Gambais
(Seine-et-Oise).

33. — 1 noir.......................... M. Voisin (René), à La Suze (Sarthe).
34. — 1 noir.......................... Le même.
35. — 1 noir.......................... Le même.
36. — 1 noir.......................... Le même.
37. — 1 noir.......................... MM. Voitellier Frères, à Mantes (Seine-
et-Oise).

38. — 1 noir.......................... Les mêmes.
39. — 1 noir.......................... Les mêmes.
40. — 1 noir.......................... Les mêmes.

Poules.

1er prix, une médaille d'argent.

   2e   —   —   de bronze.

   3e   —   —   de bronze.

   4e   —   —   de bronze.

   5e   —   —   de bronze.

41. — 1 lot, noires..... .... M. Croizet (Ch.), à Amiens (Somme).
42. — 1 lot, noires..................... Le même.
43. — 1 lot, noires................. ... Mme Davoust-Périot, à Houdan (Seine-et-
Oise).

44. — 1 lot, noires..................... M. Delauyé (Henri), 24, quai de Seine, à
Bezons (Seine-et-Oise).

45. — 1 lot, noires..................... M. Farcy (Ch.), à Cérans-Foulletourte
(Sarthe).

46. — 1 lot, noires..................... Le même.
47. — 1 lot, noires..................... Le même.
48. — 1 lot, noires..................... Le même.
49. — 1 lot, noires.. .... Le même.
50. — 1 lot, noires..................... Le même.
51. — 1 lot, noires..................... Le même.
52. — 1 lot, noires..................... Le même.
53. — 1 lot, noires..................... M. Gagnepain (Xavier), à Sannois commune d'Argenteuil (Seine-et-Oise).

54. — 1 lot, noires..................... Le même.
55. — 1 lot, noires..................... Le même.
56. — 1 lot, noires..................... M. Lagrange (Étienne), à Autun (Saône-
et-Loire).

57. — 1 lot, noires..................... Le même.
58. — 1 lot, noires..................... M. Lasseron (H.), 116, rue de l'Ouest, à
Paris.

59. — 1 lot, noires....... .... M. Lejeune (Jean-Joseph), aux Essarts-
le-Roi (Seine-et-Oise)
60. — 1 lot, noires..................... Le même.
61. — 1 lot, noires..................... Le même.
62. — 1 lot, noires..................... Le même.
63. — 1 lot, blanches.................. M. Loyau (Pierre), à Louplande (Sarthe).
64. — 1 lot, noires..................... Le même.
65. — 1 lot, blanches.................. Mme Maillet du Boullay, à Herqueville
(Eure).
66. — 1 lot, blanches.................. La même.
67. — 1 lot, bleues.................... La même.
68. — 1 lot, noires.................... La même.
69. — 1 lot, noires.................... M. Mesny (Gustave), à Beaucamp, commune de Taverny (Seine-et-Oise).
70. — 1 lot, noires.................... M. Pointelet, à Louveciennes (Seine-et-
Oise).
71. — 1 lot, noires.................... MM. Roullier & Arnoult, à Gambais
(Seine-et-Oise).
72. — 1 lot, noires.................... M. Voisin (René), à La Suze (Sarthe).
73. — 1 lot, noires.................... Le même.
74. — 1 lot, noires.................... Le même.
75. — 1 lot, noires.................... Le même.
76. — 1 lot........................... MM. Voitellier Frères, à Mantes (Seine-
et-Oise).
77. — 1 lot........................... Les mêmes.
78. — 1 lot........................... Les mêmes.
79. — 1 lot........................... Les mêmes.

2e Catégorie. — Race de Houdan.

Coqs.

1er prix , une médaille d'argent.
2e   —   —   de bronze.
3e   —   —   de bronze.
4e   —   —   de bronze.
5e   —   —   de bronze.

80. — 1 noir et blanc.................... M. Breschet (Jean-Pierre), 200, rue des
Fourneaux, à Paris.
81. — 1 noir et blanc.................... Mme Boucher (Édouard), à La Chapelle-
Forainvilliers (Eure-et-Loir).
82. — 1 noir et blanc.................... M. Bouchereaux (A.), à Thiais (Seine).
83. — 1 noir et blanc.................... Le même.
84. — 1 noir et blanc.................... M. Boutillier (Eugène), à Orly (Seine).
85. — 1 noir et blanc.................... Mme la marquise de Chauvelin, à Rilly
(Loire-et-Cher).
86. — 1 noir et blanc.................... La même.
87. — 1 noir et blanc.................... La même.
88. — 1 argenté....................... M. Courcout (François), 20, rue Ville, à
Amiens (Somme).
89. — 1 noir et blanc.................... Mme Davoust-Périot, à Houdan (Seine-et-
Oise).
90. — 1 noir et blanc.................... La même.
91. — 1 noir et blanc.................... La même.
92. — 1 noir et blanc.................... La même.
93. — 1 noir et blanc.................... La même.
94. — 1 noir et blanc.................... La même.
95. — 1 .... M. Delauyé (Henri), 24, quai de Seine, à
Bezons (Seine-et-Oise).

96. — 1 noir et blanc...................	Mme Durand, à Houdan (Seine-et-Oise).	
97. — 1 noir et blanc...................	La même.	
98. — 1 noir et blanc...................	La même.	
99. — 1 noir et blanc...................	La même.	
100. — 1 noir et blanc.................	La même.	
101. — 1 noir et blanc.................	La même.	
102. — 1 noir et blanc.................	La même.	
103. — 1 noir et blanc.................	La même.	
104. — 1 noir et blanc.................	La même.	
105. — 1 noir et blanc.................	La même.	
106. — 1 noir et blanc.................	La même.	
107. — 1 noir et blanc.................	La même.	
108. — 1 noir et blanc.................	La même.	
109. — 1 noir et blanc.................	La même.	
110. — 1 noir et blanc.................	La même.	

96. — 1 noir et blanc................... Mme Durand, à Houdan (Seine-et-Oise).

145. — 1 noir et blanc .... M. Philippe Fils (Jules), à Houdan Seine-et-Oise).

146. — 1 noir et blanc .... Le même.

147. — 1 noir et blanc .... Le même.

148. — 1 noir et blanc .... Le même.

149. — 1 noir et blanc .... M. Pointelet, à Louveciennes (Seine-et-Oise).

150. — 1 noir et blanc .... Le même.

151. — 1 noir et blanc .... M. Rivet (Jules), à Houdan (Seine-et-Oise).

152. — 1 noir et blanc .... Le même.

153. — 1 noir et blanc .... MM. Roullier & Arnoult, à Gambais (Seine-et-Oise).

154. — 1 noir et blanc .... Le même

155. — 1 noir et blanc .... Le même.

156. — 1 noir et blanc .... Le même.

157. — 1 noir et blanc .... Le même.

158. — 1 noir et blanc .... Le même.

159. — 1 noir et blanc .... Le même.

160. — 1 noir et blanc .... Le même.

161. — 1 noir et blanc .... Le même.

162. — 1 noir et blanc .... Le même.

163. — 1 noir et blanc .... M. Solanet, 11, rue Camille-Mouquet, à Charenton (Seine).

164. — 1 .... M. Thumara (Arthur), 7, passage du Mont-Cenis, à Paris.

165. — 1 .... MM. Tourrette Frères, à Palaiseau (Seine-et-Oise).

166. — 1 .... MM. Voitellier Frères, à Mantes (Seine-et-Oise).

167. — 1 .... Les mêmes.

168. — 1 .... Les mêmes.

169. — 1 .... Les mêmes.

170. — 1 .... Les mêmes.

171. — 1 .... Les mêmes.

172. — 1 .... Les mêmes.

173. — 1 .... Les mêmes.

174. — 1 .... Les mêmes.

175. — 1 .... Les mêmes.

176. — 1 .... Les mêmes.

177. — 1 .... Les mêmes.

Poules.

1er prix, une médaille d'argent.

2e   —   —   de bronze.

3e   —   —   de bronze.

4e   —   —   de bronze.

5e   —   —   de bronze.

178. — 1 lot, noires et blanches .... Mme Boucher (Edouard), à La-Chapelle-Forainvilliers (Eure-et-Loire).

179. — 1 lot, noires et blanches .... La même.

180. — 1 lot, noires et blanches .... M. Boucheraux (A.), à Thiais (Seine).

181. — 1 lot, noires et blanches .... Le même.

182. — 1 lot, noires et blanches .... Le même.

183. — 1 lot .... M. Boutillier (Eugène), à Orly (Seine).

184. — 1 lot, noires et blanches .... M. Breschet (Jean-Pierre), 200, rue des Fourneaux, à Paris.

185. — 1 lot, noires et blanches .... Mme la marquise de Chauvelin, à Rilly (Loir-et-Cher).

186. — 1 lot, argentées................. M. Courcout, 20, rue Ville, à Amiens (Somme).
187. — 1 lot, noires et blanches.......... Mᵐᵉ Davoust-Périot, à Houdan (Seine-et-Oise).
188. — 1 lot, noires et blanches.......... La même.
189. — 1 lot, noires et blanches.......... La même.
190. — 1 lot, noires et blanches... ...... La même.
191. — 1 lot, noires et blanches.......... La même.
192. — 1 lot, noires et blanches.......... La même.
193. — 1 lot, noires et blanches.......... M. Delauyé (Henri), 24, quai de Seine, à Bezons (Seine).
194. — 1 lot, noires et blanches.......... Mᵐᵉ Durand, à Houdan (Seine-et-Oise).
195. — 1 lot, noires et blanches.......... La même.
196. — 1 lot, noires et blanches.......... La même.
197. — 1 lot, noires et blanches.......... La même.
198. — 1 lot, noires et blanches........ .. La même.
199. — 1 lot, noires et blanches.......... La même.
200. — 1 lot, noires et blanches.......... La même.
201. — 1 lot, noires et blanches.......... La même.
202. — 1 lot, noires et blances .... La même.
203. — 1 lot, noires et blanches.......... La même.
204. — 1 lot, noires et blanches.......... La même.
205. — 1 lot, noires et blanches.......... La même.
206. — 1 lot, noires et blanches.......... La même.
207. — 1 lot, noires et blanches.......... La même.
208. — 1 lot, noires et blanches.......... La même.
209. — 1 lot, noires et blanches.......... La même.
210. — 1 lot, noires et blanches.......... La même.
211. — 1 lot, noires et branches.......... La même.
212. — 1 lot, noires et blanches.......... La même.
213. — 1 lot, noires et blanches.......... La même.
214. — 1 lot.. .... M. Farcy (Ch.), à Cérans-Foulletourte (Sarthe).
215. — 1 lot.......... .... Le même.
216. — 1 lot, noires et blanches.......... M. Gagnepain (Xavier), à Sannois, commune d'Argenteuil (Seine-et-Oise).
217. — 1 lot, noires et blanches.......... M. Ganier (Alfred), rue Bargue, 23, à Paris.
218. — 1 lot, noires et blanches.......... Le même.
219. — 1 lot, noires et blanches.......... Le même.
220. — 1 lot, noires et blanches.......... Le même.
221. — 1 lot, noires et blanches..... .... M. Gogue (Ernest), à Arcueil (Seine)
222. — 1 lot, noires et blanches.......... Le même.
223. — 1 lot, noires et blanches.......... Le même.
224. — 1 lot, noires et blanches.......... Le même.
225. — 1 lot, noires et blanches.......... Le même.
226. — 1 lot, noires et blanches.......... Le même.
227. — 1 lot, noires et blanches.......... Le même.
228. — 1 lot, noires et blanches.......... Le même.
229. — 1 lot, noires et blanches.......... Le même.
230. — 1 lot, noires et blanches.......... Le même.
231. — 1 lot, noires et blanches.......... M. Lagrange (Etienne), à Autun (Saône-et-Loire).
232. — 1 lot...................... M. Langevin (Charles), 18, rue Couprie, à Montrouge (Seine).
233. — 1 lot, noires et blanches......... M. Lasseron (H.), 116, rue de l'Ouest, à Paris.
234. — 1 lot, noires et blanches .... M. Lejeune (Jean-Joseph), aux Essarts-le-Roi (Seine-et-Oise).
235. — 1 lot, noires et blanches .... Le même.
236. — 1 lot, noires et blanches .... Le même.
237. — 1 lot, noires et blanches .... Le même.
238. — 1 lot..... .... M. Leudet (Léon), Petit-Parc, à Trouville-sur-Mer (Calvados).

239. — 1 lot......................... M. Leudet (Léon), Petit-Parc à Trouville-sur-Mer (Calvados).
240. — 1 lot......................... Le même.
241. — 1 lot......................... Le même.
242. — 1 lot......................... Le même.
243. — 1 lot, noires et blanches......... Mme Maillet du Boullay, à Herqueville (Eure).
244. — 1 lot......................... M. Mesny (Gustave), à Beauchamp, commune de Taverny (Seine-et-Oise).
245. — 1 lot, noires et blanches....... M. Philippe (Emile), à Houdan (Seine-et-Oise).
246. — 1 lot, noires et blanches......... Le même.
247. — 1 lot, blanche et noire........... M. Philippe Fils (Jules), à Houdan (Seine-et-Oise).
248. — 1 lot, blanche et noire........... Le même.
249. — 1 lot, blanche et noire........... Le même.
250. — 1 lot, blanche et noire........... Le même.
251. — 1 lot, blanche et noire........... Le même.
252. — 1 lot, blanche et noire........... Le même.
253. — 1 lot......................... M. Pihan (Edgard), 13 quai de la Tournelle, à Paris.
254. — 1 lot, noires et blanches......... M. Pointelet, à Louveciennes (Seine-et-Oise).
255. — 1 lot, noires et blanches......... Le même.
256. — 1 lot, noires et blanches......... M. Rivet (Jules), à Houdan (Seine-et-Oise).
257. — 1 lot, noires et blanches......... Le même.
258. — 1 lot, noires et blanches......... MM. Roullier & Arnoult, à Gambais (Seine-et-Oise).
259. — 1 lot, noires et blanches......... Les mêmes.
260. — 1 lot, noires et blanches......... Les mêmes.
261. — 1 lot, noires et blanches......... Les mêmes.
262. — 1 lot, noires et blanches......... Les mêmes.
263. — 1 lot, noires et blanches......... Les mêmes.
264. — 1 lot, noires et blanches......... Les mêmes.
265. — 1 lot, noires et blanches......... Les mêmes.
266. — 1 lot, noires et blanches......... Les mêmes.
267. — 1 lot, noires et blanches......... Les mêmes.
268. — 1 lot......................... M. Thumara (Arthur), 7, passage du Mont-Cenis, à Paris.
269. — 1 lot......................... MM. Tourrette Frères, à Palaiseau (Seine-et-Oise).
270. — 1 lot......................... MM. Voitellier Frères, à Mantes (Seine-et-Oise).
271. — 1 lot......................... Les mêmes.
272. — 1 lot......................... Les mêmes.
273. — 1 lot......................... Les mêmes.
274. — 1 lot......................... Les mêmes.
275. — 1 lot......................... Les mêmes.
276. — 1 lot......................... Les mêmes.
277. — 1 lot......................... Les mêmes.
278. — 1 lot......................... Les mêmes.
279. — 1 lot......................... Les mêmes.
280. — 1 lot......................... Les mêmes.
281. — 1 lot......................... Les mêmes.

3e Catégorie. — **Race de la Flèche.**

1er prix, une médaille d'argent.
2e   —   —   de bronze.
3e   —   —   de bronze.

282. — 1 noir......................... Mme Davoust-Periot, à Houdan (Seine-et-Oise).

283, — 1 noir........................ M. Debeauvais, 9, impasse de la Tour-de-
                                        Vanves, à Paris.
284. — 1 noir...................... M. Farcy (Ch.), à Cérans - Foulletourte
                                        (Sarthe).
285. — 1 noir...................... Le même.
286. — 1 noir...................... Le même.
287. — 1 noir...................... Le même.
288. — 1 noir...................... Le même.
289. — 1 noir...................... Le même.
290. — 1 noir...................... Le même.
291. — 1 noir...................... Le même.
292. — 1 noir...................... M. Gagnepain (Xavier), à Sannois, com-
                                        mune d'Argenteuil (Seine-et-Oise).
293. — 1 .... Mme Goldenberg (Renée), à Zornhoff, près
                                        Saverne (Alsace).
294. — 1 noir..................... Mins Grollier-Dehaynin, à Durtal (Maine-
                                        et-Loire).
295. — 1 noir..................... La même.
296. — 1 noir..................... La même.
297. — 1 noir...... .... M. Lagrange (Etienne), à Autun (Saône-
                                        et-Loire).
298. — 1 noir..................... M. Lasseron (H.), 11e, rue de l'Ouest, à
                                        Paris.
299. — 1 noir..................... M. Lejeune (Jean-Joseph), aux Essarts-
                                        le-Roi (Seine-et-Oise).
300. — 1 noir..................... Le même.
301. — 1 noir..................... Le même.
302. — 1 noir..................... M. Loyau (Pierre), à Louplande (Sarthe).
303. — 1 noir..................... Le même.
304. — 1 .... M. Mesny (Gustave), à Beauchamp, com-
                                        mune de Taverny (Seine-et-Oise).
305. — 1 noir..................... M. Pointelet, à Louveciennes (Seine-et-
                                        Oise).
306. — 1 noir..................... Le même.
307. — 1 noir..................... M. Souchard (Louis), à Verron (Sarthe)
308. — 1 noir..................... M. Voisin (René), à la Suze (Sarthe).
309. — 1 noir..................... Le même.
310. — 1 noir..................... Le même.
311. — 1 noir..................... Le même.
312. — 1 .... MM. Voiteltier Frères, à Mantes (Seine-
                                        et-Oise).
313. — 1 .... Les mêmes.
314. — 1 .... Les mêmes.
315. — 1 .... Les mêmes.

Poules.

1er prix. une médaille d'argent.
2e   —   —   de bronze.
3e   —   —   de bronze.

316. — 1 lot, noires................... Mme Davoust-Périot, à Houdan (Seine-et-
                                        Oise).
317. — 1 lot, noires................... M. Debeauvais, 9, impasse de la Tour-de-
                                        Vanves, à Paris.
318. — 1 lot, noires................... M. Farcy (Ch.), à Cérans-Foulletourte
                                        (Sarthe).
319. — 1 lot, noires................... Le même.
320. — 1 lot, noires................... Le même.
321. — 1 lot, noires................... Le même.
322. — 1 lot, noires................... Le même.
323. — 1 lot, doires................... Le même.
324. — 1 lot, noires................... Le même.
325. — 1 lot, noires................... Le même.

326. — 1 lot, noires .... M. Gagnepain (Xavier), à Sannois, commune d'Argenteuil (Seine-et-Oise).
327. — 1 lot, noires .... Mᵐᵉ Grollier-Dehaynin, à Durtal (Maine-et-Loire).
328. — 1 lot, noires .... La même.
329. — 1 lot, noires .... La même.
330. — 1 .... Mᵐᵉ Goldenberg (Renée), à Zornhoff, près Saverne (Alsace).
331. — 1 lot, noires .... M. Lagrange (Etienne), à Autun (Saône-et-Loire).
332. — 1 lot, noires .... M. Lasseron (H.), 116, rue de l'Ouest, à Paris.
333. — 1 lot, noires .... M. Lejeune (Jean-Joseph), aux Essarts-le-Roi (Seine-et-Oise).
334. — 1 lot, noires .... Le même.
335. — 1 lot, noires .... Le même.
336. — 1 lot, noires .... M. Loyau (Pierre), à Louplande (Sarthe).
337. — 1 lot, noires .... Le même.
338. — 1 lot .... M. Mesny (Gustave), à Beauchamp, commune de Taverny (Seine-et-Oise).
339. — 1 lot, noires .... M. Pointelet, à Louveciennes (Seine-et-Oise).
340. — 1 lot, noires. .... Le même.
341. — 1 lot, noires .... M. Souchard (Louis), à Verron (Sarthe).
342. — 1 lot, noires .... Le même.
343. — 1 lot, noires .... M. Voisin (René), à La Suze (Sarthe).
344. — 1 lot, noires .... Le même.
345. — 1 lot, noires .... Le même.
346. — 1 lot, noires .... Le même.
347. — 1 lot, noires .... MM. Voitellier Frères, à Mantes (Seine-et-Oise).
348. — 1 lot .... Les mêmes.
349. — 1 lot .... Les mêmes
350. — 1 lot .... Les mêmes.

4ᵉ Catégorie. — **Race du Mans.**

Coqs.

1ᵉʳ prix, une médaille d'argent.
2ᵉ — — de bronze.
3ᵉ — — de bronze.

351. — 1 noir .... M. Courcout (François), rue Ville, 20, Amiens (Somme)
352. — 1 noir .... M. Farcy (Ch.), à Cérans - Foulletourte (Sarthe).
353. — 1 noir. .... Le même.
354. — 1 noir .... Le même.
355. — 1 noir .... M. Lejeune (Jean-Joseph), aux Essarts-le Roi.
356. — 1 noir .... Le même.
357. — 1 noir .... Le même.
358. — 1 noir .... M. Loyau (Pierre), à Louplande (Sarthe).
359. — 1 noir .... M. Voisin (René), à la Suze (Sarthe).
360. — 1 noir .... Le même.
361. — 1 noir .... MM. Voitellier Frères, à Mantes (Seine-et-Oise).
362. — 1 noir .... Les mêmes.

Poules.

1er prix, une médaille d'argent.

2e   —   —   de bronze.

3e   —   —   de bronze.

363. — 1 lot, noires. . . . . M. Courcout (François), 20, rue Ville, à
        Amiens (Somme).
364. — 1 lot, noires . . . . M. Farcy (Ch.), à Cerans - Foulletourte
        (Sarthe).
365. — 1 lot, noires . . . . Le même.
366. — 1 lot, noires . . . . Le même.
367. — 1 lot, noires . . . . M. Lejeune (Jean-Joseph). aux Essarts-le-
        Roi (Seine-et-Oise).
368. — 1 lot, noires . . . . Le même.
369. — 1 lot, noires . . . . Le même
370. — 1 lot, noires . . . . M. Loyau (Pierre), à Louplande (Sarthe).
371. — 1 lot, noires . . . . M. Voisin (René), à La Suze (Sarthe).
372. — 1 lot, noires . . . . Le même.
373. — 1 lot. . . . . MM. Voitellier Frères, à Mantes (Seine-
        et-Oise).
374. — 1 lot. . . . . Les mêmes.

5e Catégorie. — Race de la Bresse.

Coqs.

1er prix, une médaille d'argent.

2e   —   —   de bronze.

375. — 1 blanc . . . . M. Boucheraux, à Thiais (Seine).
376. — 1 noir . . . . Mme Brexy, rue Ville, 18, à Amiens (Somme).
377. — 1 noir . . . . Mme la marquise de Chauvelin, à Rilly
        (Loir-et-Cher).
378. — 1 noir . . . . La même.
379. — 1 noir . . . . La même.
380. — 1 noir . . . . M. Courcout (François), rue Ville, 20, à
        Amiens (Somme).
381. — 1 noir. . . . . Le même.
382. — 1 noir . . . . M. Croizet (Ch.), à Amiens (Somme).
383. — 1 noir . . . . M. Farcy (Ch.), à Cérans - Foulletourte
        (Sarthe).
384. — 1 noir . . . . Le même.
385. — 1 noir . . . . Mme Grollier-Dehaynin, à Gonesse (Seine-
        et-Oise).
386. — 1 noir . . . . La même.
387. — 1 noir . . . . La même.
388. — 1 noir . . . . M. Lagrange (Etienne), à Autun (Saône-
        et-Loire).
389. — 1 noir . . . . Le même.
390. — 1 noir . . . . Le même.
391. — 1 noir . . . . M. Lejeune (Jean-Joseph), aux Essarts-le-
        Roi (Seine-et-Oise).
392. — 1 noir . . . . Le même.
393. — 1 noir . . . . Le même.
394. — 1 noir . . . . M. Pointelet, à Louveciennes (Seine-et-
        Oise).
395. — 1 . . . . MM. Voitellier Frères, à Mantes (Seine-
        et-Oise).
396. — 1 . . . . Les mêmes.

Poules.

1ᵉʳ prix, une médaille d'argent.

2ᵉ   —   —   de bronze.

397. — 1 lot, blanches.................... M. Bouchereaux (A.), à Thiais (Seine).
398. — 1 lot, noires.................... Mᵐᵉ Brexy, rue Ville, 18, à Amiens (Somme).
399. — 1 lot, noires.................... Mᵐᵉ la marquise de Chauvelin, à Rilly (Loir-et-Cher).
400. — 1 lot, noires.................... La même.
401. — 1 lot, noires.................... M. Courcout (François), rue Ville, 20, à Amiens (Somme).
402. — 1 lot, noires.................... M. Croizet (Ch.), à Amiens (Somme).
403. — 1 lot, noires.................... M. Farcy (Ch.), à Cérans - Foulletourte (Sarthe).
404. — 1 lot, noires.................... Le même.
405. — 1 lot, noires.................... Mᵐᵉ Grollier-Dehaynin, à Gonesse (Seine-et-Oise).
406. — 1 lot, noires.................... La même.
407. — 1 lot, noires.................... La même.
408. — 1 lot, noires.................... M. Lagrange (Etienne), à Autun (Saône-et-Loire).
409. — 1 lot, noires.................... Le même.
410. — 1 lot, noires.................... Le même.
411. — 1 lot, noires.................... M. Lejeune (Jean-Joseph), aux Essarts-le-Roi (Seine-et-Oise).
412. — 1 lot, noires.................... Le même.
413. — 1 lot, noires.................... Le même.
414. — 1 lot, noires.................... M. Pointelet, à Louveciennes (Seine-et-Oise).
415. — 1 lot .... MM. Voitellier Frères, à Mantes (Seine-et-Oise).
416. — 1 lot .... Les mêmes.

6ᵉ Catégorie. — **Race de Barbezieux.**

Coqs.

1ᵉʳ prix, une médaille d'argent.

2ᵉ   —   —   de bronze.

417. — 1 noir,.................... M. Giet (Fernand), à Barbezieux (Charente),
418. — 1 noir.................... Le même.
419. — 1 noir.................... M. Gois (Eugène), à Montchaude (Charente).
420. — 1 noir.................... Le même.
421. — 1 noir.................... M. Lejeune (Jean-Joseph), aux Essarts-le-Roi (Seine-et-Oise).
422. — 1 noir.. .... Le même.
423. — 1 noir.................... M. Mathey (Fernand), à Rochechouart (Haute-Vienne).
424. — 1 noir.................... M. Migeau (Philippe), à Barbezieux (Charente).
425. — 1.................... M. Moons de Coen, à Calmpthout, province d'Anvers (Belgique).
426. — 1.................... Le même.
427. — 1 noir.................... M. Pichon (Lucien), à St-Hilaire-de-Barbezieux (Charente).
428. — 1 noir.................... M. Pointelet, à Louveciennes (Seine-et-Oise).
429. — 1 noir.................... Le même.

430. — 1 noir...................... MM. Voitellier Frères, à Mantes (Seine-et-Oise).
431. — 1 .... Les mêmes.
432. — 1 noir...................... M. Waltier (Paul), à Barbezieux (Charente).
433. — 1 noir,..................... Le même.

Poules.

1er prix, une médaille d'argent.

2e — — de bronze.

434. — 1 lot, noires.................. M. Giet (Fernand), à Barbezieux (Charente).
435. — 1 lot, noires.................. M. Gois (Eugène), à Montchaude (Charente).
436. — 1 lot, noires.................. Le même.
437. — 1 lot, noires.................. M. Lejeune (Jean-Joseph), aux Essarts-le-Roi (Seine-et-Oise).
438. — 1 lot, noires.................. Le même.
439. — 1 lot, noires. .... M. Mathey (Fernand), à Rochechouart (Haute-Vienne).
440. — 1 lot, noires.................. M. Migeau (Philippe), à Barbezieux (Charente).
441. — 1 lot....................... M. Moons de Coen, à Calmpthout, province d'Anvers (Belgique).
442. — 1 lot, noires.................. M. Pichon (Lucien), à St-Hilaire-de-Barbezieux (Charente).
443. — 1 lot, noires.................. M. Pointelet, à Louveciennes (Seine-et-Oise).
444. — 1 lot, noires.................. Le même.
445. — 1 lot, noires.................. MM, Voitellier Frères, à Mantes (Seine-et-Oise).
446. — 1 lot, noires.................. Les mêmes.
447. — 1 lot, noires .... M. Waltier (Paul), à Barbezieux (Charente).
448. — 1 lot, noires.................. Le même

7e Catégorie, — **Race à courtes pattes.**

Coqs.

1er prix, une médaille d'argent.

2e — — de bronze.

449. — 1 noir .... M. Farcy (Ch.), à Cerans-Foulletourte (Sarthe).
450. — 1 noir .... Le même.
451. — 1 noir .... M. Lejeune (Jean-Joseph), aux Essarts-le-Roi (Seine-et-Oise).
452. — 1 noir .... Le même.
453. — 1 noir .... M. Loyau (Pierre), à Louplande (Sarthe).
454. — 1 noir .... M. Pointelet, à Louveciennes (Seine-et-Oise)
455. — 1 noir... .... Mme Samson, à Sidi-Mabrouck, commune de Constantine (Algérie).
456. — 1 noir...................... La même.
457. — 1 noir .... M. Voisin (René), à La Suze (Sarthe).
458. — 1....................... MM. Voitellier frères, à Mantes (Seine-et-Oise).
459. — 1....................... Les mêmes.

Poules.

1er prix, une médaille d'argent.

2e   —   —   de bronze.

460. — 1 lot, noires .... M. FARCY (Ch.), à Cérans-Foulletourte (Sarthe).
461. — 1 lot, noires..................... Le même.
462. — 1 lot, noires..................... M. LEJEUNE (Jean-Joseph), aux Essarts-le-Roi (Seine-et-Oise).
463. — 1 lot, noires..................... Le même.
464. — 1 lot, noires..................... M. LOYAU (Pierre), à Louplande (Sarthe).
465. — 1 lot, noires..................... M. POINTELET, à Louveciennes (Seine-et-Oise).
466. — 1 lot, noires,..................... Mme SAMSON, à Sidi-Mabrouck, commune de Constantine (Algérie).
467. — 1 lot, noires.................... M. VOISIN (Réné), à La Suze (Sarthe).
468. — 1 lot..................... MM. VOITELLIER Frères, à Mantes (Seine-et-Oise))
469. — 1 lot..................... Les mêmes.

8e CATÉGORIE. — **Races françaises autres que celles qui sont dénommées ci-dessus.**

Coqs.

1er prix, une médaille d'argent.

2e   —   —   de bronze.

3e   —   —   de bronze.

4e   —   —   de bronze.

470. — 1 algérien .... Mme SAMSON, à Sidi-Mabrouck. commune de Constantine (Algérie).
471. — 1 algérien .... La même.
472. — 1 broux blanc..................... M. POINTELET, à Louveciennes (Seine-et-Oise).
473. — 1 cauchois .... M. QUILBEUF, au Houlme (Seine-et-Oise).
474. — 1 cauchois..................... Le même.
475. — 1 caussade noir..................... M. CASSAN (Joseph), à Aurillac (Cantal).
476. — 1 coucou de Rennes..................... M. LEJEUNE (Jean-Joseph), aux Essarts-le-Roi (Seine-et-Oise).
477. — 1 favrolles gris..................... Mme PHILIPPE (Emile), à Houdan (Seine-et-Oise).
478. — 1 favrolles gris..................... Le même.
479. — 1 gatinais blanc..................... M. BOUCHEREAUX (A.), à Thiais (Seine).
480. — 1 gatinais blanc..................... Le même.
481. — 1 gournay gris .... Mme PAILLART (Anna). à Quesnoy-le-Montant (Somme).
482. — 1 gournay gris..................... La même.
483. — 1 Mantes argenté..................... Mme BREXY, rue Ville, 18, à Amiens (Somme).
484. — 1 Mantes argenté..................... La même.
485. — 1 Mantes papilloté..................... M. LEJEUNE (Jean-Joseph), précité.
486. — 1 Mantes .... M. MOONS DE CŒN, à Calmpthout, prov. d'Anvers (Belgique).
487. — 1 Mantes .... MM. VOITELLIER Frères, à Mantes (Seine-et-Oise).
488. — 1 Mantes .... Les mêmes.
489 — 1 Mantes .... Les mêmes.
490. — 1 Mantes .... Les mêmes.
491. — 1 Mantes .... Les mêmes.

492. — 1 Mantes .... MM. Voitellier Frères, à Mantes (Seine-et-Oise).
493. — 1 Mantes .... Les mêmes.
494. — 1 Mantes .... Les mêmes.
495. — 1 Mantes .... Les mêmes.
496. — 1 Mantes .... Les mêmes.
497. — 1 Mantes .... Les mêmes.
498. — 1 Mantes .... Les mêmes.
499. — 1 .... M. Chandora (Léon), à Plabennec (Finistère).
500. — 1 .... M. Pointelet, à Louveciennes (Seine-et-Oise).
501. — 1 picard........... .... M. Courcout, rue Ville, n° 20, à Amiens (Somme).

Poules.

1er prix, une médaille d'argent.
<ul>
</ul>

2e	—	—	de bronze.
3e	—	—	de bronze.
4e	—	—	de bronze.

502. — 1 lot, algériennes... .... Mme Samson, à Sidi-Mabrouck, commune de Constantine (Algérie).
503. — 1 lot, broux blanches..... . ... M. Pointelet, à Louveciennes (Seine-et-Oise).
504. — 1 lot, cauchoises................ M. Quilbeuf, au Houlme (Seine-Inférieure).
505. — 1 lot, coucou de Rennes .... M. Lejeune (Jean-Joseph), aux Essarts-le-Roi (Seine-et-Oise).
506. — 1 lot, favrolles grises............ M. Philippe (Emile), à Houdan (Seine-et-Oise).
507. — 1 lot, favrolles grises............ Le même.
508. — 1 lot, gatinaises blanches......... M. Bouchereaux, à Thiais (Seine).
509. — 1 lot, gatinaises blanches......... Le même.
510. — 1 lot, gournay grises............ Mme Paillart (Anna), à Quesnoy-le-Montant (Somme).
511. — 1 lot, Mantes argentées.......... Mme Brexy, rue Ville, n° 18, à Amiens (Somme).
512. — 1 lot, Mantes popillottées........ M. Lejeune (Jean-Joseph), précité.
513. — 1 lot, Mantes......... .... MM. Voitellier Frères, à Mantes (Seine-et-Oise).
514. — 1 lot, Mantes................... Les mêmes.
515. — 1 lot, Mantes................... Les mêmes.
516. — 1 lot, Mantes................... Les mêmes.
517. — 1 lot, Mantes................... Les mêmes.
518. — 1 lot, Mantes................... Les mêmes.
519. — 1 lot, Mantes................... Les mêmes.
520. — 1 lot, Mantes................... Les mêmes.
521. — 1 lot, Mantes................... Les mêmes.
522. — 1 lot, Mantes................... Les mêmes.
523. — 1 lot, Mantes................... Les mêmes.
524. — 1 lot, Mantes................... Les mêmes.
525. — 1 lot, Picardes................. M. Courcout (François), à Amiens (Somme).
526. — 1 .... M. Pointelet, à Louveciennes (Seine-et-Oise).

10.

9ᵉ Catégorie. — **Race cochinchinoise fauve**.

Coqs.

1ᵉʳ prix, une médaille d'argent.
2ᵉ　　—　　—　　de bronze.
3ᵉ　　—　　—　　de bronze.

527. — 1 .... M. Bouchereaux (A.), à Thiais (Seine).
528. — 1 .... Le même.
529. — 1 .... M. Boutillier (Eugène) , à Orly (Seine).
530. — 1 .... M. Charles (G.), rue du Château, nº 30, à Asnières (Seine).
531. — 1 .... M. Despeyroux (Jules), 11, rue Camille-Mouquet, à Charenton (Seine).
532. — 1 .... M. Gagnepain (Xavier), à Sannois, comm. d'Argenteuil (Seine-et-Oise).
533. — 1 .... M. Lagrange (Étienne), à Autun (Saône-et-Loire).
534. — 1 .... M. Lasseron (H.), 116, rue de l'Ouest, à Paris.
535. — 1 .... M. Lejeune (Jean-Joseph), aux Essarts-le-Roi (Seine-et-Oise).
536. — 1 .... Le même.
537. — 1 .... Le même.
538. — 1 .... Le même.
539. — 1 .... Le même.
540. — 1 .... Le même.
541. — 1 .... Mᵐᵉ Maillet du Boullay, à Herqueville (Eure).
542. — 1 .... La même.
543. — 1 .... M. Mesny (Gustave), à Beauchamp, comm. de Taverny (Seine-et-Oise).
544. — 1 .... M. Pihan (Edgard), 13, quai de la Tournelle, à Paris.
545. — 1 .... Le même.
546. — 1 .... M. Pointelet, à Louveciennes (Seine-et-Oise).
547. — 1 .... Le même.
548. — 1 .... M. Ramillon (Georges), à Tronget (Allier).
549. — 1 .... Le même.
550. — 1 .... MM. Rouiller et Arnoult, à Gambais (Seine-et-Oise).
551. — 1 .... M. Sicher (Henri), à Gradignen (Gironde).
552. — 1 .... Le même.
553. — 1 .... MM. Tourrette Frères, à Palaiseau (Seine-et-Oise).
554. — 1 .... Les mêmes.
555. — 1 .... MM. Voitellier Frères, à Mantes (Seine-et-Oise.
556. — 1 .... Les mêmes.
557. — 1 .... Les mêmes.
558. — 1 .... Les mêmes.

Poules.

1ᵉʳ prix, une médaille d'argent.
2ᵉ　　—　　—　　de bronze.
3ᵉ　　—　　—　　de bronze.

559. — 1 lot .... M. Bouchereaux (A.), à Thiais (Seine..
560. — 1 lot .... Le même.

561. — 1 lot........................	M. Boutillier (Eugène), à Orly (Seine).
562. — 1 lot........................	M. Charles (G.), rue du Château, 30, à Asnières (Seine).
563. — 1 lot....:	M. Gagnepain (Xavier), à Sannois, comm. d'Argenteuil (Seine-et-Oise).
564. — 1 lot........................	M. Lagrange (Étienne), à Autun (Saône-et-Loire).
565. — lot.........................	M. Lasseron (H.), 116, rue de l'Ouest, à Paris.
566. — 1 lot........................	M. Lejeune (Jean-Joseph), aux Essarts-le-Roi (Seine-et-Oise).
567. — 1 lot........................	Le même.
568. — 1 lot........................	Le même.
569. — 1 lot........................	Le même.
570. — 1 lot........................	Mᵐᵉ Maillet du Boullay, à Herqueville (Eure).
571. — 1 lot........................	La même.
572. — 1 lot........................	M. Mesny (Gustave), à Beauchamp, comm. de Taverny (Seine-et-Oise).
573. — 1 lot........................	M. Pihan (Édgard), 13, quai de la Tournelle, à Paris.
574. — 1 lot........................	M. Pointelet, à Louveciennes (Seine-et-Oise).
575. — 1 lot........................	Le même.
576. — 1 lot........................	M. Ramillon (Georges), à Tronget (Allier).
577. — 1 lot........................	Le même.
578. — 1 lot........................	MM. Roullier et Arnoult, à Gambais (Seine-et-Oise).
579. — 1 lot........................	M. Sicher (Henri), à Gradignen (Gironde)
580. — 1 lot........................	MM. Tourette Frères, à Palaiseau (Seine-et-Oise).
581. — 1 lot........................	Les memes.
582. — 1 lot........................	MM. Voitellier Frères, à Mantes (Seine-et-Oise).
583. — 1 lot........................	Les mêmes.
584. — 1 lot........................	Les mêmes.
585. — 1 lot........................	Les mêmes.

Pas de 10ᵉ catégorie.

11ᵉ Catégorie. — Race cochinchinoise perdrix.

Coqs.

1ᵉʳ prix, une médaille d'argent.

2ᵉ — — de bronze.

586. — 1............................	M. Lejeune (Jean-Joseph), aux Essarts-le-Roi (Seine-et-Oise).
587. — 1............................	Le même.
588. — 1............................	Mᵐᵉ Maillet du Boullay, à Herqueville (Eure).
589. — 1............................	La même.
590. — 1............................	M. Mesny (Gustave), à Beauchamp, commune de Taverny (Seine-et-Oise).
591. — 1............................	M. Pointelet, à Louveciennes (Seine-et-Oise).
592. — 1............................	M. Sicher (Henri), à Gradignen (Gironde).
593. — 1............................	Le même.
594. — 1............................	Le même.
595. — 1............................	Le même.

596. — 1 .... MM. Voitellier Frères, à Mantes (Seine-
                                    et-Oise).
597. — 1 .... Les mêmes.

Poules.

1er prix, une médaille d'argent.
2e   —   —   de bronze.

598. — 1 lot .... M. Lejeune (Jean-Joseph), aux Essarts-le-
                                    Roi (Seine-et-Oise).
599. — 1 lot .... Le même.
600. — 1 lot .... Mme Maillet-du-Boullay, à Herqueville
                                    (Eure).
601. — 1 lot .... La même.
602. — 1 lot .... M. Mesny (Gustave), à Beauchamp, com-
                                    mune de Taverny (Seine-et-Oise).
603. — 1 lot .... M. Pointelet, Louveciennes (Seine-et-
                                    Oise).
604. — 1 lot .... Le même.
605. — 1 lot .... M. Sicher (Henri), à Gradignen (Gironde).
606. — 1 lot .... MM. Voitellier Frères, à Mantes (Seine-
                                    et-Oise).
607. — 1 lot .... Les mêmes.

12· Catégorie. — Races cochinchinoises non classées ci-dessus.

Coqs.

1er prix, une médaille d'argent.
2e   —   —   de bronze.

608. — 1 blanc .... M Lejeune (Jean-Joseph), aux Essarts-
                                    le-Roi (Seine-et-Oise).
609. — 1 blanc .... Le même.
610. — 1 coucou .... Le même.
611. — 1 blanc .... Mme Maillet du Boullay, Herqueville
                                    (Eure).
612. — 1 .... M. Pointelet, à Louveciennes (Seine-et-
                                    Oise).
613. — 1 blanc .... M. Thouin (Maurice), à Margny, commune
                                    de Compiègne (Oise).
614. — 1 blanc .... MM. Voitellier Frères, à Mantes (Seine-
                                    et-Oise).
615. — 1 blanc .... Les mêmes.
616. — 1 blanc .... M. Whitfield (George-Thomas), à Spring-
                                    Hill, Market-Drayton (Angleterre).

Poules.

1er prix, une médaille d'argent.
2e   —   —   de bronze.

617. — 1 lot, blanches .... Mme Maillet du Boullay, à Herqueville
                                    (Heure).
618. — 1 .... M. Pointelet, à Louveciennes (Seine-et-
                                    Oise).
619. — 1 lot, blanches .... M. Lejeune (Jean-Joseph), aux Essarts-
                                    le-Roi (Seine-et-Oise).
620. — 1 lot, blanches .... Le même.
621. — 1 lot, coucou .... Le même.

622. — 1 lot, blanches.................. MM. VOITELLIER Frères, à Mantes (Seine-et-Oise).
623. — 1 lot, blanches.... .:.......... Les mêmes.
624. — 1 lot, blanches................. M. WHITFIELD (George-Thomas), à Spring-Hill, Market-Drayton (Angleterre).

13ᵉ CATÉGORIE — **Race brahmapoutra herminée.**

Coqs.

1ᵉʳ prix, une médaille d'argent.

2ᵉ — — de bronze.

3ᵉ — — de bronze.

625. — 1............................ M. BOUCHEREAUX, à Thiais (Seine).
626. — 1............................ M. DELAUYÉ (Henri), 24, quai de Seine, à Bezons (Seine-et-Oise).
627. — 1............................ M. LAGRANGE (Étienne), à Autun (Saône-et-Loire).
628. — 1............................ Le même.
629. — 1............................ M. LASSERON (H.), 116, rue de l'Ouest, à Paris.
630. — 1............................ M. LEJEUNE (Jean-Joseph), aux Essarts-le-Roi (Seine-et-Oise).
631. — 1............................ Le même.
632. — 1............................ Le même.
633. — .... Le même.
634. — 1............................ M. MESNY (Gustave), à Beauchamp, commune de Taverny (Seine-et-Oise).
635. — 1............................ M. POINTELET, à Louveciennes (Seine-et-Oise).
636. — 1............................ Le même.
637. — 1............................ MM. VOITELLIER Frères, à Mantes (Seine-et-Oise).
638. — 1............................ Les mêmes.
639. — 1............................ Les mêmes.
640. — 1............................ Les mêmes.

Poules.

1ᵉʳ prix, une médaille d'argent.

2ᵉ — — de bronze.

3ᵉ — — de bronze.

641. — 1 lot........................ M. BOUCHEREAUX (A.), à Thiais (Seine).
642. — 1 lot........................ M. DELAUYÉ (Henri), 24, quai de Seine, à Bezons (Seine-et-Oise).
643. — 1 lot........................ M. LEJEUNE (Jean-Joseph), aux Essarts-le-Roi (Seine-et-Oise).
644. — 1 lot........................ Le même.
645. — 1 lot........................ M. LAGRANGE (Etienne), à Autun (Saône-et-Loire).
646. — 1 lot........................ Le même.
647. — 1 lot........................ M. LASSERON (H.), 116, rue de l'Ouest, à Paris).
648. — 1 lot........................ M. MESNY (Gustave), à Beauchamp, commune de Taverny (Seine-et-Oise).
649. — 1 lot........................ M. POINTELET, à Louveciennes (Seine-et-Oise).
650. — 1 lot........................ Le même.

651. — 1 lot........................... M. Sicher (Henri), à Gradignan (Gironde).
652. — 1 lot........................... MM. Voitellier Frères, à Mantes (Seine-et-Oise).
653. — 1 lot........................... Les mêmes.
654. — 1 lot........................... Les mêmes.
655. — 1 lot........................... Les mêmes.

14e Catégorie. — Race brahmapoutra foncée.

Coqs.

1er prix, une médaille d'argent.
2e — — de bronze.
3e — — de bronze.

656. — 1........................... M. Delauyé (Henri), 24, quai de Seine, à Bezons (Seine-et-Oise).
657. — 1........................... M. d'Etchegoyen, à St-Denis-de-Gastines (Mayenne).
658. — 1........................... M. Lejeune (Jean-Joseph), aux Essarts-le-Roi (Seine-et-Oise).
659. — 1........................... Le même.
660. — 1........................... Le même.
661. — 1........................... Le même.
662. — 1........................... M. Mesny (Gustave), à Beauchamp, commune de Taverny (Seine-et-Oise).
663. — 1........................... M. Pointelet, à Louveciennes (Seine-et-Oise).
664. — 1........................... MM. Voitellier Frères, à Mantes (Seine-et-Oise.
665. — 1........................... Les mêmes.

Femelles.

1er prix, une médaille d'argent.
2e — — de bronze
3e — — de bronze.

666. — 1 lot........................... M. Delauyé (Henri), 24, quai de Seine, à Bezons (Seine-et-Oise).
667. — 1 lot........................... M. d'Etchegoyen, à St-Denis-de-Gastines (Mayenne).
668. — 1 lot........................... M. Lejeune (Jean-Joseph), aux Essarts-le-Roi (Seine-et-Oise).
669. — 1 lot........................... Le même.
670. — 1 lot........................... M. Mesny (Gustave), à Beauchamp, commune de Taverny (Seine-et-Oise).
671. — 1 lot........................... M. Pointelet, à Louveciennes (Seine-et-Oise).
672. — 1 lot........................... MM. Voitellier Frères, à Mantes (Seine-et-Oise).
673. — 1 lot........................... Les mêmes.

15e Catégorie. — Race Dorking argentée.

Coqs.

1er prix, une médaille d'argent.
2e — — de bronze.
3e — — de bronze.

674. — 1........................... M. Croizet (Ch.), à Amiens (Somme).

675. — 1.............................. M. Boucheraux (A.), à Thiais (Seine).
676. — 1.............................. Le même.
677. — 1.............................. M. Courcout (François), rue Ville, 20, à Amiens (Somme).
678. — 1.............................. Le même.
679. — 1.............................. M. Gaillard (H.), 42, rue Jean-Goujon, à Paris.
680. — 1.............................. Mme Goldenberg (Renée), à Zornhoff, près Saverne (Alsace).
681. — 1.............................. M. Lagrange (Etienne), à Autun (Saône-et-Loire).
682. — 1.............................. Le même.
683. — 1.............................. M. Langevin (Charles), 18, rue Couprie, à Montrouge (Seine).
684. — 1.............................. M. Lejeune (Jean-Joseph), aux Essarts-le-Roi (Seine-et-Oise).
685. — 1.............................. Le même.
686. — 1.............................. Le même.
687. — 1.............................. Le même.
688. — 1.............................. Le même.
689. — 1.............................. Le même.
690. — 1.............................. Mme Maillet du Boullay, à Herqueville (Eure).
691. — 1.............................. M. Moons de Coen, à Calmpthout. province d'Anvers (Belgique).
692. — 1.............................. Le même.
693. — 1.............................. Mlle la Comtesse de Okecki, 12, rue Boromée, à Paris.
694. — 1.............................. M. Pointelet, à Louveciennes (Seine-et-Oise).
695. — 1.............................. Le même.
696. — 1.............................. M. Sicher (Henri), à Gradigean (Gironde).
697. — 1.............................. MM. Tourrette Frères, à Palaiseau (Seine-et-Oise).
698. — 1.............................. Les mêmes.
699. — 1.............................. Les mêmes.
700. — 1.............................. M. Voisin (René), à La Suze (Sarthe).
701. — 1.............................. MM. Voitellier Frères, à Mantes (Seine-et-Oise).
702. — 1.............................. Les mêmes.
703. — 1.............................. Les mêmes.
704. — 1.............................. M. Whitfield (George-Thomas), à Spring-Hill, Market-Drayton (Angleterre).

Poules.

1er prix, une médaille d'argent.
2e — — de bronze.
3e — — de bronze.

705. — 1 lot.............................. M. Croizet (Ch.), à Amiens (Somme).
706. — 1 lot.............................. M. Bouchereaux, à Thiais (Seine).
707. — 1 lot.............................. Le même.
708. — 1 lot.............................. M. Courcout (François), rue Ville, 20, à Amiens (Somme).
709. — 1 lot.............................. M. Gaillard (H.), 42, rue Jean-Goujon, à Paris.
710. — 1 lot.............................. Mme Goldenberg (Renée), à Zornhoff, près Saverne (Alsace).
711. — 1 lot.............................. M. Lagrange (Etienne), à Autun (Saône-et-Loire).
712. — 1 lot.............................. Le même.

713. — 1 lot...................................... M. Lejeune (Jean-Joseph), aux Esssarts-le-Roi (Seine-et-Oise).
714. — 1 lot............................ Le même.
715. — 1 lot............................ Le même.
716. — 1 lot............................ Le même.
717. — 1 lot .... Mme Maillet du Boullay, à Herqueville (Eure).
718. — 1 lot...................................... M. Pointelet, à Louveciennes (Seine-et-Oise).
719. — 1 lot...................................... Le même.
720. — 1 lot...................................... M. Ramillon (Georges), à Tronget (Allier).
721. — 1 lot...................................... MM. Tourrette Frères, à Palaiseau (Seine-et-Oise).
722. — 1 lot...................................... Les mêmes.
723. — 1 lot...................................... Les mêmes.
724. — 1 lot...................................... M. Voisin (René), à La Suze (Sarthe).
725. — 1 lot...................................... MM. Voitellier Frères, à Mantes (Seine-et-Oise).
726. — 1 lot...................................... Les mêmes.
727. — 1 lot...................................... Les mêmes.
728. — 1 lot...................................... M. Whitfield (George-Thomas), à Spring-Hill, Market-Drayton (Angleterre).

16e Catégorie. — Race dorking foncée. (Couloured).

Coqs.

1er prix, une médaille d'argent.
    2e   —   —   de bronze.
    3e   —   —   de bronze.

729. — 1............................ M. Curteis (R.-B.), à Tenderden (Angleterre).
730. — 1............................ M. Delauyé (Henri), 24, quai de Seine, à Bezons (Seine-et-Oise).
731. — 1............................ Mme Goldenberg (Renée), à Zornhorff, près Saverne (Alsace).
732. — 1............................ M. Lejeune (Jean-Joseph), aux Essarts-le-Roi (Seine-et-Oise).
733. — 1............................ Le même.
734. — 1............................ M. Pointelet, à Louveciennes (Seine-et-Oise).
735. — 1............................ MM. Voitellier Frères, à Mantes (Seine-et-Oise).

Poules.

1er prix, une médaille d'argent.
    2e   —   —   de bronze.
    3e   —   —   de bronze.

736. — 1 lot............................ M. Delauyé (Henri), 24, quai de Seine, à Bezons (Seine-et-Oise).
737. — 1 lot............................ Mme Goldenberg (Renée), à Zornhoff, près Saverne (Alsace).
738. — 1 lot............................ M. Lejeune (Jean-Joseph), aux Essarts-le-Roi (Seine-et-Oise).
739. — 1 lot............................ Le même.
740. — 1 lot............................ M. Pointelet, à Louveciennes (Seine-et-Oise).
741. — 1 lot............................ MM. Voitellier Frères, à Mantes (Seine-et-Oise).

17ᵉ Catégorie. — **Races dorking non classées ci-dessus.**

Coqs.

1ᵉʳ prix, une médaille d'argent.
2ᵉ   —   —   de bronze.
3ᵉ   —   —   de bronze.

742. — 1 Coucou .... M. Favez-Verdier, au Raincy (Seine-et-Oise).
743. — 1 .... Mᵐᵉ Goldenberg (Renée), à Zornhorff, près Saverne (Alsace).
744. — 1 blanc .... M. Lagrange (Étienne), à Autun (Saône-et-Loire).
745. — 1 blanc .... Le même.
746. — 1 blanc .... M. Lejeune (Jean-Joseph), aux Essarts-le-Roi (Seine-et-Oise).
747. — 1 noir .... Le même.
748. — 1 .... M. Pointelet, à Louveciennes (Seine-et-Oise).
749. — 1 .... MM. Voitellier frères, à Mantes (Seine-et-Oise).

Poules.

1ᵉʳ prix, une médaille d'argent.
2ᵉ   —   —   de bronze.
3ᵉ   —   —   de bronze.

750. — 1 lot, coucou .... M. Favez-Verdier, au Raincy (Seine-et-Oise).
751. — 1 lot.......................... Mᵐᵉ Goldenberg (Renée), à Zornhoff, près Saverne (Alsace).
752. — 1 lot, blanches................. M. Lagrange (Étienne), à Autun (Saône-et-Loire).
753. — 1 lot, blanches................. Le même.
754. — 1 lot, blanches................. M. Lejeune (Jean-Joseph), aux Essarts-le-Roi (Seine-et-Oise).
755. — 1 lot, noires................... Le même.
756. — 1 lot.......................... M. Pointelet, à Louveciennes (Seine-et-Oise).
757. — 1 lot.......................... MM. Voitellier frères, précités.

18ᵉ Catégorie. — **Races espagnole, andalouse, et de Minorque.**

Coqs.

1ᵉʳ prix, une médaille d'argent.
2ᵉ   —   —   de bronze.
3ᵉ   —   —   de bronze.

758. — 1 Espagnole noir .... M. Debeauvais, Impasse de la Tour-de-Vanves, 9, à Paris.
759. — 1 Espagnole noir............... Le même.
760. — 1 Espagnole noir .... M. Lagrange (Étienne), à Autun (Saône-et-Loire).

761. — 1 Espagnole noir............... M. Lejeune (Jean-Joseph), aux Essarts-le-Roi (Seine-et-Oise).
762. — 1 Espagnole noir................ Le même.
763. — 1 Espagnole noir et blanc......... M. Le Sueur (Philip-Frédérick), Meadow Vale House, à Jersey (Angleterre).
764. — 1 Espagnole noir............... M. Mesny (Gustave), à Beauchamp commune de Taverny (Seine-et-Oise).
765. — 1 Espagnole noir .... M. Pointelet, à Louveciennes (Seine-et-Oise).
766. — 1 Espagnole noir .... Le même.
767. — 1 Espagnole................ MM. Voitellier frères, à Mantes (Seine-et-Oise).
768. — 1 Espagnole................ Les mêmes.
769. — 1 Andalous.................. MM. Abbot Brothers, à Thuxton, Hingham et Norfolk (Angleterre).
770. — 1 Andalous bleu .... M. Lejeune, Jean-Joseph), précité.
771. — 1 Andalous bleu............... M. Mesny, Gustave. précité.
772. — 1 Andalous................ MM. Voitellier frères, précités.
773. — 1 de Minorque noir...... ...... MM. Abbot Brothers, précités.
774. — 1 de Minorque blanc............ M. Lejeune (Jean-Joseph), précité.
775. — 1 de Minorque noir........... Le même.

Poules.

1er prix, une médaille d'argent.
2e — — de bronze.
3e — — de bronze.

776. — 1 lot, Espagnoles noires......... M. Debeauvais , Impasse de la Tour-de-Vanves, 9, Paris.
777. — 1 lot, Espagnoles noires...... .. Le même.
778. — 1 lot, Espagnoles noires......... M. Lagrange (Étienne), à Autun (Saône-et-Loire).
779. — 1 lot, Espagnoles noires..... .... M. Lejeune (Jean-Joseph), aux Essarts-le-Roi (Seine-et-Oise).
780. — 1 lot Espognoles noires et blanches Le Sueur (Philip-Frédérick), Meadow Vale House, à Jersey (Angleterre).
781. — 1 lot, Espagnoles noires......... M. Mesny (Gustave), à Beauchamp commune de Taverny (Seine-et-Oise).
782. — 1 lot, Espagnoles noires..... .... Le même.
783. — 1 lot, Espagnoles noires...... ... M. Pointelet, à Louveciennes (Seine-et-Oise).
784. — 1 lot, Espagnoles noires......... Le même.
785. — 1 lot, Espagnoles................ MM. Voitellier frères, à Mantes (Seine-et-Oise).
786. — 1 lot, Espagnoles................ Les mêmes.
787. — 1 lot, Andalouses............. MM. Abbot Brothers à Thuxton, Hingham et Norfolk (Angleterre).
788. — 1 lot, Andalouses bleues......... M. Lejeune (Jean-Joseph), précité.
789. — 1 lot, Andalouses bleues .... M. Mesny (Gustave), précité.
790. — 1 lot, Andalouses................ MM. Voitellier frères, précités.
791. — 1 lot, de Minorque noires .... MM. Abbot Brothers, précités.
792. — 1 lot, de Minorque noires .... M. Lejeune (Jean-Joseph), précité.
793. — 1 lot, de Minorque blanches.. .... Le même.

19e Catégorie. — **Race de Langsham.**

Coqs.

1er prix, une médaille d'argent.
2e — — de bronze.
3e — — de bronze.

794. — 1 noir........................ Mme de Baudicour (Prosper), à St-Pierre-du-Mesnil (Eure).

795. — 1 noir	Mᵐᵉ DE BAUDICOUR (Prosper), à St-Pierre-du-Mesnil (Eure).
796. — 1 noir	M. BERTRANDUS, à Igny (Seine-et-Oise).
797. — 1 noir	M. BOUCHEREAUX, à Thiais (Seine).
798. — 1 noir	Le même.
799. — 1 noir	Le même.
800. — 1 noir	M. BOUTILLIER (Eugène), à Orly (Seine).
801. — 1 noir	Mᵐᵉ CANEL (E.), au Bois-de-la-Rive près Unieux (Loire).
802. — 1 noir	Mᵐᵉ la Mⁱˢᵉ DE CHAUVELIN, à Rilly (Loir-et-Cher).
803. — 1 noir	La même.
804. — 1 noir	M. DESNOUE (Gustave), à Sucé près Nantes (Loire-Inférieure).
805. — 1 noir	Le même.
806. — 1 noir	Le même.
807. — 1 noir	Le même.
808. — 1 noir	Le même.
809. — 1 noir	Le même.
810. — 1 noir	Mᵐᵉ DURAND, à Houdan (Seine-et-Oise).
811. — 1 noir	La même.
812. — 1 noir	Mᵐᵉ GOLDENBERG (Renée), à Zornhofl, près Saverne (Alsace).
813. — 1 noir	M. GOGUE (Ernest), à Arcueil (Seine).
814. — 1 noir	Mᵐᵉ GROLLIER-DEHAYNIN, à Gonesse (Seine-et-Oise).
815. — 1 noir	M. HOUETTE (Adolphe), à Bléneau (Yonne).
816. — 1 noir	Le même.
817. — 1 noir	Le même.
818. — 1 noir	Le même.
819. — 1 noir	M. LAGRANGE (Etienne), à Autun (Saône-et-Loire).
820. — 1 noir	Le même.
821. — 1 noir	Le même.
822. — 1 noir	M. LEJEUNE (Jean-Joseph), aux Essarts-le-Roi (Seine-et-Oise).
823. — 1 noir	Le même.
824. — 1 noir	Le même.
825. — 1 noir	Le même.
826. — 1 noir	Le même.
827. — 1 noir	Le même.
828. — 1 noir	Le même.
829. — 1 noir	Le même.
830. — 1 noir	Mᵐᵉ MAILLET DU BOULLAY, à Herqueville (Eure).
831. — 1 bleu	La même.
832. — 1 noir	M. MESNY (Gustave), à Beauchamp commune de Taverny (Seine-et-Oise).
833. — 1 noir	Le même.
834. — 1	M. MOONS DE COEN, à Calmpthout province d'Anvers (Belgique)
835. — 1	Le même.
836. — 1 noir	M. POINLELET à Louveciennes (Seine-et-Oise).
837. — 1 noir	Le même.
838. — 1 noir	Mᵐᵉ SAMSON, à Sidi-Mabrouck, commune de Constantine (Algérie).
839. — noir	MM. TOURRETTE frères, à Palaiseau (Seine-et-Oise).
840. — 1 noir	Les mêmes.
841. — 1	MM. VOITELLIER frères, à Nantes (Seine-et-Oise).
842. — 1	Les mêmes.
843. — 1	Les mêmes.
844. — 1	Les mêmes.

Poules.

1ᵉʳ prix, une médaille d'argent.
2ᵉ — — de bronze.
3ᵉ — — de bronze.

845. — 1 lot noires................ .... Mᵐᵉ DE BAUDICOUR (Prosper), à St-Pierre-du-Mesnil (Eure)
846. — 1 lot, noires........ .... M. BERTRANDUS, à Igny (Seine-et-Oise).
847. — 1 lot, noires...................... M. BOUCHEREAUX (A.), à Thiais (Seine).
848. — 1 lot, noires..................... Le même.
849. — 1 lot, noires..................... Le même.
850. — 1 lot, noires..................... M. BOUTILLIER (Eugène), à Orly (Seine).
851. — 1 lot, noires..................... Mᵐᵉ CANEL (E.), au Bois-de-la-Rive près Unieux (Loire).
852. — 1 lot, noires..................... M. DESNOUE (Gustave), à Sucé près Nantes Loire-Inférieure).
853. — 1 lot, noires..................... Le même.
854. — 1 lot, noires..................... Le même.
855. — 1 lot, noires..................... Mᵐᵉ la Marquise DE CHAUVELIN, à Rilly (Loir-et-Cher).
856. — 1 lot, noires..................... Mᵐᵉ DURAND, à Houdan (Seine-et-Oise).
857. — 1 lot, noires..................... La même.
858. — 1 lot, noires..................... M. GOGUE (Ernest), à Arcueil (Seine).
859. — 1 lot, noires..................... Le même.
860. — 1 lot...................... Mᵐᵉ GOLDENBERG (Renée), à Zornhoff, près Saverne (Alsace).
861. — 1 lot, noires..................... Mᵐᵉ GROLLIER-DEHAYNIN, à Gonesse (Seine-et-Oise).
862. — 1 lot, noires..................... M. HOUETTE (Adolphe), à Bléneau (Yonne).
863. — 1 lot, noires..................... Le même.
864. — 1 lot, noires..................... M. LAGRANGE (Étienne), à Autun (Saône-et-Loire).
865. — 1 lot, noires..................... Le même.
866. — 1 lot, noires..................... Le même.
867. — 1 lot, noires..................... M. LEJEUNE (Jean-Joseph), aux Essarts-le-Roi (Seine-et-Oise).
868. — 1 lot, noires..................... Le même.
869. — 1 lot, noires..................... Le même.
870. — 1 lot, noires..................... Le même.
871. — 1 lot, noires..................... Le même.
872. — 1 lot, noires..................... Le même.
873. — 1 lot, noires..................... Mᵐᵉ MAILLET DU BOUILLAY, à Herqueville (Eure).
874. — 1 lot, bleues..................... La même.
875. — 1 lot, noires..................... M. MESNY (Gustave), à Beauchamp commune de Taverny (Seine-et-Oise).
876. — 1 lot, noires..................... Le même.
877. — 1 lot...................... M. MOONS DE COEN, à Calmpthout province d'Anvers (Belgique).
878. — 1 lot, noires..................... M. POINTELET, à Louveciennes (Seine-et-Oise).
879. — 1 lot, noires..................... Le même.
880. — 1 lot, noires..................... Mᵐᵉ SAMSON, à Sidi-Mabrouck, commune de Constantine (Algérie).
881. — 1 lot, noires..................... MM. TOURRETTE frères, à Palaiseau (Seine-et-Oise).
882. — 1 lot, noires..................... Les mêmes.
883. — 1 lot...................... MM. VOITELLIER frères, à Mantes (Seine-et-Oise).
884. — 1 lot...................... Les mêmes.
885. — 1 lot...................... Les mêmes.
886. — 1 lot...................... Les mêmes.

20e Catégorie. — **Race de Bréda.**

Coqs.

1er prix, une médaille d'argent.
2e — — de bronze.

887. — 1 gris bleu.............. .... M. Lejeune (Jean-Joseph), aux Essarts-le-Roi (Seine-et-Oise).
888. — 1 noir et bleu.................. M. Pointelet, à Louveciennes (Seine-et-Oise).
889. — 1 noir et bleu... .... Le même.

Poules.

1er prix, une médaille d'argent.
2e — — de bronze.

890. — 1 lot, gris bleu...... .... M. Lejeune (Jean-Joseph), aux Essarts-le-Roi (Seine-et-Oise).
891. — 1 lot, noires et bleues.......... . M. Pointelet, à Louveciennes (Seine-et-Oise).
892. — 1 lot, noires et bleues.. .... Le même.

21e Catégorie. — **Races de Hambourg.**

Coqs.

1er prix, une médaille d'argent.
2e — — de bronze.
3e — — de bronze.

893. — 1 argenté........ .... M. Farcy (Charles), à Cérans-Foulletourte. (Sarthe).
894. — 1 argenté..................... Le même.
895. — 1 argenté..................... M. Favez-Verdier, au Raincy (Seine-et-Oise).
896. — 1 argenté... .... M. Geré (Omer), Parc de Montretout à St-Cloud (Seine-et-Oise).
897. — 1 argenté........ .... M. Lagrange (Etienne), à Autun (Saône-et-Loire).
898. — 1 argenté..................... Le même.
899. — 1 noir...................... M. Lejeune (Jean-Joseph), aux Essarts-le-Roi (Seine-et-Oise).
900. — 1 noir..................... Le même.
901. — 1 argenté................... Le même.
902. — 1 argenté................... Le même.
903. — 1 doré..................... Le même.
904. — 1 argenté..................... Mme Maillet du Boullay, à Herqueville (Eure).
905. — 1 argenté..................... M. Mesny (Gustave), à Beauchamp, comm. de Taverny (Seine-et-Oise).
906. — 1 noir......... .... M. Moons de Cœn, à Calmpthout, prov. d'Anvers (Belgique).
907. — 1 argenté.... .... M. Pointelet, à Louveciennes (Seine-et-Oise).
908. — 1 argenté..................... Le même.
909. — 1 .... MM. Voitellier Frères, à Mantes (Seine-et-Oise).
910. — 1 .... Les mêmes.

Poules.

1er prix, une médaille d'argent.

2e   —   —   de bronze.

3e   —   —   de bronze.

911. — 1 lot, argentées................. M. Farcy (Charles), à Cérans-Foulletourte (Sarthe).

912. — 1 lot, argentées .... Le même.

913. — 1 lot, argentées................. M. Favez-Verdier, au Raincy (Seine-et-Oise).

914. — 1 lot, argentées................. M. Geré (Omer), Parc de Montretout, à St-Cloud (Seine-et-Oise).

915. — 1 lot, argentées............... M. Lagrange (Etienne), à Autun (Saône-et-Loire).

916. — 1 lot, argentées................. Le même.

917. — 1 lot, noires................... M. Lejeune (Jean-Joseph), aux Essarts-le-Roi (Seine-et-Oise).

918. — 1 lot, argentées................. Le même.

919. — 1 lot, argentées................. Le même.

920. — 1 lot, dorées................... Le même.

921. — 1 lot, argentées................. Mme Maillet du Boullay, à Herqueville (Eure).

922. — 1 lot, argentées................. M. Mesny (Gustave), à Beauchamp, comm. de Taverny (Seine-et-Oise).

923. — 1 lot, argentées..... .... M. Pointelet, à Louveciennes (Seine-et-Oise).

924. — 1 lot, argentées..... .... Le même.

925. — 1 lot .... MM. Voitellier Frères, à Mantes (Seine-et-Oise).

926. — 1 lot .... Les mêmes.

22e Catégorie. — **Race de Campine.**

1re Section. — Race de Campine, a crête simple.

Coqs.

1er prix, une médaille d'argent.

2e   —   —   de bronze.

927. — 1 gris .... Mme Bure (Ad.), à Herbillon, comm. de Constantine (Algérie).

928. — 1 argenté................. M. Lejeune (Jean-Joseph), aux Essarts-le-Roi (Seine-et-Oise).

929. — 1 crayonné .... Le même.

930. — 1 .... M. Moons de Cœn, à Calmpthout, prov. d'Anvers (Belgique).

931. — 1 .... Le même.

932. — 1 .... M. Steenakers, à Turnhout, province d'Anvers (Belgique).

933. — 1 .... MM. Voitellier Frères, à Mantes (Seine-et-Oise).

Poules.

1er prix, une médaille d'argent.

2e   —   —   de bronze.

934. — 1 lot grises .... Mme Bure (Ad.), à Herbillon, commune de Constantine (Algérie).

935. — 1 lot argentées...... .... M. Lejeune (Jean-Joseph), aux Essarts-le-Roi (Seine-et-Oise).
936. — 1 lot crayonnées .... Le même.
937. — 1 .... M. Steenakers, à Turnhout, province d'Anvers (Belgique).
938. — 1 lot............. .... MM. Voitellier Frères, à Mantes (Seine-et-Oise).

2e *Section.* — Race de campine a crête triple.

Coqs.

1er prix, une médaille d'argent.
2e — — de bronze.

939. — 1 argenté..................... M. Favez-Verdier, au Raincy (Seine-et-Oise).
940. — 1 doré..................... Mme Grollier-Dehaynin, à Gonesse (Seine-et-Oise).
941. — 1 doré... .... La même.
942. — 1 gris et blanc................. M. Lagrange (Etienne), à Autun (Saône-et-Loire).
943. — 1 argenté.................... M. Lejeune (Jean-Joseph), aux Essarts-le-Roi (Seine-et-Oise).
944. — 1 argenté...................... Le même.
945. — 1 doré..................... Le même.
946. — 1 doré..................... Le même.
947. — 1 doré..................... Le même.
948. — 1 doré.................... .. Le même.
949. — 1 doré..................... Le même.
950. — 1 doré..................... Le même.
951. — 1 doré..................... Le même.
952. — 1 doré...·········.................. Le même.
953. — 1 argenté.................. ... MM. Tourrette Frères, à Palaiseau (Seine-et-Oise).
954. — 1 .... MM. Voitellier Frères, à Mantes (Seine-et-Oise).
955. — 1 .... Les mêmes.

Poules.

1er prix, une medaille d'argent.
2e — — de bronze.

956. — 1 lot, argentées .... M. Favez-Verdier, au Raincy (Seine-et-Oise).
957. — 1 lot, dorées.................... Mme Grollier-Dehaynin, à Gonesse (Seine-et-Oise).
958. — 1 lot, dorées.................... La même.
959. — 1 lot, grises et blanches......... M. Lagrange (Etienne), à Autun (Saône-et-Loire).
960. — 1 lot, argentées................ M. Lejeune (Jean-Joseph), aux Essarts-le-Roi (Seine-et-Oise).
961. — 1 lot, dorées.................... Le même.
962. — 1 lot, dorées.................... Le même.
963. — 1 lot, dorées.................... Le même.
964. — 1 lot, argentées................ MM. Tourrette Frères, à Palaiseau (Seine-et-Oise).
965. — 1 lot....................... MM. Voitellier Frères, à Mantes (Seine-Oise).
966. — 1 lot............. ... . Les mêmes

23e Catégorie. — **Races de combat.**

Coqs.

1er prix, une médaille d'argent.
2e   —   —   de bronze.
3e   —   —   de bronze.

967. — 1 doré... .... M. Bouchereaux (A.), à Thiais (Seine).
968. — 1 dore........................ Le même.
969. — 1 argenté................... M. Boutillier (Eugène), à Orly (Seine).
970. — 1 bleu..................... M. Croizet (Ch.), à Amiens (Somme).
971. — 1 nain argenté .... Le même.
972. — 1 .... M. Delauyé (Henri), 24, quai de Seine, à
                          Bezons (Seine-et-Oise).
973. — 1 doré..................... M. Despeyroux (Jules), rue Camille-Mou-
                          quet, 11, à Charenton (Seine).
974. — 1 doré...................... M. Favez-Verdier, au Raincy (Seine-et-
                          Oise).
975. — 1 duckwing argenté .... Le même.
976. — 1 bantam combatant Pil......... M. Geré (Omer), Parc de Montretout, à
                          St-Cloud (Seine-et-Oise).
977. — 1 bantam combatant Pil. .... Le même.
978. — 1 doré.... .... M. Lagrange (Étienne), à Autun (Saône-
                          Loire).
979. — 1 doré..................... Le même.
980. — 1 nain doré.... .. .. Le même.
981. — 1 doré..................... M. Lejeune (Jean-Joseph), aux Essarts-
                          le-Roi (Seine-et-Oise).
982. — 1 argené....................... Le même.
983. — 1 game rouge et noir .... Le même.
984. — 1 game rouge et brun........... Le même.
985. — 1 game rouge et brun........... Le même.
986. — 1 game rouge et brun........... Le même.
987. — 1 pile........................ Le même.
988. — 1 Indian game noir .... Le même.
989. — 1 de Bruge, bleu argenté····..... Le même.
990. — 1 de Bruge, bleu .... Le même.
991. — 1 game, rouge doré.......... Le même.
992. — 1 bantam combatant pile........ Le même.
993. — 1 bantam combatant argenté...... Le même.
994. — 1 bantam combatant doré .... Le même.
995. — 1 bantam cambatant doré........ Le même.
996. — 1 bantam combatant doré........ Le même.
997. — 1 Anglais...................... Mme Maillet du Boullay, à Herqueville
                          (Eure).
998. — 1 pile nain blanc et rouge........ La même.
999. — 1 nain argenté................... M. Mesny (Gustave), à Beauchamp, comm.
                          de Taverny (Seine-et-Oise).
1000. — 1 nain doré.................... Le même.
1001. — 1 Anglais doré .... Mlle la Comtesse de Okecki, 12, rue Boro-
                          mée, à Paris.
1002. — 1 .... MM. Voitellier Frères, à Mantes (Seine-
                          et-Oise).
1003. — 1 .... Les mêmes.
1004. — 1 lot Indian game .... M. Whitfield (George-Thomas), à Spring
                          Hill Macket, Drayton (Angleterre).

Poules.

1er prix, une médaille d'argent.
2e — — de bronze.
3e — — de bronze.

1005. — 1 lot, dorées.................. M. Bouchereaux (A.), à Thiais (Seine).
1006. — 1 lot, dorées.................. Le même.
1007. — 1 lot, argentées.............. M. Boutillier (Eugène), à Orly (Seine).
1008. — 1 lot, bleues................. M. Croizet (Ch.), à Amiens (Somme).
1009. — 1 lot, naines, argentées........ Le même.
1010. — 1 lot...................... M. Delauyé (Henri), 24, quai de Seine à Bezons (Seine-et-Oise).
1011. — 1 lot, dorées........ .... M. Despeyroux (Jules), 11, rue Camille-Mouquet, à Charenton (Seine).
1012. — 1 lot, dorées................. M. Favez-Verdier, au Raincy (Seine-et-Oise).
1013. — 1 lot, bantam combatant pile, blanches et rouges. M. Geré (Omer), Parc de Montretout, à St-Cloud (Seine-et-Oise).
1014. — 1 lot, dorées................. M. Lagrange (Etienne), à Autun (Saône-et-Loire).
1015. — 1 lot, dorées................. Le même.
1016. — 1 lot, naines dorées........... Le même.
1017. — 1 lot, dorées................. M. Lejeune (Jean-Joseph), aux Essarts-le-Roi (Seine-et-Oise).
1018. — 1 lot, argentées .... Le même.
1019. — 1 lot game, rouges et noires..... Le même.
1020. — 1 lot game, rouges et brunes .... Le même.
1021. — 1 lot pile, dorées............. Le même.
1022. — 1 lot Indian game, noires .... Le même.
1023. — 1 lot de Bruge, bleues .... Le même.
1024. — 1 lot de Bruge, bleues .... Le même.
1025. — 1 lot henny game, rouge dorées. Le même.
1026. — 1 lot bantam combatant pile do-rées. Le même.
1027. — 1 lot bantam combatant, argen-tées. Le même.
1028. — 1 lot bantam combatant, dorées. Le même.
1029. — 1 lot pile, blanches et rouges.... Mme Maillet du Boullay, à Herqueville (Eure).
1030. — 1 lot anglaises blanches et rouges. La même.
1031. — 1 lot naines de combat argentées. M. Mesny (Gustave), à Beauchamp, comm. de Taverny (Seine-et-Oise).
1032. — 1 lot naines de combat dorées... Le même.
1033. — 1 lot anglaises dorées......... Mlle la Comtesse de Okecki, 12, rue Boro-mée, à Paris.
1034. — 1 lot...................... MM. Voitellier Frères, à Mantes (Seine-et-Oise).
1035. — 1 lot N.................... Les mêmes.
1036. — 1 India game................. M. Whitfield (George-Thomas), à Spring Will, Market Drayton (Angleterre).

24e Catégorie. — **Races russes. allemandes, malaises et analogues.**

Coqs.

1er prix, une médaille d'argent.
2e — — de bronze.
3e — — de bronze.

1037. — 1 laekenfelder herminé........ M. Lejeune (Jean-Joseph), aux Essarts-le-Roi (Seine-et-Oise).

11.

1038. — 1 malais. noir .... M. Lejeune (Jean-Joseph), aux Essarts-le-Roi (Seine-et-Oise).

1039. — 1 malais..................... MM. Voitellier Frères, à Mantes (Seine-et-Oise).

1040. — 1 malais..................... M. Whitfield (George-Thomas), Spring Hill, Market Drayton (Angleterre).

Poules.

1er prix, une médaille d'argent.

2e　　　—　　　—　　　de bronze.

3e　　　—　　　—　　　de bronze.

1041. — 1 lot laekenfelder, herminées .. M. Lejeune (Jean-Joseph), aux Essarts-le-Roi (Seine-et-Oise).

1042. — 1 lot malaises, noires .... Le même.

1043. — 1 lot malaises .... MM. Voitellier Frères, à Mantes (Seine-et-Oise).

1044. — 1 lot malaises .... M. Whitfield (George-Thomas), précité.

25e Catégorie. — **Races de Padoue et analogues.**

Coqs.

1er prix, une médaille d'argent.

2e　　　—　　　—　　　de bronze.

3e　　　—　　　—　　　de bronze.

4e　　　—　　　—　　　de bronze.

1045. — 1 Padoue argenté .... M Cassan (Jh.), rue des Frères, à Aurillac (Cantal).

1046. — 1 Padoue doré .... M. Charles (G.), 30 rue du Château, à Asnières (Seine).

1047. — 1 Padoue argenté .... Le même.

1048. — 1 Padoue argenté .... Le même.

1049. — 1 Padoue chamois .... Le même.

1050. — 1 Padoue blanc .... M. Debeauvais, impasse de la Tour-de-Vanves, 9, à Paris.

1051. — Padoue argenté .... M. Despeyroux (Jules), rue Camille-Mouquet, 11, à Charenton (Seine).

1052. — 1 Padoue argenté .... Le même.

1053. — 1 Padoue argenté .... Le même.

1054. — 1 Padoue argenté .... Le même.

1055. — 1 Padoue chamois .... M. Giraud (Cyprien), rue de Vanves, 201, à Paris.

1056. — 1 Padoue chamois .... Le même.

1057. — 1 Chamois .... Mme Goldenberg (Renée), à Zornhoff, près Saverne (Alsace).

1058. — 1 argenté .... La même.

1059. — 1 Padoue argenté .... M. Lagrange (Étienne), à Autun (Saône-et-Loire).

1060. — 1 Padoue argenté .... Le même.

1061. — 1 Padoue doré .... M. Lejeune (Jean-Joseph), aux Essarts-le-Roi (Seine-et-Ooise).

1062. — 1 Padoue doré .... Le même.

1063. — 1 Padoue argenté .... Le même.

1064. — 1 Padoue argenté .... Le même.

1065. — 1 Padoue blanc .... Le même.

1066. — 1 Padoue chamois .... Le même.

1067. — 1 Padoue chamois .... Le même.

1068. — 1 Padoue herminé .... Le même.

1069. — 1 Padoue doré............... Mme MAILLET DU BOULLAY, à Herqueville (Eure).

1070. — 1 Padoue argenté.............. M. MESNY (Gustave), à Beauchamp, commune de Taverny (Seine-et-Oise).

1071. — 1 Padoue chamois .... Le même.

1072. — 1 Padoue blanc................ M. MONESTIROLI (A.), vià Pasquirolo, 6, à Milan (Italie).

1073. — 1 Padoue noir .... Le même.

1074. — 1 Padoue chamois............ M. NYS Fils, rue des Brasseurs, 6, à Louvain (Belgique).

1075. — 1 Padoue argenté .... M. POINTELET, à Louveciennes (Seine-et-Oise).

1076. — 1 Padoue argenté .... Le même.

1077. — 1 Padoue argenté............. M. SIMON (L.), place d'Alleray, 1, à Paris.

1078. — 1 Padoue argenté............. M. SOLANET. rue Camille-Mouquet, 11, à Charenton (Seine).

1079. — 1 Padoue doré.................. M. THOUIN (Maurice), à Margny, commune de Compiègne (Oise).

1080. — 1 Padoue chamois.............. MM. TOURRETTE, Frères, à Palaiseau (Seine-et-Oise).

1081. — 1 Padoue blanc .... Les mêmes.

1082. — 1 Padoue blanc .... Les mêmes.

1083. — 1 .... MM. VOITELLIER Frères, à Mantes (Seine-et-Oise).

1084. — 1 .... Les mêmes.

1085. — 1 .... Les mêmes.

1086. — 1 .... Les mêmes.

1087. — 1 .... Les mêmes.

1088. — 1 .... Les mêmes.

1089. — 1 .... Les mêmes.

1090. — 1 .... Les mêmes.

1091. — 1 Hollandais noir et blanc...... M. LEJEUNE (Jean-Joseph). précité.

1092. — 1 Hollandais noir et blanc...... Le même.

1093. — 1 Hollandais bleu et blanc ..... Le même

1094. — 1 Hollandais bleu et blanc...... Mme MAILLET DU BOULLAY, précitée.

1095. — 1 Hollandais noir .... La même.

1096. — 1 Hollandais bleu............. La même.

1097. — 1 Hollandais noir............. M. MESNY (Gustave), précité.

1098. — 1 Hollandais blanc et bleu ..... M. MOONS DE COEN, à Calmpthout, provinde d'Anvers (Belgique).

1099. — 1 Hollandais blanc et noir...... Le même.

1100. — 1 Hollandais blanc .... Le même.

1101. — 1 Hollandais bleu et blanc...... M. NYS Fils, précité.

1102. — 1 Hollandais bleu et blanc ..... Le même.

1103. — 1 Hollandais noir et blanc...... M. POINTELET, précité.

1104. — 1 Hollandais noir et blanc...... MM. TOURRETTE Frères, précités.

Poules.

1er prix, une médaille d'argent.

    2e   —   —   de bronze.

    3e   —   —   de bronze.

    4e   —   —   de bronze.

1105. — 1 lot Padoue dorées .... M. CHARLES (G.), rue du Château, 30, à Asnières (Seine).

1106. — 1 lot Padoue argentées........ Le même.

1107. — 1 lot Padoue chamois .... Le même.

1108. — 1 lot Padoue blanches.......... M. DEBEAUVAIS, impasse de la Tour-de-Vanves, 9, à Paris.

1109. — 1 lot Padoue argentées .... M. DESPEYROUX, rue Camille-Mouquet, 11, à Charenton (Seine).

1110. — 1 lot Padoue chamois . . . . M. Giraud (Cyprien), rue de Vanves, 201, à Paris.

1111. — 1 lot Padoue chamois . . . . Mme Goldenberg (Renée), à Zornhoff, près Saverne (Alsace).

1112. — 1 lot Padoue argentées . . . . La même.

1113. — 1 lot Padoue argentées . . . . M. Lagrange (Étienne), à Autun (Saône-et-Loire).

1114. — 1 lot Padoue argentées . . . . Le même.

1115. — 1 lot Padoue dorées . . . . M. Lejeune (Jean-Joseph), aux Essarts-le-Roi (Seine-et-Oise).

1116. — 1 lot Padoue dorées . . . . Le même.

1117. — 1 lot Padoue argentées . . . . Le même.

1118. — 1 lot Padoue blanches . . . . Le même.

1119. — 1 lot Padoue chamois . . . . Le même,

1120. — 1 lot Padoue herminées . . . . Le même.

1121. — 1 lot Padoue dorées . . . . Mme Maillet du Boullay, à Herqueville (Eure).

1122. — 1 lot Padoue chamois . . . . M. Mesny (Gustave), à Beauchamp, commune de Taverny (Seine-et-Oise).

1123. — 1 lot Padoue argentées . . . . Le même.

1124. — 1 lot Padoue blanches . . . . M. Monestiroli (A.), vià Pasquirolo, 6, à Milan (Italie).

1125. — 1 lot Padoue noires . . . . Le même.

1126. — 1 lot Padoue chamois . . . . M. Nys Fils, rue des Brasseurs, 6, à Louvain (Belgique).

1127. — 1 lot Padoue argentées . . . . M. Pointelet, à Louveciennes (Seine-et-Oise).

1128. — 1 lot Padoue argentées . . . . Le même.

1129. — 1 lot Padoue chamois . . . . M. Simon (Louis), place d'Alleray, 1, à Paris.

1130. — 1 lot Padoue blanches . . . . MM. Tourette Frères, à Palaiseau (Seine-et-Oise).

1131. — 1 lot Padoue blanches . . . . Les mêmes.

1132. — 1 lot Padoue chamois . . . . Les mêmes.

1133. — 1 lot . . . . MM. Voitellier Frères, à Mantes (Seine-et-Oise).

1134. — 1 lot . . . . Les mêmes.

1135. — 1 lot . . . . Les mêmes.

1136. — 1 lot . . . . Les mêmes.

1137. — 1 lot . . . . Les mêmes.

1138. — 1 lot . . . . Les mêmes.

1139. — 1 lot . . . . Les mêmes.

1140. — 1 lot . . . . Les mêmes.

1141. — 1 lot hollandaises noires et blanches . . . . M. Favez Verdier, au Raincy (Seine-et-Oise).

1142. — 1 lot Hollandaises noires et blanches . . . . M. Lejeune (Jean-Joseph), précité.

1143. — 1 lot Hollandaises noires et blanches. Le même.

1144. — 1 lot Hollandaises bleues et blanches. Le même.

1145. — 1 lot Hollandaises bleues et blan-blanches . . . . Mme Maillet du Boullay, précitée.

1146. — 1 lot Hollandaises noires . . . . La même.

1147. — 1 lot Hollandaises bleues . . . . . . La même.

1148. — 1 lot Hollandaises noires . . . . M. Mesny (Gustave), précité.

1149. — 1 lot Hollandaises noires . . . . M, Nys Fils, précité.

1150. — 1 lot Hollandaises bleues et blanches. Le même.

1151. — 1 lot Hollandaises noires et blanches . . . . M. Pointelet, précité.

1152. — 1 lot Hollandaises noires et blanches. MM. Tourette Frères, précités.

26ᵉ Catégorie. — Races étrangères diverses, autres que celles qui sont désignées ci-dessus.

1ʳᵉ Section. — GRANDES RACES.

(Leghorn, Ancône, Dominique, Plymouth Rock, Wyandotte,
Coucou de Malines, Brahel, Scoth-Grey, Sultane, Yokohama, etc.)

Coqs.

1ᵉʳ prix, une médaille d'argent.

2ᵉ — — de bronze.

3ᵉ — — de bronze.

4ᵉ — — de bronze.

5ᵉ — — de bronze.

1153. — 1 Leghorn doré .... M. LEJEUNE (Jean-Joseph), aux Essarts-le-Roi (Seine-et-Oise).

1154. — 1 Leghorn coucou .... Le même.

1155. — 1 Leghorn .... MM. VOITELLIER Frères, à Mantes (Seine-et-Oise).

1156. — 1 Leghorn .... Les mêmes.

1157. — 1 Plymouth Rock .... MM. ABBOT BROTHERS, à Thuxton, Hingham et Norfolk (Angleterre).

1158. — 1 Plymouth Rock gris .... M. D'ETCHEGOYEN (Paul), à Saint-Denis-de-Gastines (Mayenne),

1159. — 1 Plymouth Rock, coucou ..... M. LEJEUNE (Jean-Joseph), précité.

1160. — 1 Plymouth-Rock, blanc .... Le même.

1161. — 1 Plymouth-Rock, coucou ..... M. MATTHEY-LUGARDON (S.), Grange-Canal, à Genève (Suisse).

1162. — 1 Plymouth-Rock .... MM. VOITELLIER Frères, précités.

1163. — 1 Wyandotte doré .... Mᵐᵉ E. CANEL, au bois de la Rive, près Unieux (Loire).

1164. — 1 Wyandotte argenté .... La même.

1165. — 1 Wyandotte argenté .... M. COURCOUT (François), rue Ville, 20, à Amiens (Somme).

1166. — 1 Wandotte argenté .... Le même.

1167. — 1 Wyandotte argenté .... M. LEJEUNE (Jean-Joseph), précité.

1168. — 1 Wyandotte argenté .... Le même.

1169. — 1 Wyandotte argenté .... Le même.

1170. — 1 Wyandotte doré .... Le même.

1171. — 1 Wandotte doré.. .... Le même.

1172. — 1 Wyandotte blanc .... Le même.

1173. — 1 Wyandotte blanc .... Mᵐᵉ MAILLET DU BOULLAY, à Herqueville (Eure).

1174. — 1 Wyandotte argenté .... La même.

1175. — 1 Wyandotte doré .... La même.

1176. — 1 Wyandotte blanc .... M. MATTHEY-LUGARDON (S.), précité.

1177. — 1 Wyandotte .... MM. VOITELLIER Frères, précités.

1178. — 1 Wyandotte .... Les mêmes.

1179. — 1 Wyandotte .... M. WHITFIELD (George-Thomas), à Spring-Hill Market-Drayton (Angleterre).

1180. — 1 coucou de Malines .... M. JAS (L.), rue de la Monnaie, 3, à Malines (Belgique),

1181. — 1 coucou de Malines .... Le même.

1182. — 1 coucou de Malines .... M. LEJEUNE (Jean-Joseph), précité.

1183. — 1 coucou de Malines .... M. POINTELET, à Louveciennes (Seine-et-Oise).

1184. — 1 coucou de Malines .... MM. VOITELLIER Frères, précités.

1185. — 1 Yokohama doré .... M. LEJEUNE (Jean-Joseph), précité.

1186. — 1 Yokohama .... MM. VOITELLIER Frères, précités.

1187. — Flamand coucou.............. M. Vermeesch, à Houthem, Flandres (Belgique.
1188. — 1 Flamand coucou............ Le même.
1189. — 1 Flamand coucou............ Le même)
1190. — 1 Sumatra noir.............. Mme Maillet du Boullay, précité.
1191. — 1 Sumatra blanc et rouge....... La même.
1192. — 1 Sumatra blanc et rouge....... La même.
1193. — 1 Wallikiki blanc............ M. Lejeune (Jean-Joseph), précité.
1194. — 1 Wallikiki blanc............ Le même.
1195. — 1 Wallikiki................ Le même.
1196. — 1 Wallikiki noir............. Le même.
1197. — 1 Wallikiki................ Le même.
1198. — 1 Wallikiki blanc............ M. Moons de Coen, à Calmpthout, province d'Anvers (Belgique).
1199. — 1 Orpingtons noir............ M. Lejeune (Jean-Joseph), précité.
1200. — 1 Phénix doré............... M. Moons de Coen, à Calmpthout, province d'Anvers (Belgique).
1201. — 1 Phénix doré............... Le même.

Poules.

1er prix, une médaille d'argent.

2e   —   —   de bronze.

3e   —   —   de bronze.

4e   —   —   de bronze.

5e   —   —   de bronze.

1202. — 1 lot Léghorn dorées......... M. Lejeune (Jean-Joseph), aux Essarts-le-Roi (Seine-et-Oise).
1203. — 1 lot Léghorn coucou......... Le même.
1204. — 1 lot Léghorn.............. MM. Voitellier Frères, à Mantes (Seine-et-Oise).
1205. — 1 lot Léghorn.............. Les mêmes.
1206. — 1 lot Plymouth-Rock......... MM. Abbot Brothers, à Thuxton, Hingham et Norfolk (Angleterre).
1207. — 1 lot Plymouth-Rock......... M. d'Etchegoyen (Paul), à Saint-Denis-de-Gastines (Mayenne).
1208. — 1 lot Plymouth-Rock coucou... M. Lejeune (Jean-Joseph), précité.
1209. — 1 lot Plymouth-Rock blanches. Le même.
1210. — 1 lot Plymouth-Rock coucou... M. Matthey-Lugardon,(S.)Grange-Canal, à Genève (Suisse).
1211. — 1 lot Plymouth-Rock......... MM. Voitellier Frères, précités.
1212. — 1 lot Wyandotte argentées..... Mme Canel (E.), au Bois-de-la-Rive, près Unieux (Loire).
1213. — 1 lot Wyandotte dorées........ La même.
1214. — 1 lot Wyandotte argentées..... M. Courcout (François), rue Ville, 20, à Amiens (Somme).
1215. — 1 lot Wyandotte argentées..... M. Lejeune (Jean-Joseph, précité.
1216. — 1 lot Wyandote argentées...... Le même.
1217. — 1 lot Wyandotte dorées....... Le même.
1218. — 1 lot Wyandotte dorées....... Le même.
1219. — 1 lot Wyandotte blanches..... Le même.
1220. — 1 lot Wyandotte dorées....... Mme Maillet du Boullay, à Herqueville (Eure).
1221. — 1 lot Wyandotte blanches..... La même.
1222. — 1 lot Wyandotte argentées..... La même.
1223. — 1 lot Wyandotte blanches..... M. Matthey-Lugardon (S.), précité.
1224. — 1 lot Wyandotte .... MM. Voitellier Frères, précités.
1225. — 1 lot Wyandotte .... Les mêmes.
1226. — 1 lot Wyandotte............. M. Whitfield (George-Thomas), à Spring-Hill, Market Drayton (Angleterre).

1227. — 1 lot coucou de Malines........ M. Jas (L.), rue de la Monnaie, 3, à Malines (Belgique).
1228. — 1 lot coucou de Malines........ Le même.
1229. — 1 lot coucou de Malines........ M. Lejeune (Jean-Joseph), précité.
1230. — 1 lot coucou de Malines.......... M. Pointelet, à Louveciennes (Seine-et-Oise).
1231. — 1 lot coucou de Malines........ MM. Voitellier Frères, précités.
1232. — 1 lot yokohama dorées......... M. Lejeune (Jean-Joseph), précité.
1233. — 1 lot yokohama blanches et rouges. Mme Maillet du Boullay, à Herqueville (Eure).
1234. — 1 lot yokohama blanches et rouges. La même.
1235. — 1 lot yokohama............... MM. Voitellier Frères, précités.
1236. — 1 lot Flamandes coucou........ M. Vermeesch, à Houthem, Flandres (Belgique).
1237. — 1 lot Flamandes coucou........ Le même.
1238. — 1 lot Wallikiki blanches........ M. Lejeune (Jean-Joseph), précité.
1239. — 1 lot Wallikiki noires.......... Le même.
1240. — 1 lot Wallikiki dorées.......... Le même.
1241. — 1 lot Wallikiki chamois........ Le même.
1242. — 1 lot Wallikiki coucou.......... Le même.
1243. — 1 lot Orpingtons noires......... M. Lejeune (Jean-Joseph), précité.
1244. — 1 lot sumatra noires............ Mme Maillet du Boullay, précitée.

2e *Section.* — PETITES RACES.

(Bantam, Nègres, Nangasaki, etc.)

Coqs.

1er prix, une médaille d'argent.
2e   —   —   de bronze.
3e   —   —   de bronze.
4e   —   —   de bronze.
5e   —   —   de bronze.

1245. — 1 bantam blanc.......... ..... M. Croizet (Ch.), à Amiens (Somme).
1246. — 1 bantam noir............ .... Le même.
1247. — 1 bantam noir................. Le même.
1248. — 1 bantam noir................. Le même.
1249. — 1 bantam noir................. Le même.
1250. — 1 bantam de Pékin fauve....... M. Geré (Omer), parc de Montretout à Saint-Cloud (Seine-et-Oise).
1251. — 1 bantam citronné .... M. Lagrange (Etienne), à Autun (Saône-et-Loire).
1252. — 1 bantam argenté............. Le même.
1253. — 1 bantam argenté............. M. Lasseron (H.), rue de l'Ouest, 116, à Paris.
1254. — 1 bantam argenté............. Le même.
1255. — 1 bantam doré................. Le même.
1256. — 1 bantam noir .... M. Lejeune (Jean-Joseph), aux Essarts-le-Roi (Seine-et-Oise).
1257. — 1 bantam sebright saumon...... Le même.
1258. — 1 bantam sebright argenté...... Le même.
1259. — 1 bantam argenté............. Le même.
1260. — 1 bantam de Pékin fauve .... Mme Maillet du Boullay, à Herqueville (Eure).
1261. — 1 bantam argenté .... M. Mesny (Gustave), à Beauchamp, commune de Taverny (Seine-et-Oise).
1262. — 1 bantam argenté............. M. Pointelet, à Louveciennes (Seine-et-Oise).

1263. — 1 bantam argenté.............. MM. Voitellier Frères, à Mantes (Seine-
et-Oise).
1264. — 1 bantam argenté............ Les mêmes.
1265. — 1 bantam doré.... .... Les mêmes.
1266. — 1 bantam citronné . ... Les mêmes.
1267. — 1 bantam noir ... . Les mêmes.
1268. — 1 barbu d'Anvers nain coucou... M. Mesny (Gustave), précité.
1269. — 1 barbu de Malines, nain noir... M. Couraut (Jules), Grande-Rue, 74, à
Créteil (Seine).
1270. — 1 Brésilien noir et jaune........ M. Sido (Gabriel), à Thouars (Deux-
Sèvres).
1271. — 1 Brésilien noir et jaune........ Le même.
1272. — 1 Brésilien noir et jaune .... Le même.
1273. — 1 coucou nain d'écosse gris ..... Mme Maillet du Boullay, à Herqueville
(Eure).
1274. — 1 game doré .... MM. Voitellier Frères, précités.
1275. — 1 game doré .... Les mêmes.
1276. — 1 game argenté .... Les mêmes.
1277. — 1 game argenté .... Les mêmes.
1878. — 1 de Java noir .... M. Géré (Omer), précité.
1879. — 1 de Java nain .... M. Mesny (Gustave), précité.
1280. — 1 scoth Grey nain coucou ...... M. Géré (Omer), précité.
1281. — 1 nangasaki soyeux blanc ...... Mme Maillet du Boullay, précitée.
1282. — 1 nangasaki .... M. Pichot (Pierre), avenue de Bellevue, à
Sèvres (Seine-et-Oise).
1283. — 1 nangasaki .... Le même.
1284. — 1 nangasaki noir............. M. Pointelet, à Louveciennes (Seine-et-
Oise.
1285. — 1 nangasaki .... MM. Voitellier Frères, précités.
1286. — 1 nègre blanc................. M. Bouchereaux (A.), à Thiais (Seine).
1387. — 1 nègre blanc................. Le même.
1288. — 1 nègre soie, blanc............ M. Lagrange (Etienne), à Autun (Saône-
et-Loire).
1289. — 1 nègre soie, blanc............ Mme Maillet du Boullay, précité
1290. — 1 nègre soie du Japon, blanc.... M. Mesny (Gustave), précité.
1291. — 1 nègre..... .... MM. Voitellier Frères, précités.
1292. — 1 nègre .... Le même.
1293. — 1 bantam-barbu d'Anvers, coucou M. Lejeune (Jean-Joseph), précité.
1294. — 1 bantam-barbu d'Anvers, noir. Le même.
1295. — 1 bantam-nangasaki, blanc..... Le même.
1296. — 1 bantam-nègre soie, blanc..... Le même.
1297. — 1 bantam-scotch-Grey, coucou.. Le même.
1298. — 1 bantam Wyandotte, blanc .... Le même.
1299. — 1 dorking-gournay............ Mme Paillart (Anna), à Quesnoy-le-Montant (Somme).

Poules.

1er prix. une médaille d'argent.

2e   —   —   de bronze.

3e   —   —   de bronze.

4e   —   —   de bronze.

5e   —   —   de bronze.

1300. — 1 lot bantam blanches......... M. Croizet (Ch.), à Amiens (Somme).
1301. — 1 lot bantam noires........... Le même.
1302. — 1 lot bantam de Pékin fauves... M. Géré (Omer) au Parc de Montretout, à
St-Cloud (Seine-et-Oise).
1303. — 1 lot bantam citronnées........ M. Lagrange (Etienne), à Autun (Saône-
et-Loire).
1304. — 1 lot bantam argentées......... Le même.

1305. — 1 lot bantam argentées......... M. Lasseron (H.), rue de l'Ouest, 116, à Paris.

1306. — 1 lot bantam argentées......... Le même.

1307. — 1 lot bantam dorées........... Le même.

1308. — 1 lot bantam noires........... M. Lejeune (Jean-Joseph), aux Essarts-le-Roi (Seine-et-Oise).

1309. — 1 lot bantam sebright, saumon.. Le même.

1310. — 1 lot bantam sebright argenté... Le même.

1311. — 1 lot bantam de Pékin......... Mme Maillet du Boullay, à Herqueville (Eure).

1312. — 1 lot bantam argentées......... M. Mesny (Gustave), à Beauchamp, commune de Taverny (Seine-et-Oise).

1313. — 1 lot bantam argentées......... M. Pointelet, à Louveciennes (Seine-et-Oise).

1314. — 1 lot bantam argentées......... MM. Voitellier Frères, précités.

1315. — 1 lot bantam argentées......... Les mêmes.

1316. — 1 lot bantam dorées........... Les mêmes.

1317. — 1 lot bantam citronées .... Les mêmes.

1318. — 1 lot bantam noir............. Les mêmes.

1319. — 1 lot barbues d'Anvers, naines, coucou. M. Mesny (Gustave), précité.

1320. — 1 lot barbues de Malines, coucou. M. Couraut (Jules), Grande-Rue, 74, à Créteil (Seine).

1321. — 1 lot Brésiliennes .... M. Sido (Gabriel), à Thouars (Deux-Sèvres).

1322. — 1 lot coucou naines d'Ecosse, grises. Mme Maillet du Boullay, précitée.

1323. — 1 lot game dorées .... MM. Voitellier Frères, précités.

1324. — 1 lot game dorées............. Les mêmes.

1325. — 1 lot game argentées.......... Les mêmes.

1326. — 1 lot game argentées.......... Les mêmes.

1327. — 1 lot, de Java, noires.......... M. Géré (Omer), précité.

1328. — 1 lot de Java, naines, noires.... M. Mesny (Gustave), précité.

1329. — 1 lot Nangasaki soyeuses blanches Mme Maillet du Boullay, précitée.

1330. — 1 lot Nangasaki............... M. Pichot (Pierre), avenue de Bellevue à Sèvres (Seine-et-Oise).

1331. — 1 lot Nangasaki....... .... Le même.

1332. — 1 lot Nangasaki noires......... M. Pointelet, à Louveciennes (Seine-et-Oise).

1333. — 1 lot Nangasaki.......... ..... MM. Voitellier Frères, précités.

1334. — 1 lot négresses blanches........ M. Bouchereaux (A.), à Thiais (Seine).

1335. — 1 lot négresses blanches........ Le même.

1336. — 1 lot négresses, soie blanches... M. Lagrange (Etienne), à Autun (Saône-et-Loire).

1337. — 1 lot négresses, soie blanches .. Mme Maillet du Boullay, précitée.

1338. — 1 lot négresses soie du Japon, blanches. M. Mesny (Gustave), précité.

1339. — 1 lot négresses .... MM. Voitellier Frères, précités.

1340. — 1 lot négresses .... Les mêmes.

1341. — 1 lot bantam-barbue d'Anvers, coucou. M. Lejeune (Jean-Joseph), précité.

1342. — 1 tot bantam-barbue d'Anvers. noires. Le même,

1343. — 1 lot bantam-nangasaki, blanches Le même.

1344. — 1 lot bantam-nègre, soie, blanches Le même.

1345. — 1 lot bantams-cotch grey, coucou. Le même.

1346. — 1 lot bantam-wyandotte, blanches. Le même.

1347. — 1 lot scoth grey naines, coucou. M. Géré (Omer), précité.

27e Catégorie. — **Dindons.**

1re *section.* — Variété noire.

Mâles.

1er prix, une médaille d'argent.
2e — — de bronze.
3e — — de bronze.

1348. — 1............ .... M. Bertrandus, à Igny (Seine-et-Oise
1349. — 1............................ Le même.
1350. — 1............................ Mme Boittelle (Olivier), à Savigné-l'Evêque (Sarthe).
1351. — 1............................ M. Bouchereaux, à Thiais (Seine).
1352. — 1............................ M. Chable (Victor), à Rai (Orne).
1353. — 1............................ Le même.
1354. — 1............................ Mme la marquise de Chauvelin, à Relly (Loir-et-Cher).
1355. — 1............................ La même.
1356. — 1............................ M. Ferré (Edmond), à St-Maurice (Vienne).
1357. — 1............................ M. Gagnepain (Xavier), à Sannois, commune d'Argenteuil (Seine-et-Oise).
1358. — 1............................ M. Lejeune (Jean-Joseph), aux Essarts-le-Roi (Seine-et-Oise).
1559. — 1............................ Mme Paillart (Anna), à Quesnoy-le-Montant (Somme).
1360. — 1............................ M. Pointelet, à Louveciennes (Seine-et-Oise).
1361. — 1............................ Le même.
1362. — 1............................ M. Ramillon (Georges), à Tronget (Allier).
1363. — 1............................ M. Rogeon (Louis), à St-Secondin (Vienne).
1364. — 1............................ MM. Roullier et Arnoult, à Gambais (Seine-et-Oise).
1365. — 1............................ MM. Tourrette Frères, à Palaiseau (Seine-et-Oise).
1366. — 1............................ MM. Voitellier Frères, à Mantes (Seine-et-Oise)·
1367. — 1............................ Les mêmes.
1368. — 1............................ Les mêmes.
1369. — 1............................ Les mêmes.

Femelles.

1er prix, une médaille d'argent.
2e — — de bronze.
3e — — de bronze.
4e — — de bronze.

1370. — 1 lot............ .... M. Bertrandus, à Igny (Seine-et-Oise).
1371. — 1 lot............................ Le même.
1372. — 1 lot ... . Mme Boittelle (Olivier), à Savigné-l'Evêque (Sarthe).
1373. — 1 lot............................ M. Bouchereaux (A.), à Thiais (Seine).
1374. — 1 lot............................ M. Chable (Victor), à Rai (Orne).
1375. — 1 lot............................ Mme la marquise de Chauvelin, à Rilly (Loir-et-Cher).
1376. — 1 lot............................ M. Gagnepain (Xaxier), à Sannois, commune d'Argenteuil (Seine-et-Oise).

1377. — 1 lot......................	M. Lejeune (Jean-Joseph), aux Essarts-le-Roi (Seine-et-Oise).
1378. — 1 lot.......	Le même.
1379. — 1 lot..........	Mme Paillart (Anna), à Quesnoy-le-Montant (Somme).
1380. — 1 lot......................	M. Pointelet, à Louveciennes (Seine-et-Oise).
1381. — 1 lot......................	Le même.
1382. — 1 lot......................	M. Ramillon (Georges), à Tronget (Allier).
1383. — 1 lot......................	Le même.
1384. — 1 lot......................	M. Rogeon (Louis), à St-Secondin (Vienne).
1385. — 1 lot......................	MM. Roullier et Arnoult, à Gambais (Seine-et-Oise).
1386. — 1 lot......................	MM. Tourrette Frères, à Palaiseau (Seine-et-Oise).
1387. — 1 lot......................	MM. Voitellier Frères, à Mantes (Seine-et-Oise).
1388. — 1 lot......................	Les mêmes.
1389. — 1 lot......................	Les mêmes.

2e section. — Variétés diverses.

Mâles.

1er prix, une médaille d'argent.

2e   —   —   de bronze.

3e   —   —   de bronze.

1390. — 1 argenté....................	M. Lejeune (Jean-Joseph), aux Essarts-le-Roi (Seine-et-Oise).
1391. — 1 blanc.....................	Mme de Baudicour (Prosper), à Saint-Pierre-du-Mesnil (Eure).
1392. — 1 blanc.....................	M. Gagnepain (Xavier), à Sannois, commune d'Argenteuil (Seine-et-Oise).
1393. — 1 blanc.....................	Le même.
1394. — 1 blanc.....................	M. Lagrange (Étienne), à Autun (Saône-et-Loire).
1395. — 1 blanc.....................	M. Lejeune (Jean-Joseph), précité.
1396. — 1 blanc.....................	Le même.
1397. — 1 blanc.....................	M. Mesny (Gustave), à Beauchamp, commune de Taverny (Seine-et-Oise).
1398. — 1 blanc.....................	M. Pointelet, à Louveciennes (Seine-et-Oise).
1399. — 1 blanc.....................	MM. Voitellier Frères, à Mantes (Seine-et-Oise).
1400. — 1 bronzé d'Amérique..........	Mme de Baudicourt (Prosper), précitée.
1401. — 1 bronzé d'Amérique..........	M. de Bretagne (Joseph), à Mortagne (Nord).
1402. — 1 bronzé d'Amérique.........	M. d'Etchegoyen (Paul), à Saint-Denis-de-Gastines (Mayenne).
1403. — 1 bronzé d'Amérique.........	M. Lejeune (Jean-Joseph), précité.
1404. — 1 bronzé d'Amérique.....	Le même.
1405. — 1 bronzé d'Amérique.........	Le même.
1406. — 1 cuivré.....................	Mme Goldenberg (Renée), à Zornhoff, près Saverne (Alsace).
1407. — 1 fauve de Norfolk............	M. Moons de Cuen, à Calmpthout, province d'Anvers (Belgique).
1408. — 1 gris bleu..................	Mme de Baudicour (Prosper), précitée.
1409. — 1 gris......................	MM. Voitellier Frères, à Mantes (Seine-et-Oise).
1410. — 1 padoue, chamois............	Mme de Baudicour (Prosper), précitée.
1411. — 1 padoue....................	M. Lejeune (Jean-Joseph), précité.

1412. — 1 rouge...................... M. Courcout (François), rue Ville, 20, à Amiens (Somme).
1413. — 1 roux...................... MM. Voitellier Frères, précités.
1414. — 1...................... M. Pointelet, à Louveciennes (Seine-et-Oise).

Femelles.

1er prix, une médaille d'argent.
2e   —   —   de bronze.
3e   —   —   de bronze.
4e   —   —   de bronze.

1415. — 1 lot, argentées............... M. Lejeune (Jean-Joseph), aux Essarts-le-Roi (Seine-et-Oise).
1416. — 1 lot, blanches............... Mme de Baudicour (Prosper), à St-Pierre-du-Mesnil (Eure).
1417. — 1 lot, blanches............... M. Gagnepain (Xavier), à Sannois, commune d'Argenteuil (Seine-et-Oise).
1418. — 1 lot, blanches............... Le même.
1419. — 1 lot, blanches............... M. Lagrange (Étienne), à Autun (Saône-et-Loire).
1420. — 1 lot, blanches............... M. Lejeune (Jean-Joseph), précité.
1421. — 1 lot, blanches............... M. Mesny (Gustave), à Beauchamp, commune de Taverny (Seine-et-Oise).
1422. — 1 lot, blanches............... M. Pointelet, à Louveciennes (Seine-et-Oise).
1423. — 1 lot, blanches............... MM. Voitellier Frères, à Mantes (Seine-et-Oise).
1424. — 1 lot, bronzées d'Amérique..... Mme de Baudicour (Prosper), précitée.
1425. — 1 lot, bronzées d'Amérique...... M. de Bretagne (Joseph), à Mortagne (Nord).
1426. — 1 lot, bronzées d'Amérique...... Le même.
1427. — 1 lot, bronzées d'Amérique...... M. D'Etchegoyen (Paul), à St-Denis-de-Gastines (Mayenne).
1428. — 1 lot, bronzées d'Amérique...... M. Lejeune (Jean-Joseph), précité.
1429. — 1 lot, bronzées d'Amérique...... Le même.
1430. — 1 lot, cuivrées................ Mme Goldenberg (Renée), à Zornhoff, près Saverne (Alsace).
1431. — 1 lot, gris-bleu........ Mme de Baudicour (Prosper), précitée.
1432. — 1 lot, grises............... MM. Voitellier Frères, à Mantes (Seine-et-Oise).
1433. — 1 lot, padouc chamois.......... Mme de Baudicour (Prosper), précitée.
1434. — 1 lot, padouc................ M. Lejeune (Jean-Joseph, précité.
1435. — 1 lot, rouges............... M. Courcout (François), rue Ville, 20, à Amiens (Somme).
1436. — 1 lot, rousses............... MM. Voitellier Frères, précités.
1437. — 1 lot...................... M. Pointelet, à Louveciennes (Seine-et-Oise).

28e Catégorie. — **Oies de Toulouse.**

Mâles.

1er prix, une médaille d'argent.
2e   —   —   de bronze.
3e   —   —   de bronze.

1438. — 1 gris...................... M. Bertrandus, à Igny (Seine-et-Oise).

1439. — 1 gris	Mme la marquise DE CHAUVELIN, à Rilly (Loir-et-Cher).
1440. — 1 gris	La même.
1441. — 1 gris	M. GAGNEPAIN , à Argenteuil (Seine-et-Oise).
1442. — 1 gris et blanc	M. LAGRANGE (Étienne), à Autun (Saône-et-Loire).
1443. — 1 gris et blanc..............	Le même.
1444. — 1 gris et blanc..............	Le même.
1445. — 1 gris......................	M. LEJEUNE (Jean-Joseph), aux Essarts-le-Roi (Seine-et-Oise).
1446. — 1 gris.	Le même.
1447. — 1	M. POINTELET, à Louveciennes (Seine-et-Oise).
1448. — 1.........................	MM. ROULLIER & ARNOULT , à Gambais (Seine-et-Oise).
1449. — 1.........................	MM. VOITELLIER Frères, à Mantes (Seine-et-Oise).
1450. — 1....................... .	Les mêmes.
1451. — 1......................	Les mêmes.
1452. — 1......................	Les mêmes.
1453. — 1......................	Les mêmes.
1454. — 1......................	Les mêmes.

Femelles.

1er prix, une médaille d'argent.

2^e	—	—	de bronze.
3^e	—	—	de bronze.
4^e	—	—	de bronze.

1455. — 1 lot, grises	M. BERTRANDUS, à Igny (Seine-et-Oise).
1456. — 1 lot, grises	Le même.
1457. — 1 lot, grises	Mme la marquise DE CHAUVELIN, à Rilly (Loir-et-Cher).
1458. — 1 lot, grises	M. DEBEAUVAIS, impasse de la Tour-de-Vanves, 9, à Paris.
1459. — 1 lot, grises	M. GAGNEPAIN (Xavier), à Argenteuil (Seine-et-Oise).
1460. — 1 lot, grises et blanches........	M. LAGRANGE (Étienne), à Autun (Saône-et-Loire).
1461. — 1 lot, grises et blanches.......	Le même.
1462. — 1 lot, grises et blanches........	Le même.
1463. — 1 lot, grises	M. LEJEUNE (Jean-Joseph), aux Essarts-le-Roi (Seine-et-Oise).
1464. — 1 lot, grises..................	Le même.
1465. — 1 lot	M. POINTELET, à Louveciennes (Seine-et-Oise).
1466. — 1 lot	MM. ROULLIER & ARNOULT, à Gambais (Seine-et-Oise).
1467. — 1 lot	MM. VOITELLIER Frères, à Mantes (Seine-et-Oise).
1468. — 1 lot	Les mêmes.
1469. — 1 lot	Les mêmes.
1470. — 1 lot	Les memes.
1471. — 1 lot	Les mêmes.
1472. — 1 lot	Les mêmes.

29e Catégorie. — **Oies diverses.**

Mâles.

1er prix, une médaille d'argent.
2e   —   —   de bronze.
3e   —   —   de bronze.

1473. — 1 de Toulouse-Alençon gris.... Mme DE BAUDICOUR (Prosper), à St-Pierre-du-Mesnil (Eure).

1474. — 1 de Siam, blanc.............. M. BOUCHEREAUX (A.), à Thiais (Seine).

1475. — 1 de Picardie............ .... M. CROIZET, à Amiens (Somme).

1476. — 1 de Poméranie.............. Mme GOLDENBERG (Renée), à Zornhoff, près Saverne (Alsace).

1477. — 1 de Siam, blanc .... M. LAGRANGE (Etienne), à Autun (Saône-et-Loire).

1478. — 1 gris .... M. LASSERON, rue de l'Ouest, 116, à Paris.

1479. — 1 du Danube, frisé...... ...... Le même.

1480. — 1 du Canada, gris............. M. LEJEUNE (Jean-Joseph), aux Essarts-le-Roi (Seine-et-Oise).

1481. — 1 de Sébastopol, blanc........ Le même.

1482. — 1............................. M. POINTELET, à Louveciennes (Seine-et-Oise).

1483. — 1 caronculé du Japon, gris...... M. DE SMET (Firmin), rue Saint-Georges, 74, à Gand, Flandre-Orientale (Belgique).

1484. — 1 caronculé du Japon, gris...... Le même.

1485. — 1 commun.................... MM. VOITELLIER Frères, à Mantes (Seine-et-Oise).

1486. — 1 commun .... Les mêmes.

1487. — 1 de Guinée .... Les mêmes.

Femelles.

1er prix, une médaille d'argent.
2e   —   —   de bronze.
3e   —   —   de bronze.
4e   —   —   de bronze.

1488. — 1 lot, de Toulouse-Alençon, grises Mme DE BAUDICOUR (Prosper), à St-Pierre-du-Mesnil (Eure)

1489. — 1 lot, de Siam, blanches........ M. BOUCHEREAUX (A.), à Thiais (Seine).

1490. — 1 lot, de Picardie.......... ... M. CROIZET (A.), à Amiens (Somme).

1491. — 1 lot, de Poméranie........... Mme GOLDENBERG (Renée), à Zornhoff, près Saverne (Alsace).

1492. — 1 lot, de Siam, blanches........ M. LAGRANGE (Etienne), à Autun (Saône-et-Loire).

1493. — 1 lot, grises................. M. LASSERON, rue de l'Ouest, 116, à Paris.

1494. — 1 lot, du Danube, frisées........ Le même.

1495. — 1 lot, du Canada, grises.... ... M. LEJEUNE (Jean-Joseph), aux Essarts-le-Roi (Seine-et-Oise).

1496. — 1 lot, de Sébastopol, blanches. . Le même.

1497. — 1 lot...................... . M. POINTELET, à Louveciennes (Seine-et-Oise).

1498. — 1 lot, caronculée du Japon, grise M. DE SMET (Firmin), rue Saint-Georges. 74, à Gand, Flandre-Orientale (Belgique).

1499. — 1 lot, communes.:............ MM. VOITELLIER Frères, à Mantes (Seine-et-Oise).

1500. — 1 lot, communes............ Les mêmes.

1501. — 1 lot, de Guinée .... Les mêmes.

30e Catégorie. — **Canards de Rouen.**

Mâles.

1er prix, une médaille d'argent.
2e — — de bronze.
3e — — de bronze.

1502. — 1 gris violet.................... M. Bertrandus, à Igny (Seine-et-Oise)
1503. — 1 gris violet.................... Le même.
1504. — 1 gris brun ... . Mme Boucher, à la Chapelle-Forainvilliers (Eure-et-Loir).
1505. — 1 gris .... M. Bouchereaux (A.), à Thiais (Seine).
1506. — 1 gris .... La même.
1507. — 1 brun.................... Mme de Chauvelin, à Rilly (Loir-et-Cher).
1508. — 1 brun.................... Le même.
1509. — 1.................... M. Croizet (Ch.), à Amiens (Somme).
1510. — 1.................... Le même.
1511. — 1.... M. Farcy (Charles), à Cérans-Foulletourte (Sarthe).
1512. — 1.................... Le même.
1513. — 1.................... Le même.
1514. — 1 brun.................... M. Gagnepain (Xavier), à Argenteuil (Seine-et-Oise).
1515. — 1 brun.................... M. Hofmann (Edouard), à Maisons-Alfort (Seine).
1516. — 1 marron et gris.............. M. Lagrange (Etienne), à Autun (Saône-et-Loire).
1517. — 1 gris .... M. Lejeune (Jean-Joseph), aux Essarts-le-Roi (Seine-et-Oise).
1518. — 1 gris .... Le même.
1519. — 1 gris .... Le même.
1520. — 1 gris .... M. Longuet (Eugène), à la Madeleine-de-Nonancourt (Eure).
1521. — 1 gris brun .... M. Loyau (Pierre), à Louplande (Sarthe).
1522. — 1 gris .... M. Mathey (Fernand), à Rochechouart (Haute-Vienne).
1523. — 1.................... M. Mesny (Gustave), à Taverny (Seine-et-Oise).
1524. — 1 gris .... Mme Paillart (Anna), à Quesnoy-le-Montant (Somme).
1525. — 1.................... M. Pointelet, à Louveciennes (Seine-et-Oise).
1526. — 1.................... M. Quilbeuf (Gustave), à Houlme (Seine-Inférieure).
1527. — 1.................... Le même.
1528. — 1.................... MM. Roullier & Arnoult, à Gambais (Seine-et-Oise).
1529. — 1.................... M. Voisin (René), à la Suze (Sarthe).
1530. — 1.................... MM. Voitellier Frères, à Mantes (Seine-et-Oise).
1531. — 1.................... Les mêmes.
1532. — 1.................... Les mêmes.

Femelles.

1er prix, une médaille d'argent.
2e — — de bronze.
3e — — de bronze.
4e — — de bronze.

1533. — 1 lot, grises.................... M. Bertrandus, à Igny (Seine-et-Oise).
1534. — 1 lot, grises.................... Le même.

1535. — 1 lot, gris brun............... Mᵐᵉ Boucher, à la Chapelle-Forainvilliers (Eure-et-Loir).
1536. — 1 lot, grises.................. M. Bouchereaux (A.), à Thiais (Seine).
1537. — 1 lot, grises.................. Le même.
1538. — 1 lot, brunes................ Mᵐᵉ de Chauvelin, à Rilly (Loir-et-Cher).
1539. — 1 lot, brunes................ La même.
1540. — 1 lot...................... M. Croizet (Ch.), à Amiens (Somme).
1541. — 1 lot...................... Le même.
1542. — 1 lot...................... M. Farcy (Charles), à Cérans-Foulletourte (Sarthe).
1543. — 1 lot...................... Le même.
1544. — 1 lot...................... Le même.
1545. — 1 lot, brunes............... M. Gagnepain (Xavier), à Argenteuil (Seine-et-Oise).
1546. — 1 lot, brunes.............. M. Hofmann (Edouard), à Maisons-Alfort (Seine).
1547. — 1 lot, marronnes et grises...... M. Lagrange (Etienne, à Autun (Saône-et-Loire).
1548. — 1 lot, grises.............. M. Lejeune (Jean-Joseph), aux Essarts-le-Roi (Seine-et-Oise).
1549. — 1 lot, grises.............. Le même.
1550. — 1 lot. grises............. M. Longuet (Eugène), à la Madeleine-de-Nonancourt (Eure).
1551. — 1 lot, gris brun....... M. Loyau (Pierre), à Louplande (Sarthe).
1552. — 1 lot, grises.............. M. Mathey (Fernand), à Rochechouart (Haute-Vienne).
1553. — 1 lot...................... M. Mesny (Gustave), à Taverny (Seine-et-Oise).
1554. — 1 lot grises .... M. Paillart (Anna), à Quesnoy-le-Montant (Somme).
1555. — 1 lot...................... M. Pointelet, à Louveciennes (Seine-et-Oise).
1556. — 1 lot..... .... M. Quilbeuf (Gustave), à Houlme (Seine-Inférieure).
1557. — 1 lot...................... Le même.
1558. — 1 lot...................... MM. Roullier & Arnoult, à Gambais (Seine-et-Oise).
1559. — 1 lot...................... M. Voisin (René), à la Suze (Sarthe).
1560. — 1 lot.... .... MM. Voitellier Frères, à Mantes (Seine-et-Oise).
1561. — 1 lot...................... Les mêmes.
1562. — 1 lot...................... Les mêmes.

31ᵉ Catégorie. — Canards d'Aylesbury.

Mâles.

1ᵉʳ prix, une médaille d'argent.
2ᵉ — — de bronze.

1563. — 1 blanc .... M. Bertrandus, à Igny (Seine-et-Oise).
1564. — 1 blanc.................... Le même.
1565. — 1 blanc .... M. Lejeune (Jean-Joseph), aux Essarts-le-Roi (Seiné-et-Oise).
1566. — 1 blanc .... Le même.
1567. — 1 blanc.................... Le même.
1568. — 1 .... MM. Voitellier Frères, à Mantes (Seine-et-Oise).
1569. — 1 .... Les mêmes.
1570. — 1 .... Les mêmes.

Femelles.

1er prix, une médaille d'argent.
2e — — de bronze.

1571. — 1 lot, blanches . . . . M. BERTRANDUS, à Igny (Seine-et-Oise).
1572. — 1 lot, blanches . . . . M. LEJEUNE (Jean-Joseph), aux Essarts-le-Roi (Seine-et-Oise).
1573. — 1 lot, blanches . . . . Le même.
1574. — 1 lot, blanches . . . . Le même.
1575. — 1 lot . . . . MM. VOITELLIER Frères, à Mantes (Seine-et-Oise).
1576. — 1 lot . . . . Les mêmes.

32e CATÉGORIE. — Canards du Labrador.

Mâles.

1er prix, une médaille d'argent.
2e — — de bronze.

1577. — 1 noir. . . . . M. BERTRANDUS, à Igny (Seine-et-Oise).
1578. — 1 noir. . . . . M. BOUCHEREAUX (A.), à Thiais (Seine).
1579. — 1 noir. . . . . M. GAGNEPAIN (Xavier), à Argenteuil (Seine-et-Oise).
1580. — 1 noir. . . . . Le même.
1581. — 1 noir. . . . . M. LAGRANGE (Étienne), à Autun (Saône-et-Loire).
1582. — 1 noir. . . . . Le même.
1583. — 1 noir. . . . . M. LEJEUNE (Jean-Joseph), aux Essarts-le-Roi (Seine-et-Oise).
1584. — 1 noir. . . . . Le même.
1585. — 1 . . . . M. MESNY (Gustave), à Taverny (Seine-et-Oise).
1586. — 1 . . . . M. POINTELET, à Louveciennes (Seine-et-Oise).
1587. — 1 . . . . MM. VOITELLIER Frères, à Mantes (Seine-et-Oise).

Femelles.

1er prix, une médaille d'argent.
2e — — de bronze.

1588. — 1 lot, noires . . . . M. BOUCHEREAUX (A.), à Thiais (Seine).
1589. — 1 lot, noires . . . . M. COQUEREAU (Ch.), à Maisons-Alfort (Seine).
1590. — 1 lot, noires. . . . . Le même.
1591. — 1 lot, noires. . . . . M. GAGNEPAIN (Xavier), à Argenteuil (Seine-et-Oise).
1592. — 1 lot, noires. . . . . Le même.
1593. — 1 lot, noires. . . . . M. LAGRANGE (Étienne), à Autun (Saône-et-Loire).
1594. — 1 lot, noires . . . . Le même.
1595. — 1 lot, noires . . . . M. LEJEUNE (Jean-Joseph), aux Essarts-le-Roi (Seine-et-Oise).
1596. — 1 lot. . . . . M. MESNY (Gustave), à Taverny (Seine-et-Oise).
1597. — 1 lot. . . . . M. POINTELET, à Louveciennes (Seine-et-Oise).
1598. — 1 lot. . . . . MM. VOITELLIER Frères, à Mantes (Seine-et-Oise).

33ᵉ Catégorie. — **Canards de Pékin.**

Mâles.

1ᵉʳ prix, une médaille d'argent.
2ᵉ   —   —   de bronze.

1599. — 1 blanc...................... M. Bertrandus, à Igny (Seine-et-Oise).
1600. — 1 blanc .... Le même.
1601. — 1 blanc .... Mᵐᵉ Durand, à Houdan (Seine-et-Oise).
1602. — 1 blanc .... La même.
1603. — 1 blanc .... M. Gagnepain (Xavier), à Argenteuil (Seine-et-Oise).
1604. — 1 blanc .... Le même.
1605. — 1 .... Mᵐᵉ Goldenberg (Renée), à Zornhoff, près Saverne (Alsace).
1606. — 1 blanc .... M. de Hédouville (Louis), à Jouvieux (Oise).
1607. — 1 blanc ....
1608. — 1 blanc .... M. Lagrange (Étienne), à Autun (Saône-et-Loire).
1609. — 1 blanc .... Le même.
1610. — 1 blanc .... M. Lasseron, rue de l'Ouest, 116, à Paris
1611. — 1 blanc .... M. Lejeune (Jean-Joseph), aux Essarts-le-Roi (Seine-et-Oise).
1612. — 1 blanc .... Le même.
1613. — 1 blanc .... Le même.
1614. — 1 blanc .... Le même.
1615. — 1 blanc .... Le même.
1616. — 1 blanc .... Le même.
1617. — 1 .... M. Moons de Coen, à Calmpthout, Anvers (Belgique).
1618. — 1 .... Le même.
1619. — 1 .... M. Pointelet, à Louveciennes (Seine-et-Oise).
1620. — 1 blanc .... MM. Tourrette, frères, à Palaiseau (Seine-et-Oise).
1621. — 1 .... MM. Voitellier Frères, à Mantes (Seine-et-Oise).
1622. — 1 .... Les mêmes.

Femelles.

1ᵉʳ prix, une médaille d'argent.
2ᵉ   —   —   de bronze.

1623. — 1 lot, blanches............... M. Bertrandus, à Igny (Seine-et-Oise).
1624. — 1 lot, blanches............... Mᵐᵉ Durand, à Houdan (Seine-et-Oise).
1625. — 1 lot, blanches............... La même.
1626. — 1 lot, blanches............... M. Gagnepain (Xavier), à Argenteuil (Seine-et-Oise).
1627. — 1 lot, blanches............... Le même.
1628. — 1 lot...................... Mᵐᵉ Goldenberg (Renée), à Zornhorff, près Saverne (Alsace).
1629. — 1 lot, blanches .... M de Hédouville (Louis), à Gouvieux (Oise).
1630. — 1 lot, blanches............... M. Lagrange (Étienne), à Autun (Saône-et-Loire).
1631. — 1 lot, blanches .... Le même.
1632. — 1 lot, blanches............... M. Lasseron, rue de l'Ouest, 116, à Paris.
1633. — 1 lot, blanches............... M. Lejeune (Jean-Joseph), aux Essarts-le-Roi (Seine-et-Oise).
1634. — 1 lot, blanches................ Le même.

1635. — 1 lot, blanches................ M. Lejeune (Jean-Joseph), aux Essarts-le-Roi (Seine-et-Oise).
1636. — 1 lot, blanches................ Le même.
1637. — 1 lot...................... M. Moons de Coen, à Calmpthout, Anvers (Belgique).
1638. — 1 lot...................... M. Pointelet, à Louveciennes (Seine-et-Oise).
1639. — 1 lot, blanches.............. MM. Tourrette Frères, à Palaiseau (Seine-et-Oise).
1640. — 1 lot...................... MM. Voitellier Frères, à Mantes (Seine-et-Oise).
1641. — 1 lot...................... Les mêmes.

34e Catégorie. — Canards divers.

Mâles.

1er prix, une médaiile d'argent.
2e   —   —   de bronze.

1642. — 1 de barbarie, noir........... Mme Boucher, à La Chapelle-Forainvilliers (Eure-et-Loir).
1643. — 1 mignon, blanc.............. M. Bouchereaux (A.), à Thiais (Seine).
1644. — 1.......................... Mme Bréxy, rue Ville, 18, à Amiens (Somme).
1645. — 1 de Duclerc .... M. Croizet (Ch.), à Amiens (Somme).
1646. — 1 de barbarie, noir et blanc..... Mme Davoust-Periot, à Houdan (Seine-et-Oise).
1647. — 1 de barbarie, noir........... La même.
1648. — 1 de barbarie, noir........... M. Gagnepain (Xavier), à Argenteuil (Seine-et-Oise).
1649. — 1 de barbarie, noir........... Le même.
1650. — 1 de barbarie, bronzé.......... M. Lejeune (Jean-Joseph), aux Essarts-le-Roi (Seine-et-Oise).
1651. — 1 de barbarie, bronzé.......... Le même.
1652. — 1 de Gayuga, noir............ Le même.
1653. — 1 mignon, gris.............. Le même.
1654. — 1 sauvage, gris............. Le même.
1655. — 1 sauvage, gris............. Le même.
1656. — 1 de barbarie, bronzé.......... M. Mesny (Gustave), à Taverny (Seine-et-Oise).
1657. — 1 de Viskende, brun noir....... M. d'Oxholm (G.), à Copenhague (Danemark).
1658. — 1.......................... M. Pointelet, à Louveciennes (Seine-et-Oise).
1659. — 1 de barbarie, noir........... M. Rivet (Jules), à Houdan (Seine-et-Oise).
1660. — 1 de barbarie, muet blanc....... M. Sicher (Henri), à Gradignon (Gironde).
1661. — 1 de barbarie, muet........... Le même.
1662. — 1.......................... Le même.
1663. — 1 de barbarie................ MM. Voitellier Frères, à Mantes (Seine-et-Oise).
1664. — 1 de barbarie .... Les mêmes.
1665. — 1 de barbarie............... Les mêmes.

Femelles.

1er prix, une médaille d'argent.
2e   —   —   de bronze.

1666. — 1 lot, de barbarie, noires .... Mme Boucher, à la Chapelle-Forainvilliers (Eure-et-Loir).

1667. — 1 lot, mignons, blanches........ M. Bouchereaux (A.). à Thiais (Seine).
1668. — 1 lot, grises................. Mme Brexy, à Amiens (Somme).
1669. — 1 lot, de Duclerc.. .... M. Croizet (Ch,), à Amiens (Somme).
1670. — 1 lot, de barbarie, noires .... Mme Davoust-Périot, à Houdan (Seine-et-Oise).
1671. — 1 lot, de barbarie, noires et blanches. La même.
1672. — 1 lot, de barbarie, noires .... M. Gagnepain (Xavier), à Argenteuil (Seine-et-Oise).
1673. — 1 lot, de barbarie, noires........ Le même.
1674. — 1 lot, de barbarie, bronzées..... M. Lejeune (Jean-Joseph), aux Essarts-le-Roi (Seine-et-Oise).
1675. — 1 lot, de barbarie, bronzées..... Le même.
1676. — 1 lot, de cayuga, noires......... Le même.
1677. — 1 lot, mignons, grises......... Le même.
1678. — 1 lot, sauvages, grises......... Le même.
1679. — 1 lot, de barbarie, bronzées..... M. Mesny (Gustave), à Taverny (Seine-et-Oise).
1680. — 1 lot, de Viskende, brun noirâtre M. d'Oxholm (G.), à Copenhague (Danemark).
1681. — 1 lot..................... M. Pointelet, à Louveciennes (Seine-et-Oise).
1682. — 1 lot, de barbarie, noires........ M. Rivet (Jules) , à Houdan (Seine-et-Oise).
1683. — 1 lot, muet de barbarie, blanches M. Sicher (Henri), à Gradignan (Gironde).
1684. — 1 lot, de barbarie .... MM. Voitellier Frères, à Mantes (Seine-et-Oise).
1685. — 1 lot, de barbarie .... Les mêmes.
1686. — 1 lot, de barbarie .... Les mêmes.

35e Catégorie. — **Pintades**.

1er prix. une médaille d'argent.
2e   —   —   de bronze.
3e   —   —   de bronze.

1687. — 1 lot, grises................. M. Grignon (H.), passage du Hérisson, 15, à Paris.
1688. — 1 lot, blanches................. Le même.
1689. — 1 lot, huppées, gris caillouté .... M. Deschamps (J.), rue Greuze, 33, à Paris.
1690. — 1 lot, huppées, gris caillouté .... Le même.
1691. — 1 lot, huppées, gris caillouté .... Le même.
1692. — 1 lot, grises................. M. Lagrange (Étienne), à Autun (Saône-et-Loire).
1693. — 1 lot, blanches .... Le même.
1694. — 1 lot, bleues .... M. Lasseron, rue de l'Ouest, 116, à Paris.
1695. — 1 lot, bleues .... M. Lejeune (Jean-Joseph), aux Essarts-le-Roi (Seine-et-Oise).
1696. — 1 lot, blanches................. Le même.
1697. — 1 lot, lilas................. Le même.
1698. — 1 lot, grises............. M. Mesny (Gustave), à Taverny (Seine-et-Oise).
1699. — 1 lot, lilas .... Le même.
1700. — 1 lot, bleues................. M. Pointelet, à Louveciennes (Seine-et-Oise).
1701. — 1 lot, bleu pâle................. M. Sicher (Henri), à Gradigan (Gironde).
1702. — 1 lot, blanches .... MM. Voitellier Frères, à Mantes (Seine-et-Oise).
1703. — 1 lot, grises................. Les mêmes.
1704. — 1 lot, grises................. Les mêmes.
1705. — 1 lot, lilas .... Les mêmes.

36e Catégorie. — **Pigeons (présentés par couples)**.

GROSSES RACES COMESTIBLES (Romains, Montaubans, etc).

1er prix, une médaille d'argent.
2e — — de bronze.

1706. — 1 lot, Montaubans noirs .... Mme BREXY , rue Ville , 18 , à Amiens (Somme).

1707. — 1 lot, Montaubans blancs .... M. CHARLES (G.), rue du Château, 30, à Asnières (Seine).

1708. — 1 lot, Montaubans blancs .... M. COURAUT (Jules), 74 bis, grande rue, à Créteil (Seine).

1709. — 1 lot, Montaubans............. M. CREMIÈRE (Léon), rue Troyon, 24, à Sèvres (Seine-et-Oise).

1710. — 1 lot, Montaubans............. Le même.
1711. — 1 lot, Montaubans noirs .... M. LAGRANGE (Étienne), à Autun (Saône-et-Loire).

1712. — 1 lot, Montaubans .... M. POINTELET, à Louveciennes (Seine-et-Oise).

1713. — 1 lot, Montaubans .... MM. VOITELLIER Frères, à Mantes (Seine-et-Oise).

1714. — 1 lot, Montaubans .... Les mêmes.
1715. — 1 lot, Montaubans .... Les mêmes.
1716. — 1 lot, Montaubans .... Les mêmes.
1717. — 1 lot, Montaubans .... Les mêmes.
1718. — 1 lot, Montaubans .... Les mêmes.
1719. — 1 lot de Plaisance blancs....... M. MONESTIROLI, via Pasquirolo, 6, à Milan (Italie).

1720. — 1 lot Romains rouges .... M. ANTY (Alfred), rue St-Dominique, 184, à Paris.

1721. — 1 lot Romains chamois......... Le même.
1722. — 1 lot Romains noirs............ Le même.
1723. — 1 lot Romains bleus............ M. BOUCHEREAUX (A.), à Thiais (Seine).
1724. — 1 lot Romains bleus............ M. BRESCHET (Jean-Pierre), 200, rue des Fourneaux, à Paris.

1725. — 1 lot Romains bleus............ Le même.
1726. — 1 lot Romains bleus............ Le même.
1727. — 1 lot Romains bleus............ Le même.
1728. — 1 lot Romains chamois......... Le même.
1729. — 1 lot Romains fauves.......... Le même.
1730. — 1 lot Romains noirs............ Le même.
1731. — 1 lot Romains rouges .... M. CREMIÈRE (Léon), précité.
1732. — 1 lot Romains .... Le même.
1733. — 1 lot Romains .... M. CROIZET (Ch.), à Amiens (Somme).
1734. — 1 lot Romains noirs........... Le même.
1735. — 1 lot Romains chamois........ Le même.
1736. — 1 lot Romains bleus.......... M. DEJUST (Eugène), rue Biron, 33, à St-Ouen (Seine).
1737. — 1 lot Romains noirs ....

1738. — 1 lot Romains bleus........... M. GIRAUD (Cyprien), rue de Vanves, 201, à Paris.

1739. — 1 lot Romains chamois........ Le même.
1740. — 1 lot Romains fauves.......... Le même.
1741. — 1 lot Romains bleus.......... M. GRENOUILLAU, rue de Vaugirard, 269, à Paris.

1742. — 1 lot Romains rouges .... Le même.
1743. — 1 lot Romains fauves.......... M. LAGRANGE (Etienne), précité.
1744. — 1 lot Romains gris bleu........ Le même.
1745. — 1 lot Romains noirs........... Le même.
1746. — 1 lot Romains bleus.......... M. LEUDET (Léon), à Trouville-sur-Mer (Calvados).

1747. — 1 lot Romains bleus........... Le même.

1748. — 1 lot Romains fauves........... M. Leudet (Léon), à Trouville sur-Mer (Calvados).
1749. — 1 lot Romains fauves........... Le même.
1750. — 1 lot Romains fauves........... Le même.
1751. — 1 lot Romains chamois......... Le même.
1752. — 1 lot Romains chamois......... Le même.
1753. — 1 lot Romains rouges.......... Le même.
1754. — 1 lot Romains chamois......... M. le comte de Okecki, rue du Théâtre, 125, à Paris.
1755. — 1 lot Romains fauves... .... M. Pointelet, précité.
1756. — 1 lot Romains bleus........... M. Rousseau, 115, rue Saint-Antoine, à Paris.
1757. — 1 lot Romains fauves........... Le même.
1758. — 1 lot Romains fauves........... M. Simon (Louis), 1, place d'Alleray, à Paris.
1759. — 1 lot Romains rouges .... M. Thumara (Arthur), 7, passage du Mont-Cenis, à Paris.
1760. — 1 lot Romains chamois......... M. Thersen (Théophile), passage de l'Opéra à Paris.
1761. — 1 lot Romains noirs............ Le même.
1762. — 1 lot Romains fauves.... ..... M. Thomas (Pierre), rue Crozatier, 13, à Paris.
1763. — 1 lot Romains chamois......... Le même.
1764. — 1 lot Romains................. MM, Voitellier Frères, précités.
1765. — 1 lot Romains................. Les mêmes.
1766. — 1 lot Romains................. Les mêmes.
1767. — 1 lot Romains................. Les mêmes.
1768. — 1 lot Romains................. Les mêmes.
1769. — 1 lot Romains................. Les mêmes.
1770. — 1 lot Romains................. Les mêmes.
1771. — 1 lot Romains................. Les mêmes.

MOYENNES RACES COMESTIBLES ET D'AGRÉMENT.

1ᵉʳ prix, une médaille d'argent.

2ᵉ — — de bronze.

1772. — 1 lot bagadais blancs.......... M. Crignon (H.), 15, Passage du Hérisson, à Paris.
1773. — 1 lot bagadais rouges.......... M. Lejeune, 24, rue Chauvelot, à Paris.
1774. — 1 lot bagadais................. Mlle la Comtesse de Okecki, 12, rue Boromée, à Paris.
1775. — 1 lot bagadais blancs... ...... M. Thomas (Pierre), rue Crozatier 13, à Paris.
1776. — 1 lot bagadais rouges.......... Le même.
1777. — 1 lot bagadais panaché rouge.. M. Thumara (Arthur), 7, Passage du Mont-Cenis à Paris.
1778. — 1 lot bagadais .... MM. Voitellier frères, à Mantes (Seine-et-Oise).
1779. — 1 lot de beyrouth bleus.. .... MM. Wagener (Jules) et frères, à Gonzé-Andaumont, province de Liège (Belgique).
1780. — 1 lot bizets bleus.............. M. Alliot (Ferdinand), Avenue Dusquene 15, à Paris.
1781. — 1 lot bizets bleu écaillé........ M. Crignon (H.), précité.
1782. — 1 lot bizets étincelés .... M. Ganier (Alfred), 23 rue Bargue, à Paris.
1783. — 1 lot bizets de Rouen bleus.... M. Lasseron (H.), 116 rue de l'Ouest, à Paris.
1784. — 1 lot bizets de Rouen fauves... Le même.
1785. — 1 lot bizets bleus............. M. Lejeune, précité.
1786. — 1 lot bizets étincelés .... Le même.
1787. — 1 lot bizets de Rouen bleus.... M. Simon (Louis), précité.
1788. — 1 lot bizets bleus .... M. Stercq (Victor), 7 bis, boulevard de Vaugirard, à Paris.

1789. — 1 lot bizets .... MM. Voitellier frères, précités.
1790. — 1 lot boulants blancs .... M. Bouchereaux, à Thiais (Seine).
1791. — 1 lot boulants bleus .... M. Charles (G.), rue du Château, 30, à Asnières (Seine).
1792. — 1 lot boulants meuniers........ M. Couraut (J.), à Créteil (Seine).
1793. — 1 lot boulants bleus........... M. Courcout (François), à Amiens (Somme).
1794. — 1 lot boulants anglais blancs ... M. Croizet (Ch.), à Amiens (Somme).
1795. — 1 lot boulants anglais rouges... Le même.
1796. — 1 lot boulants anglais bleus ... Le même.
1797. — 1 lot boulants anglais noirs .... Le même.
1798. — 1 lot boulants anglais chamois . Le même.
1799. — 1 lot boulants Lillois noirs ..... Le même.
1800. — 1 lot boulants Lillois blancs .... Le même.
1801. — 1 lot boulants Lillois rouges ... Le même.
1802. — 1 lot boulants Lillois bleus ..... Le même.
1803. — 1 lot boulants Lillois chamois .. Le même.
1804. — 1 lot boulants anglais bleus et blancs. M. Géré (Omer), Parc de Montretout, à St-Cloud (Seine-et-Oise).
1805. — 1 lot boulants anglais noirs et blancs. Le même.
1806. — 1 lot boulants anglais rouge sandy. Le même.
1807. — 1 lot boulants anglais bleus et blancs. Le même.
1808. — 1 lot boulants anglais bleus et blancs. Le même.
1809. — 1 lot boulants de Porto blancs . Le même.
1810. — 1 lot boulants d'Amiens noirs et blancs. Le même.
1811. — 1 lot boulants blancs........... M. Grenouillau, 269, rue de Vaugirard, à Paris.
1812. — 1 lot boulants bleus............ M. Lasseron (H.), précité.
1813. — 1 lot boulants bleus .... Le même.
1814. — 1 lot boulants noirs .... Le même.
1815. — 1 lot boulants rouges et blancs. M. Lemaire (Auguste), 29, Avenue Duquesne, à Paris.
1816. — 1 lot boulants anglais.......... M. le Comte de Okecki, 125, rue du Théâtre, à Paris.
1817. — 1 lot boulants blancs........... M. Pointelet, à Louveciennes (Seine-et-Oise).
1818. — 1 lot boulants blancs .... M. Simon (François), rue du Maine, 8, à Paris.
1819. — 1 lot boulants blancs .... M. Simon (Louis), 1, Place d'Alleray, à Paris.
1820. — 1 lot boulants noirs............ M. Stercq (Victor), précité.
1821. — 1 lot boulants d'Amiens........ MM. Tourrette frères, précités.
1822. — 1 lot boulants................. MM. Voitellier frères, précités.
1823. — 1 lot boulants................. Les mêmes.
1824. — 1 lot boulants................. Les mêmes.
1825. — 1 lot carriers bleus............ M. Alliot (Ferdinand), Avenue Duquesne, 15, à Paris.
1826. — 1 lot carriers anglais noirs ..... M. Baudet (Ferdinand), 46, rue des Martyrs, à Paris.
1827. — 1 lot carriers noirs .... M. Croizet (Ch.), précité.
1828. — 1 lot carriers bleus .... M. Lejeune, précité.
1829. — 1 lot carriers noirs .... M. Pointelet, à Louveciennes (Seine-et-Oise).
1830. — 1 lot carriers minimes......... Le même.
1831. — 1 lot carriers bec anglais blancs MM. Tourrette frères, précités.
1832. — 1 lot carriers................. MM. Voitellier frères, précités.
1833. — 1 lot carriers................. Les mêmes.
1834. — 1 lot dragons bleus .... M. Croizet (Ch.), précité.
1835. — 1 lot dragons blancs .... M. Dejust (Eugène), 33, rue Biron, à St-Ouen (Seine).

1836. — 1 lot dragons noirs............ M. Lasseron (H.), précité.
1837. — 1 lot dragons bleus............ Le même.
1838. — 1 lot dragons bleus........... M. Safray (Armand-Joseph), 65, rue Balagny, à Paris.
1839. — 1 lot étourneaux noirs et blancs. M. Lagrange (Étienne), précité.
1840. — 1 lot étourneaux.............. MM. Voitellier frères, précités.
1841. — 1 lot gazzi blancs et chamois ... M. Hoffmann (E.), 28, route de Créteil, à
Maisons-Alfort (Seine).
1842. — 1 lot gazzi blancs et bleus ..... Le même.
1843. — 1 lot gazzi blancs et noirs ...... Le même.
1844. — 1 lot gazzi.................. Le même.
1845. — 1 lot gazzi blancs............. Le même.
1846. — 1 lot gazzi blancs et rouges .... Le même.
1847. — 1 lot gazzi.................. MM. Voitellier frères, précités.
1848. — 1 lot gazzi de Modène bleus et MM. Wagener (Jules) et frères, à Gomzé-
bruns.   Andaumont (prov. de Liège (Belgique).
1849. — 1 lot gazzi de Modène noirs et Les mêmes.
bruns.
1850. — 1 lot maltais noirs........... M. Croizet (Ch.), précité.
1851. — 1 lot maltais rouges....... ... Le même.
1852. — 1 lot mondains bleus et blancs.. M. Crignon (H.), précité.
1853. — 1 lot mondains lie de vin .... Le même.
1854. — 1 lot mondains blanc meunier.. Le même.
1855. — 1 lot mondains bleus.......... M. Grenouillau, précité.
1856. — 1 lot mondains gris............ M. Lasseron (H.), précité.
1857. — 1 lot mondains bleus.......... Le même.
1858. — 1 lot mondains papillotés ...... Le même.
1859. — 1 lot mondains gris bleu........ M. Lejeune, précité.
1860. — 1 lot mondains blancs .... Le même.
1861. — 1 lot mondains de Caux........ Le même.
1862. — 1 lot mondains de Caux .... M. Leudet (Léon), à Trouville s/mer (Calvados).
1863. — 1 lot mondains rouges. .... Le même.
1864. — 1 lot mondains.............. M. le Comte de Okecki, précité.
1865. — 1 lot mondains.............. Mlle la Comtesse de Okecki, précitée.
1866. — 1 lot mondains rouges......... M. Pointelet, précité.
1867. — 1 lot mondains blancs......... Le même.
1868. — 1 lot mondains des Pyrénées M. Simon (Louis), précité.
noirs et blancs.
1869. — 1 lot mondains blancs et noirs.. M. Stercq (Victor), 7 bis, boulevard de
Vaugirard, à Paris.
1870. — 1 lot mondains bigarrés........ M. Thomas (Pierre), précité.
1871. — 1 lot mondains.............. MM. Voitellier frères, précités.
1872. — 1 lot mondains.............. Les mêmes.
1873. — 1 lot mondains.............. Les mêmes.
1874. — 1 lot mondains.............. Les mêmes.
1875. — 1 lot mondains.............. Les mêmes.
1876. — 1 lot mondains.............. Les mêmes.
1877. — 1 lot nones bleus............ M. Stercq (Victor), précité.
1878. — 1 lot poules blanches .... M. Couraut (J.), précité.
1879. — 1 lot poules papillotés......... M. Croizet (Ch.), précité.
1880. — 1 lot poules blanches .... Le même.
1881. — 1 lot poules maltais blancs..... M. Pointelet, précité.

PETITES RACES, DITES DE VOLIÈRES.

1er prix, une médaille d'argent.
2e   —   —   de bronze.

1882. — 1 lot culbutants savoyards mul- M. Alliot (Ferdinand), avenue Duquesne,
ticolores.   15, à Paris.
1883. — 1 lot tambours noirs et blancs... Le même.
1884. — 1 lot fantaisie dorés........... M. Baudet (Ferdinand), 46, rue des Martyrs,
à Paris.

1885. — 1 lot queue de paon............ M. Bouchereaux (A.), à Thiais (Seine).
1886. — 1 lot tunisiens gris argent...... Le même.
1887. — 1 lot bouvreuils d'Arkangel..... Mᵐᵉ Brexy, 18, rue Ville, à Amiens (Somme).
1888. — 1 lot capucins rouges et blancs.. La même.
1889. — 1 lot capucucins noirs et blancs. La même.
1890. — 1 lot pions rouges.............. La même.
1891. — 1 lot tambours................. La même.
1892. — 1 lot capucins rouges........... M. Charles (G.), rue du Château, 30, à Asnières (Seine).
1893. — 1 lot capucins chamois......... Le même.
1894. — 1 lot tambours de Dresde....... Le même.
1895. — 1 lot capucins rouges et blancs. M Courant (J.), précité.
1896. — 1 lot blondinettes noirs et blancs. Le même.
1897. — 1 lot bluettes bleus........... Le même.
1898. — 1 lot papillons de Damas noirs et blancs. Le même.
1899. — 1 lot queue de paon blancs...... Le même.
1900. — 1 lot rousselettes fauves........ Le même.
1901. — 1 lot capucins............... M. Cremière (Léon), rue Troyon, 24, à Paris.
1902. — 1 lot capucins............... Le même.
1903. — 1 lot queue de paon........... Le même.
1904. — 1 lot queue de paon........... Le même.
1905. — 1 lot béards rouges........... M. Crignon (H.), 14, passage du Hérisson, à Paris.
1906. — 1 lot béards chamois.......... Le même.
1907. — 1 lot bouvreuils plastron chamois. Le même.
1908. — 1 lot capucins espagnoles....... Le même.
1909. — 1 lot culbutants espagnoles..... Le même.
1910. — 1 lot culbutants rouges........ Le même.
1911. — 1 lot culbutants savoyards acajou. Le même.
1912. — 1 lot culbutants savoyards argentés. Le même.
1913. — 1 lot nègres d'Orient.......... Le même.
1914. — 1 lot pies manteau noir........ Le même.
1915. — 1 lot queue de paon blancs..... Le même.
1916. — 1 lot tambours de Dresde blancs Le même.
1917. — 1 lot Tunisiens blancs......... Le même.
1918. — 1 lot blondinettes négresses.... M. Croizet (Ch.), à Amiens (Somme).
1919. — 1 lot bouvreuils bleus.......... Le même.
1920. — 1 lot bouvreuils chamois....... Le même.
1921. — 1 lot bouvreuils rouges........ Le même.
1922. — 1 lot capucins rouges.......... Le même.
1923. — 1 lot capucins bleus........... Le même.
1924. — 1 lot capucins chamois........ Le même.
1925. — 1 lot capucins noirs........... Le même.
1926. — 1 lot culbutants papillotés...... Le même.
1927. — 1 lot frisés milanais blancs..... Le même.
1928. — 1 lot nègres à crinière......... Le même.
1929. — 1 lot polonais chamois......... Le même.
1930. — 1 lot polonais noirs........... Le même.
1931. — 1 lot queue de paon blancs..... Le même.
1932. — 1 lot rieurs blancs............ Le même.
1933. — 1 lot sherajec noirs........... Le même.
1934. — 1 lot de souabe............... Le même.
1935. — 1 lot tambours bleus.......... Le même.
1936. — 1 lot tambours de Boukharie papillotés. Le même.
1937. — 1 lot tambours de Dresde papillotés. Le même
1938. — 1 lot tumblers noirs.......... Le même.
1939. — 1 lot tumblers tricolores....... Le même.
1940. — 1 lot tunisiens bleus.......... Le même.

1941. — 1 lot tunisiens bleus........... M. Dejust (Eugène), 33, rue Biron, à St-Ouen (Seine).

1942. — 1 lot queue de paon noirs....... M. Desmaret (Georges), 87, rue Lepic, à Paris.

1943. — 1 lot polonais noirs........... M. Faucogney (Camille), rue Couprie, 18, à Montrouge (Seine).

1944. — 1 lot Milanais frisés blancs..... M. Ganier (Alfred), 23, rue Bargue, à Paris.

1945. — 1 lot Polonais noirs........... Le même.
1946. — 1 lot queue de paon bleus...... Le même.
1947. — 1 lot queue de paon........... Le même.
1948. — 1 lot Swifts.................... Le même.
1949. — 1 lot cravatés Chinois blancs .. M. Géré (Omer), Parc de Montretout, à St-Cloud (Seine-et-Oise).

1950. — 1 lot de Damas blancs et noirs.. Le même.
1951. — 1 lot queue de paon d'Ecosse blancs. Le même.
1952. — 1 lot Tunisiens noirs........... Le même.
1953. — 1 lot Tunisiens blancs. .... Le même.
1954. — 1 lot capucins chamois........ M. Giraud (Cyprien), 201, rue de Vanves, à Paris.

1955. — 1 lot capucins chamois........ Le même.
1956. — 1 lot capucins rouges. .... Le même.
1957. — 1 lot capucins rouges.......... Le même.
1958. — 1 lot capucins blancs.......... Le même.
1959. — 1 lot capucins blancs.......... Le même.
1960. — 1 lot queue de paon blancs..... Le même.
1961. — 1 lot queue de paon blancs..... Le même.
1962. — 1 lot manteau chamois........ M. Grenouillau, 269, rue de Vaugirard, à Paris.

1963. — 1 lot nègres blancs et noirs..... Le même.
1964. — 1 lot pies blancs et noirs....... Le même.
1965. — 1 lot satin.................... Le même.
1966. — 1 lot cravatés Italiens bleu étincelé. M. Hofmann (E.), 28, route de Creteil, à Maisons-Alfort (Seine).

1967. — 1 lot Schietti rouge uni .... Le même.
1968. — 1 lot Schietti chamois.......... Le même.
1969. — 1 lot Schietti blancs .... Le même.
1970. — 1 lot Schietti noirs .... Le même.
1971. — 1 lot Schietti bleus .... Le même.
1972. — 1 lot Schietti noirs et blancs.... Le même.
1973. — 1 lot Schietti gris piqués....... Le même.
1974. — 1 lot Schietti bleus .... Le même.
1975. — 1 lot Schietti noirs .... Le même.
1976. — 1 lot Schietti noirs............. Le même.
1977. — 1 lot capucins rouges.......... M. Lacaille (Jules), 39, rue St-Louis-en-l'Ile, à Paris.

1978. — 1 lot culbutants Savoyards papillotés. Le même.
1979. — 1 lot culbutants Savoyards. Le même.
1980. — 1 lot queue de paon blancs..... Le même.
1981. — 1 lot queue de paon blancs..... Le même.
1982. — 1 lot capucins fauves et blancs.. M. Lagrange (Étienne), à Autun (Saône-et-Loire).

1983. — 1 lot bouvreuils noirs.......... M. Lallement (Amédée), boulevard de l'Hôtel-de-Lille, 176, à Montreuil-sous-Bois (Seine).

1984. — 1 lot culbutants noirs et blancs. Le même.
1985. — 1 lot pies noirs et blancs....... Le même.
1986. — 1 lot tambours de Dresde noirs et blancs. Le même.
1987. — 1 lot pies noirs et blancs....... M. Lallement (Ch.-Honoré), rue de la Solidarité, à Montreuil-sous-Bois (Seine).

1988. — 1 lot tambours de Dresde chamois et blancs. Le même.

1989. — 1 lot bouvreuils d'Arkangel cui-vrés. — M. LANGER (Gustave), à Lillebonne (Seine-Inférieure).
1990. — 1 lot frisés Milanais blancs..... — Le même.
1991. — 1 lot bouvreuils dorés .... — M. LASSERON (H.), précité.
1992. — 1 lot bouvreuils cuivrés........ — Le même.
1993. — 1 lot Brésiliens .... — Le même.
1994. — 1 lot Brésiliens.............. — Le même.
1995. — 1 lot capucins chamois........ — Le même.
1996. — 1 lot capucins rouges. .... — Le même.
1997. — 1 lot capucins noirs........... — Le même.
1998. — 1 lot cravatés Chinois bleus.... — Le même.
1999. — 1 lot culbutants papillotés...... — Le même.
2000. — 1 lot hirondelles de Saxe, bleus. — Le même.
2001. — 1 lot Milanais frisés blancs..... — Le même.
2002. — 1 lot pies chamois .... — Le même.
2003. — 1 lot pies, noirs .... — Le même.
2004. — 1 lot Polonais blancs........... — Le même.
2005. — 1 lot queus de paon blancs ..... — Le même.
2006. — 1 lot queues de paon bleus ..... — Le même.
2007. — 1 lot queues de paon gris ...... — Le même.
2008. — 1 lot queus de paon noirs ...... — Le même.
2009. — 1 lot queues de paon blancs frisés. — Le même.
2010. — 1 lot tambours de Boukharie noirs. — Le même.
2011. — 1 lot tambours de Boukharie pa-pillotés. — Le même.
2012. — 1 lot Tunisiens bleus .... — Le même.
2013. — 1 lot tambours de Boukharie papillotés. — M. LEJEUNE (Jean-Joseph), aux Essarts-le-Roi (Seine-et-Oise).
2014. — 1 lot bouvreuils d'Arkangel bronze. — M. LEJEUNE, 24, rue Chauvelot, à Paris.
2015. — 1 lot capucines rouges...... ... — Le même.
2016. — 1 lot capucins chamois .... — Le même.
2017. — 1 lot culbutants................ — Le même.
2018. — 1 lot cravatés anglais........... — Le même.
2019. — 1 lot nègres, blancs et noirs..... — Le même.
2020. — 1 lots pies, blancs et noirs...... — Le même.
2021. — 1 lot Polonais rouges......... .. — Le même.
2022. — 1 lot Russes, noirs............. — Le même.
2023. — 1 lot tambours de Dresde, blancs et noirs. — Le même.
2024. — 1 lot Tunisiens, blancs.......... — Le même.
2025. — 1 lot volants, blancs............ — Le même.
2026. — 1 lot capucins chamois.......... — M. LEUDET (Léon), à Trouville-sur-Mer (Calvados).
2027. — 1 lot capucins chamois.......... — Le même.
2028. — 1 lot capucins chamois.......... — Le même.
2029. — 1 lot capucins, rouges.......... — Le même.
2030. — 1 lot capucins, rouges.......... — Le même.
2031. — 1 lot capucins, noirs........ ... — Le même.
2032. — 1 lot cravatés chinois.......... — Le même.
2033. — 1 lot milanais frisés .... — Le même.
2034. — 1 lot milanais frisés .... — Le même.
2035. — 1 lot Polonais, blancs........... — Le même.
2036. — 1 lot queue de paon, blancs...... — Le même.
2037. — 1 lot Tunisiens................ — Le même.
2038. — 1 lot Tunisiens............. . — Le même.
2039. — 1 lot Bouvreuils... .... — Mlle la Comtesse DE OKECKI, rue Boro-mée, 12, à Paris.
2040. — 1 lot capucins Anglais.......... — La même.
2041. — 1 lot bouvreuils d'Arkangel..... — M. le Comte DE OKECKI, rue du Théâ-tre, 125, à Paris.
2042. — 1 lot bouvreuils, noirs.......... — Le même.

2043. — 1 lot bouvreuils, bleus.......... M. le Comte DE OKECKI, rue du Théâtre, 125, à Paris.

2044. — 1 lot pies de Cracovie.......... Le même.

2045. — 1 lot capucins rouges.......... M. PELLAYRAT, rue Escudier, 34, à Boulogne (Seine).

2046. — 1 lot manteau rouge.......... Le même.

2047. — 1 lot tumblers blancs et noirs... Le même.

2048. — 1 lot capucins blancs.......... M. PERROLLET (Antoine-Théodore), impasse Nicole, 5, à Paris.

2049. — 1 lot capucins rouges.......... Le même.

2050. — 1 lot capucins bleus.......... Le même.

2051. — 1 lot capucins chamois.......... Le même.

2052. — 1 lot capucins noirs.......... Le même.

2053. — 1 lot culbutants blancs et noirs.. Le même.

2054. — 1 lot soie blancs.......... Le même.

2055. — 1 lot Tunisiens blancs.......... Le même.

2056. — 1 lot cravatés chinois blancs..... M. VAN PETEGHEM, avenue Emmanuel, 7, à Haeren (Belgique).

2057. — 1 lot capucins rouges.......... M. POINTELET, à Louveciennes (Seine-et-Oise).

2058. — 1 lot Polonais rouges.......... Le même.

2059. — 1 lot queue de paon Ecossais blancs. Le même.

2060. — 1 lot Russes rouges.......... Le même.

2061. — 1 lot tumblers.......... Le même.

2062. — 1 lot Tunisiens bleus.......... Le même.

2063. — 1 lot Tunisiens blancs.......... Le même.

2064. — 1 lot bouvreuils chamois et noirs. M. PROUVERRE, rue d'Alleray, 98, à Paris.

2065. — 1 lot jacinthes.......... Le même.

2066. — 1 lot culbutants savoyards multicolores. M. ROULLEAU, avenue de Ségur, 17, à Paris.

2067. — 1 lot culbutants noirs et blancs.. Le même.

2068. — 1 lot culbutants rouges.......... M. ROYBET (L.), rue de Pérignon, 10, à Paris:

2069. — 1 lot culbutants espagnoles..... Le même.

2070. — 1 lot Polonais rouges.......... M. SAFRAY (Joseph-Armand), rue Balagny, 65, à Paris.

2071. — 1 lot cravatés manteau bleu..... M. SAYVE, Grande-Rue, 70, à Boulogne (Seine).

2072. — 1 lot cravatés Chinois bleus..... Le même.

2073. — 1 lot tumblers noirs.......... Le même.

2074. — 1 lot hirondelles noirs.......... M. SIMON (François), rue du Maine, 4, à Paris.

2075. — 1 lot becs anglais blancs....... M. SIMON (Louis), 1, place d'Alleray, à Paris.

2076. — 1 lot hirondelles bleus.......... Le même.

2077. — 1 lot manteaux blancs et bleus.. Le même.

2078. — 1 lot messagers anglais noirs... Le même.

2079. — 1 lot queue de paon blancs et noirs. Le même.

2080. — 1 lot satinettes.......... Le même.

2081. — 1 lot tambours noirs.......... Le même.

2082. — 1 lot Tunisiens bleus.......... Le même.

2083. — 1 lot capucins blancs.......... M. STERCQ (Victor), 7 bis, boulevard de Vaugirard, à Paris.

2084. — 1 lot capucins chamois.......... Le même.

2085. — 1 lot culbutants argentés...... Le même.

2086. — 1 lot russes rouges.......... Le même.

2087. — 1 lot frisés Milanais blancs et rouges. Le même.

2088. — 1 lot capucins rouges.......... M. THUMARA (Arthur), 7, passage du Mont-Cenis, à Paris.

2089. — 1 lot blondinettes bluettes...... MM. TOURRETTE Frères, à Palaiseau (Seine-et-Oise).
2090. — 1 lot blondinettes fauvettes..... Les mêmes.
2091. — 1 lot blondinettes à manteau.... Les mêmes.
2092. — 1 lot coquillés Hollandais ...... Les mêmes.
2093. — 1 lot damascènes.............. Les mêmes.
2094. — 1 lot Fyrbach................. Les mêmes.
2095. — 1 lot hirondelles de Saxe....... Les mêmes.
2096. — 1 lot Polonais noirs........... Les mêmes.
2097. — 1 lot satin d'Irlande.......... Les mêmes.
2098. — 1 lot satinettes.............. Les mêmes.
2099. — 1 lot Schietti................ Les mêmes.
2100. — 1 lot de Souabe.............. Les mêmes.
2101. — 1 lot tambours de Dresde ...... Les mêmes.
2102. — 1 lot tumblers d'Almond .... Les mêmes.
2103. — 1 lot Turbitéens noirs.......... Les mêmes.
2104. — 1 lot Bouvreuils noirs .... M. VINCELET (Félix), 25, quai de l'Horloge, à Paris.

2105. — 1 lot capucins blancs........... Le même.
2106. — 1 lot cravatés bleus et blancs... Le même.
2107. — 1 lot cravatés chamois .... Le même.
2108. — 1 lot cravatés bleus........... Le même.
2109. — 1 lot cravatés blancs.......... Le même.
2110. — 1 lot Chinois blancs .... Le même.
2111. — 1 lot Russes rouges.......... Le même.
2112. — 1 lot Tunisiens blancs......... Le même.
2113. — 1 lot Tunisiens blancs......... Le même.
2114. — 1 lot Tunisiens blancs......... Le même.
2115. — 1 lot Tunisiens blancs......... Le même.
2116. — 1 lot blondinettes............. MM. VOITELLIER Frères, à Mantes (Seine-et-Oise).

2117. — 1 lot bluettes................. Les mêmes.
2118. — 1 lot bouvreuils .... Les mêmes.
2119. — 1 lot bronzés du Caire .... Les mêmes.
2120. — 1 lot capucins .... Les mêmes.
2121. — 1 lot capucins............... Les mêmes.
2122. — 1 lot capucins............... Les mêmes.
2123. — 1 lot coquillés.............. Les mêmes.
2124. — 1 lot culbutants.............. Les mêmes.
2125.   1 lot cravatés .... Les mêmes.
2126. — 1 lot Damascènes.............. Les mêmes.
2127. — 1 lot frisés milanais............ Les mêmes.
2128. — 1 lot hirondelles.............. Les mêmes.
2129. — 1 pies..................... Les mêmes.
2130. — 1 lot Polonais............... Les mêmes.
2131. — 1 lot queue de paon.... .... Les mêmes.
2132. — 1 lot queue de paon........... Les mêmes.
2133. — 1 lot queue de paon....... ..... Les mêmes.
2134. — 1 lot queue de paon............ Les mêmes.
2135. — 1 lot rieurs.................. Les mêmes.
2136. — 1 lot satin.................. Les mêmes.
2137. — 1 lot satinettes .... Les mêmes.
2138. — 1 lot swifts................. Les mêmes.
2139. — 1 lot tambours.............. Les mêmes.
2140. — 1 lot tunisiens.............. Les mêmes.
2141. — 1 lot turbitéens.............. Les mêmes.
2142. — 1 lot Polonais rouges .... M. WACQUEZ (Paul), rue Crussol 14, à Paris.

2143. — 1 lot Polonais noirs........... Le même.
2144. — 1 lot Polonais chamois........ Le même.
2145. — 1 lot blondinettes, bleus et blancs. MM. WAGENER (Jules) et Frères, à Gomzé-Andaumont, prov. de Liége (Belgique).

2146. — 1 lot blondinettes............. Les mêmes.
2147. — 1 lot damascènes, blancs et noirs. Les mêmes.

2148. — 1 lot magnani, bleus........... MM. Wagener (Jules) et Frères, à Gomzé-
                                          Andaumont, prov. de Liège (Belgique).
2149. — 1 lot satin étincelés............ Les mêmes.
2150. — 1 lot schietti gris..... .... Les mêmes.
2151. — 1 lot schietti, noirs et blancs.... Les mêmes.

RACES VOYAGEUSES.

1er prix, une médaille d'argent.

2e   —   —   de bronze.

3e   —   —   de bronze.

4e   —   —   de bronze.

2152. — 1 lot rouge étincelé........... M. Alliot (Ferdinand), 15, avenue Du-
                                          quesne, à Paris.
2153. — 1 lot chamois................. M. Baudet (Ferdinand), 46, rue des Mar-
                                          tyrs, à Paris.
2154. — 1 lot bleus et blancs ....: Le même.
2155. — 1 lot Anversois bleus.......... Le même.
2156. — 1 lot Anversois rouges .... Le même.
2157. — 1 lot Liègeois bleus et noirs.... Le même.
2158. — 1 lot Liègeois gris .... Le même.
2159. — 1 lot de Paris bleus.......... Le même.
2160. — 1 lot de Paris rouges.......... Le même,
2161. — 1 lot bleu uni................. M. Boucher (Antoine), avenue de La-
                                          Motte-Piquet, 31, à Paris.
2162. — 1 lot fauves .... Le même.
2163. — 1 lot blancs .... Mme Brexy, 18, r. Ville, à Amiens (Somme).
2164. — 1 lot rouges................. La même.
2165. — 1 lot Anversois, bleu uni....... M. Courant (J.), à Créteil (Seine).
2166. — 1 lot Anversois, bleu étincelé... Le même.
2167. — 1 lot de beyrouth, blancs....... Le même.
2168. — 1 lot Liégeois, bleu uni......... Le même.
2169. — 1 lot bleus .... M. Courcout (François), à Amiens (Somme).
2170. — 1 lot bleus .... Le même.
2171. — 1 lot bleus . ... Le même.
2172. — 1 lot bleus................... Le même.
2173. — 1 lot rouge................... Le même.
2174. — 1 lot gris .... Le même.
2175. — 1 lot bleus .... M. Crignon (H.), 15, Passage du Hérisson,
                                          à Paris.
2176. — 1 lot bleu écaillés.............. Le même.
2177. — 1 lot gris.................... Le même.
2178. — 1 lot gris meunier .... Le même.
2179. — 1 lot noirs................... Le même.
2180. — 1 lot blancs .... Le même.
2181. — 1 lot rouges.................. Le même.
2182. — 1 lot rouge écaillé .... Le même.
2183. — 1 lot dragons bleus............ Le même.
2184. — 1 lot bleu étincelé .. .. M. Croizet (Ch.), à Amiens (Somme).
2185. — 1 lot bleus.................. Le même.
2186. — 1 lot noirs .... Le même.
2187. — 1 lot béliers frisés de Syrie, Le même.
            blancs.
2188. — 1 lot de Beyrouth bleus........ Le même.
2189. — 1 lot bleus.................. M. Dejust (Eugène), rue Biron, 33, à Saint-
                                          Ouen (Seine).
2190. — 1 lot meuniers................ Le même.
2191. — 1 lot gris .... M. Delongue (Michel), rue Aumaire,
                                          Paris.
2192. — 1 lot bleus................... Le même.
2193. — 1 lot blancs et noirs........... Le même.

2194. — 1 lot belges bleus............. M. Gois (Eugène), à Montchaude (Charente).
2195. — 1 lot belges fauves..... ..... Le même.
2196. — 1 lot bleu étincelé............. M. Hofmann (E.), route de Créteil, 28, à Maisons-Alfort (Seine).
2197. — 1 lot bleu uni................. Le même.
2198. — 1 lot Egyptiens noirs et blancs.. M. Kœnders (Edouard), rue Ernest-Meyer, 16, à Fives-Lille (Nord).
2199. — 1 lot gris bleu............... M. Lagrange (Etienne), à Autun (Saône-et-Loire).
2200. — 1 lot gris bleu............... Le même.
2201. — 1 lot gris bleu........... .. Le même.
2202. — 1 lot argentés........... .... M. Lallement (Amédée), boulevard de l'Hôtel-de-Ville, 176, à Montreuil-sous-Bois (Seine).
2203. — 1 lot bleus................... M. Lallement (Ch. Honoré), rue de la Solidarité, à Montreuil-sous-Bois (Seine).
2204. — 1 lot minimes barrés rouges... Le même.
2205. — 1 lot bleus................... M. Langer (Gustave), à Lillebonne (Seine-Inférieure).
2206. — 1 lot bleus................... M. Langevin (Ch.), rue Couprie, 18, à Montrouge (Seine).
2207. — 1 lot bleus................... M. Lasseron (H.), rue de l'Ouest, 116, à Paris.
2208. — 1 lot bleus................... Le même.
2209. ··· 1 lot gris.................. Le même.
2210. — 1 lot gris................... Le même.
2211. — 1 lot bleu étincelé............ M. Lejeune, rue Chauvelot, 24, à Paris.
2212. — 1 lot bleus................... Le même.
2213. — 1 noirs...................... Le même.
2214. — 1 lot bleu uni............... M. Lemaire (Auguste), avenue Duquesne, 29, à Paris.
2215. — 1 lot bleu étincelé............ M. Marois (Gabriel), avenue Verdier, 37, à Montrouge.
2216. — 1 lot blancs.................. M. Perrollet (Antoine-Théodore), impasse Nicole, 5, à Paris.
2217. — 1 lot meuniers................ Le même.
2218. — 1 lot minimes................ Le même.
2219. — 1 lot fauves................. Le même.
2220. — 1 lot argentés............... Le même.
2221. — 1 lot noirs.................. Le même.
2222. — 1 lot rouge étincelé........... Le même.
2223. — 1 lot rouge uni............... Le même.
2224. — 1 lot bleu étincelé............ Le même.
2225. — 1 lot bleu et noir............ Le même.
2226. — 1 lot.................... M. Van Peteghem, avenue Emmanuel, 1, à Haeren (Belgique).
2227. — 1 lot................. Le même.
2228. — 1 lot................. Le même.
2229. — 1 lot................. Le même.
3230. — 1 lot................. Le même.
2231. — 1 lot................. Le même.
2232. — 1 lot................. Le même.
2233. — 1 lot................. Le même.
2234. — 1 lot................. Le même.
2235. — 1 lot................. Le même.
2236. — 1 lot................. Le même.
2237. — 1 lot bleus.................. M. Pointelet, à Louveciennes (Seine-et-Oise).
2238. — 1 lot..................... Le même.
2239. — 1 lot rouge étincelé........... M. Roybet (L.), rue de Pérignon, 10, à Paris.
2240. — 1 lot bleus.................. Le même.
2241. — 1 lot noir étincelé............. Le même.
2242. — 1 lot rouges................. Le même.

2243. — 1 lot gris meunier.............. M. Roulleau, avenue de Ségur, 17, à Paris.
2244. — 1 lot bleus................... Le même.
2245. — 1 lot étincelés................ M. Simon (François), rue du Maine, 8, à Paris.
2246. — 1 lot bruxellois gris meunier.... Le même.
2247. — 1 lot liégeois................ Le même.
2248. — 1 lot blancs.................. M. Stercq (Victor), boulevard de Vaugirard, 7 bis, à Paris.
2249. — 1 lot bleus.................. Le même.
2250. — 1 rouge étincelé............. Le même.
2251. — 1 lot liégeois bleu étincelé..... Le même.
2252. — 1 lot meunier............... M. Thersen (Théophile), passage de l'Opéra à Paris.
2253. — 1 lot bleus.................. Le même.
2254. — 1 lot gris clair............... Le même.
2255. — 1 lot bleus.................. M. Thomas (Pierre), rue Crozatier, 13, à Paris.
2256. — 1 lot bleus.................. M. Thumara (Arthur), passage du Mont-Cenis, 7, à Paris.
2257. — 1 lot..................... MM. Voitellier Frères, précités.
2258. — 1 lot..................... Les mêmes.
2259. — 1 lot anversois bleus.......... MM. Wagener (Jules) et Frères, à Gomzé-Andaumont, province de Liège (Belgique).
2260. — 1 lot liégeois bleus............ Le même.

37e Catégorie. — **Lapins et Léporides**

(Mâles et femelles adultes concourant isolément).

Lapins béliers.

1er prix, une médaille d'argent.
2e   —   —   de bronze.
3e   —   —   de bronze.

2261. — 1 mâle gris................... M. Decanter (Henri), à Boeschèpe (Nord).
2262. — 1 femelle.................... Le même.
2263. — 1 femelle........ .... Le même.
2264. — 1 femelle.................... Le même.
2265. — 1 mâle blanc................. M. Lasseron, rue de l'Ouest, 116, à Paris.
2266. — 1 femelle blanche .... Le même.
2267. — 1 mâle gris.................. M. Lejeune (Jean-Joseph), aux Essarts-le-Roi (Seine-et-Oise).
2268. — 1 femelle grise............... Le même.
2269. — 1 mâle bleu.................. M. Naudin (Louis), rue des Bois, 13, à Fontainebleau (Seine-et-Marne).
2270. — 1 femelle bleue.............. Le même.
2271. — 1 mâle bleu................. Le même.
2272. — 1 femelle bleue.............. Le même.
2273. — 1 mâle bleu................. Le même.
2274. — 1 femelle bleue .... Le même.
2275. — 1 mâle bleu................. Le même.
2276. — 1 femelle bleue .... Le même.
2277. — 1 mâle bleu................. Le même.
2278. — 1 femelle bleue .... Le même.
2279. — 1 mâle.................... M. de Okecki, rue du Théâtre, 125, à Paris.
2280. — 1 femelle.................. Le même.
2281. — 1 mâle .... Mlle de Okecki, rue Boromée, 12, à Paris.
2282. — 1 femelle.................. La même.

2283. — 1 mâle gris .... M. Petit (François), rue Saint-Lazare, 62, à Paris.
2284. — 1 femelle grise................ Le même.
2285. — 1 mâle gris .... Le même.
2286. — 1 femelle grise................ Le même.
2287. — 1 mâle gris.................... Le même.
2288. — 1 femelle grise................ Le même.
2289. — 1 mâle gris.................... Le même.
2290. — 1 femelle grise................ Le même.
2291. — 1 mâle gris.................... M. Pointelet, à Louveciennes (Seine-et-Oise).
2292. — 1 femelle grise .... Le même.
2293. — 1 mâle gris bleu .... M. Simon (Louis), place d'Alleray, 1, à Paris.
2294. — 1 femelle gris bleu............ Le même.
2295. — 1 mâle roux .... M. Thouin (Maurice), à Compiègne (Oise).
2296. — 1 femelle rousse .... Le même.
2297. — 1 mâle........................ MM. Voitellier Frères, à Mantes (Seine-et-Oise).
2298. — 1 femelle..................... Les mêmes.
2299. — 1 mâle .... Les mêmes.
2300. — 1 femelle..................... Les mêmes.
2301. — 1 mâle....................... Les mêmes.
2302. — 1 femelle .... Les mêmes.
2303. — 1 mâle....................... Les mêmes.
2304. — 1 femelle..................... Les mêmes.

Lapins communs.

1er prix, une médaille d'argent.

2e   —   —   de bronze.

3e   —   —   de bronze.

2305. — 1 mâle, géant des Flandres..... M. Bossard (Albert), à Beierschen, Ober. Hittnau, Zurich (Suisse).
2306. — 1 mâle, géant des Flandres..... Le même.
2307. — 1 mâle tacheté................ M. Bossard (Jacques), à Beierschen, Ober. Hittnau, Zurich (Suisse).
2308. — 1 femelle tachetée............. Le même.
2309. — 1 mâle gris.................... M. Bouchereaux (A.), à Thiais (Seine).
2310. — 1 femelle grise,................ Le même.
2311. — 1 mâle gris.................... Le même.
2312. — 1 femelle grise................ Le même.
2313. — 1 femelle grise .... Le même.
2314. — 1 femelle grise................ Le même.
2315. — 1 mâle, du Venezuela, gris, yeux rouges. Le même.
2316. — 1 femelle, du Venezuela, grise, yeux rouges. Le même.
2317. — 1 mâle, du Venezuela, gris, yeux rouges. Le même.
2318. — 1 femelle, du Venezuela, grise, yeux rouges. Le même.
2319. — 1 mâle, du Venezuela, gris, yeux rouges. Le même.
3320. — 1 femelle, du Venezuela, grise, yeux rouges. Le même.
2321. — 1 mâle, du Venezuela, gris, yeux rouges. Le même.
2322. — 1 femelle, du Venezuela, grise, yeux rouges. Le même.
2323. — 1 mâle, du Venezuela, gris, yeux rouges. Le même.

2324. — 1 femelle, du Venezuela, grise, M. Bouchereaux (A), à Thiais (Seine).
yeux rouges.
2325. — 1 femelle, du Venezuela, grise, Le même.
yeux rouges.
2326. — 1 femelle, du Venezuela, grise, Le même.
yeux rouges.
2327. — 1 femelle, du Venezuela, grise, Le même.
yeux rouges.
2328. — 1 femelle, du Venezuela, grise, Le même.
yeux rouges.
2329. — 1 femelle, du Venezuela. grise, Le même.
yeux rouges.
2330. — 1 mâle, commun de Flandre, gris M. Boutillier (Eugène), route de Rungis
foncé.   4, à Orly (Seine).
2331. — 1 femelle, commun de Flandre, Le même.
gris foncé.
2332. — 1 mâle fauve.................. M. Coquereau (Ch.), à Maisons-Alfort
(Seine).
2333. — 1 femelle fauve. Le même.
2334. — 1 mâle gris.................. M. Debeauvais, impasse de la Tour-de-
Vanves, 9, à Paris.
2335. — 1 mâle, Japonais. tigré......,... Le même.
2336. — 1 mâle, Japonais, tigré... ...... Le même.
2337. — 1 mâle, gris.................. M. Fischer (J.), à Soleure (Suisse).
2338. — 1 femelle, grise............... Le même.
2339. — 1 mâle, noir.................. Le même.
2340. — 1 femelle, noire.............. Le même.
2341. — 1 mâle, tacheté.............. Le même.
2342. — 1 femelle, tachetée............ Le même.
3343. — 1 mâle, jaune................ Le même.
2344. — 1 femelle, jaune.............. Le même.
2345. — 1 mâle, géant des Flandres...... Le même.
2346. — 1 femelle, géant des Flandres... Le même.
2347. — 1 mâle, géant des Flandres...... Le même.
2348. — 1 femelle, géant des Flandres... Le même.
2349. — 1 mâle fauve................. M. Gagnepain (Xavier), à Argenteuil (Seine-
et-Oise).
2350. — 1 femelle fauve.............. Le même.
2351. — 1 mâle gris fer............... M. Ganier (Alfred), rue Bargue, 23, à Paris.
2352. — 1 mâle gris foncé .... M. Lagrange (Etienne), à Autun (Saône-
et-Loire).
2353. — 1 femelle gris foncé............ Le même.
2354. — 1 mâle, géant, gris............. M. Lardé (Cyrille-Amédée), à Noyon
(Oise).
2355. — 1 femelle, géant, grise......... Le même,
2356. — 1 mâle gris.................. M. Lasseron, rue de l'Ouest, 116, à Paris.
2357. — 1 femelle grise............... Le même.
2358. — 1 mâle gris.................. Le même.
2359. — 1 femelle grise............... Le même.
2360. — 1 mâle du Japon, tricolore...... M. Lejeune, rue Chauvelot, 24, à Paris.
2361. — 1 femelle du Japon, tricolore.... Le même.
2362. — 1 mâle du Japon, tricolore...... Le même.
2363. — 1 femelle du Japon, tricolore.... Le même.
2364. — 1 mâle gris.................. M. Lejeune (Jean-Joseph), aux Essarts-le-
Roi (Seine-et-Oise).
2365. — 1 femelle grise............... Le même.
2366. — 1 mâle gris.................. M. Mathey (Fernand), à Rochechouart
(Haute-Vienne).
2367. — 1 femelle grise............... Le même.
2368. — 1 mâle gris.................. M. de Okecki, rue du Théâtre, 125, à
Paris.
2369. — 1 femelle grise .... Le même.
2370. — 1 mâle.................. Mlle de Okecki, rue Boromée, 12, à Paris
2371. — 1 femelle.................. La même.

2372. — 1 mâle, géant des Flandres..... M. Van Peteghem, avenue Emmanuel, 7, à Haeren, Brabant (Belgique).
2373. — 1 femelle, géant des Flandres... Le même.
2374. — 1 mâle, géant des Flandres...... Le même.
2375. — 1 femelle, géant des Flandres... Le même,
2376. — 1 mâle, géant des Flandres, gris M. Petit (François), rue Saint-Lazare, 62, à Paris.
2377. — 1 femelle, géant des Flandres, grise. Le même.
2378. — 1 mâle, géant des Flandres, gris. Le même.
2379. — 1 femelle, géant des Flandres, grise. Le même.
2380. — 1 mâle gris.................... M. Pointelet, à Louveciennes (Seine-et-Oise).
2381. — 1 femelle grise .... Le même.
2382. — 1 mâle japonais panaché....... M. Safray (Joseph-Armand), rue Balagny, 65, à Paris.
2383. — 1 femelle japonaise panachée.... Le même.
2384. — 1 mâle Japonais, tigré......... M. Simon (Louis), place d'Alleray, 1, à Paris.
2385. — 1 femelle Japonaise, tigré...... Le même.
2386. — 1 mâle japonnais............... MM. Tourrette Frères, à Palaiseau (Seine-et-Oise).
2387. — 1 femelle japonaise............ Les mêmes.
2388. — 1 mâle japonais............... Les mêmes.
2389. — 1 femelle japonaise............ Les mêmes.
2390. — 1 mâle japonais .... Les mêmes.
2391. — 1 femelle japonaise .... Les mêmes.
2392. — 1 mâle...................... MM. Voitellier Frères, à Mantes (Seine-et-Oise).
2393. — 1 femelle.................... Les mêmes.
2394. — 1 mâle...................... Les mêmes.
2395. — 1 femelle.................... Les mêmes.
2396. — 1 mâle .... Les mêmes.
2397. — 1 femelle.................... Les mêmes.
2398. — 1 mâle...................... Les mêmes.
2399. — 1 femelle.................... Les mêmes.

Lapins Russes.

1er prix, une médaille d'argent.
2e   —   —   de bronze.
3e   —   —   de bronze.

2400. — 1 mâle blanc.................. M. Bouchereaux (A.), à Thiais (Seine)
2401. — 1 femelle blanche............. Le même.
2402. — 1 mâle blanc .... Le même.
2403. — 1 femelle blanche............. Le même.
2404. — 1 mâle blanc................. Le même.
2405. — 1 femelle blanche............. Le même.
2406. — 1 femelle blanche............. Le même.
2407. — 1 femelle blanche............. Le même.
2408. — 1 mâle blanc et noir........... M. Boutillier (Eugène), route de Rungis, 4, à Orly (Seine).
2409. — 1 femelle blanche et noire....... Le même.
2410. — 1 femelle blanche et noire....... Le même.
2411. — 1 mâle blanc.................. M. Charles (G.), rue du Château, 30, à Asnières (Seine).
2412. — 1 femelle blanche............. Le même.
2413. — 1 mâle blanc................. Le même.
2414. — 1 femelle blanche............. Le même.

2415. — 1 mâle blanc et noir........... M. Courouet (Jules), Grande Rue, 74 bis, à Créteil (Seine).

2416. — 1 femelle blanche et noire...... Le même.
2417. — 1 mâle blanc et noir........... Le même,
2418. — 1 femelle blanche et noire...... Le même.
2419. — 1 mâle blanc et noir........... M. Crignon (H.), 15, passage du Hérisson, à Paris.

2420. — 1 femelle blanche et noire...... Le même.
2421. — 1 mâle blanc et noir........... Le même.
2422. — 1 femelle blanche et noire...... Le même.
2423. — 1 mâle blanc et noir........... M. Debeauvais, Impasse de la Tour de Vanves, 9, à Paris.

2424. — 1 mâle blanc et noir........... Le même.
2425. — 1 mâle blanc................. M. Gagnepain (Xavier), à Argenteuil (Seine-et-Oise).

2426. — 1 femelle blanche............. Le même.
2427. — 1 mâle blanc................. Le même.
2428. — 1 femelle blanche............. Le même.
2429. — 1 mâle blanc et noir........... M. Ganier (Alfred), rue Bargue, 23 Paris.

2430. — 1 femelle blanche et noire...... Le même.
2431. — 1 femelle blanche et noire...... Le même.
2432. — 1 mâle blanc................. M. Lasseron, rue de l'Ouest, 116, à Paris.
2433. — 1 femelle blanche............. Le même.
2434. — 1 mâle blanc................. Le même.
3435. — 1 femelle blanche............. Le même.
2436. — 1 mâle blanc et noir........... M. Lejeune, rue Chauvelot, 24, à Paris.
2437. — 1 femelle blanche et noire...... Le même.
2438. — 1 mâle blanc et noir........... Le même.
2439. — 1 femelle blanche et noire...... Le même.
2440. — 1 mâle blanc et noir........... M. Lejeune (Jean-Joseph), aux Essarts-le-Roi (Seine-et-Oise).

2441. — 1 femelle blanche et noire...... Le même.
2442. — 1 mâle..................... M. Leudet (Léon), à Trouville-sur-Mer (Calvados).

2443. — 1 femelle.................... Le même.
2444. — 1 mâle..................... Le même.
2445. — 1 femelle.................... Le même.
2446. — 1 mâle..................... Le même.
2447. — 1 femelle.................... Le même.
2448. — 1 mâle..................... M. Mesny (Gustave), à Taverny (Seine-et-Oise).

2449. — 1 femelle.................... Le même.
2450. — 1 mâle..................... Le même.
2451. — 1 femelle.................... Le même.
2452. — 1 mâle blanc................. M. Naudin (Louis), rue des Bois, 13, à Fontainebleau (Seine-et-Marne).

2453. — 1 femelle blanche............. Le même.
2454. — 1 mâle blanc................. Le même.
2455. — 1 femelle blanche............. Le même.
2456. — 1 mâle..................... M. Petit (François), rue St-Lazare, 62, à Paris.

2457. — 1 femelle.................... Le même.
2458. — 1 mâle..................... Le même.
2459. — 1 femelle.................... Le même.
2460. — 1 mâle blanc................. M. Pointelet, à Louveciennes (Seine-et-Oise).

2461. — 1 femelle blanche............. Le même.
2462. — 1 mâle blanc................. M. Simon (Louis), place d'Alleray, 1, à Paris.

2463. — 1 femelle blanche............. Le même.
2464. — 1 mâle..................... M. Thumara (Arthur), passage du Mont-Cenis, 7, à Paris.

2465. — 1 femelle.................... Le même.

2466. — 1 mâle...................... MM. Tourrette Frères, à Palaiseau
(Seine-et-Oise).
2467. — 1 femelle.................... Les mêmes.
2468. — 1 mâle...................... Les mêmes.
2469. — 1 femelle .... Les mêmes.
2470. — 1 mâle...................... Les mêmes.
2471. — 1 femelle .... Les mêmes.
2472. — 1 mâle...................... MM. Voitellier Frères, à Mantes (Seine-
et-Oise).
2473. — 1 femelle .... Le même.
2474. — 1 mâle...................... Le même.
2475. — 1 femelle .... Le même.

Lapins à fourrure ou argentés.

1er prix, une médaille d'argent.

2o   —   —   de bronze.

3e   —   —   de bronze.

2476. — 1 mâle, gris fer .... M. Bouchereaux (A.), à Thiais (Seine).
2477. — 1 femelle, gris fer .... Le même.
2478. — 1 mâle, gris fer .... Le même.
2479. — 1 femelle, gris fer .... Le même.
2480. — 1 mâle, gris fer .... Le même.
2481. — 1 femelle, gris fer .... Le même.
2482. — 1 femelle, gris fer .... M. Boutillier (Eugène), route de Rungis,
3, à Orly (Seine).
2483. — 1 mâle...................... Le même.
2484. — 1 femelle .... Le même.
2485. — 1 femelle .... M. Charles (G.), rue du Château, 30, à
Asnières (Seine).
2486. — 1 mâle argenté .... Le même.
2487. — 1 femelle argentée........... M. Coquereau (Ch.), à Maisons-Alfort
(Seine).
2488. — 1 mâle argenté .... Le même.
2489. — 1 femelle argentée........... M. Couraut (Jules), 74, Grande-Rue, à
Créteuil (Seine).
2490. — 1 mâle argenté, blanc et noir... Le même.
2491. — 1 femelle, blanche et noire ..... M. Crignon (H.), passage de Hérisson, 15,
à Paris.
2492. — 1 mâle, à fourrure, argenté..... Le même.
2493. — 1 femelle, à fourrure, argentée.. Le même.
2494. — 1 mâle, à fourrure, argenté..... Le même.
2495. — 1 femelle, à fourrure, argentée.. M. Gagnepain (Xavier), à Argenteuil
(Seine-et-Oise).
2496. — 1 mâle argenté, gris........... Le même.
2497. — 1 femelle argentée, grise ...... Le même.
2498. — 1 mâle argenté, gris .... Le même.
2499. — 1 femelle argentée, grise....... Le même.
2500. — 1 mâle argenté, gris........... Le même.
2501. — 1 femelle argentée, grise....... M. Lagrange (Étienne), à Autun (Saône-
et-Loire).
2502. — 1 mâle argenté, noir et blanc... Le même.
2503. — 1 femelle arg. noire et blanche.. M. Lasseron, rue de l'Ouest, 116, à Paris.
2504. — 1 mâle argenté, à fourrure ..... Le même.
2505. — 1 femelle argentée, à fourrure.. Le même.
2506. — 1 mâle argenté, à fourrure..... M. Lejeune, rue Chauvelot, 24, à Paris.
2507. — 1 femelle argentée, à fourrure..
2508. — 1 mâle argenté................ Le même.
2509. — 1 femelle argentée............ Le même.
2510. — 1 mâle argenté............... Le même.
2511. — 1 femelle argentée............ Le même.

2512. — 1 mâle argenté................ M. Lejeune (Jean-Joseph), aux Essarts-le-Roi (Seine-et-Oise).
2513. — 1 femelle argentée............ Le même.
2514. — 1 mâle argenté................ M. Leudet (Léon), à Trouville-sur-Mer (Calvados).
2515. — 1 femelle argentée............ Le même.
2516. — 1 mâle argenté................ Le même.
2517. — 1 femelle argentée............ Le même.
2518. — 1 mâle argenté................ Le même.
2519. — 1 femelle argentée............ Le même.
2520. — 1 mâle à fourrure, argenté, blanc et noir. M. Levavasseur (Louis-Frédéric), petite-rue de Paris, n° 23, à Paris.
2521. — 1 femelle à fourrure, argentée blanche et noire. Le même.
2522. — 1 mâle argenté................ M. Loyau (Pierre), à Louplande (Sarthe).
2523. — 1 femelle argentée............ Le même.
2524. — 1 mâle gris................... M. Mathey (Fernand), à Rochechouart (Haute-Vienne).
2525. — 1 femelle grise............... Le même.
2526. — 1 mâle à fourrure, argenté...... M. Moons de Coen, à Calmpthout, Anvers (Belgique).
2527. — 1 femelle à fourrure, argentée.. Le même.
2528. — 1 mâle argenté................ M. Petit (François), rue St-Lazare, n° 62, à Paris.
2529. — 1 femelle argentée............ Le même.
2530. — 1 mâle argenté, à fourrure..... M. Pointelet, à Louveciennes (Seine-et-Oise).
2531. — 1 femelle argentée, à fourrure.. Le même.
2532. — 1 mâle argenté, à fourrure..... MM. Tourrette Frères, à Palaiseau (Seine-et-Oise).
2533. — 1 femelle argentée, à fourrure.. Les mêmes.
2534. — 1 mâle argenté, à fourrure..... Les mêmes.
2535. — 1 femelle argentée, à fourrure.. Les mêmes.
2536. — 1 mâle argenté, à fourrure..... Les mêmes.
2537. — 1 femelle argentée, à fourrure.. Les mêmes.
2538. — 1 mâle...................... MM. Voitellier frères, à Mantes (Seine-et-Oise).
2539. — 1 femelle................... Le même.
2540. — 1 mâle...................... Le même.
2541. — 1 femelle................... Le même.

Lapins angora ou de peigne.

1er prix, une médaille d'argent.
2e   —   —   de oronze.
3e   —   —   de bronze.

2542. — 1 mâle, de peigne Japonais, tigré. M. Debeauvais, impasse de la Tour-de-Vanves, n° 9, à Paris.
2543. — 1 mâle, de peigne Japonais, tigré. Le même.
2543bis.— 1 femelle de peigne, blanche.... Mme Doumerc, A), à Colombes (Seine).
2544. — 1 mâle angora, blanc.. .... M. Lagrange (Étienne), à Autun (Saône-et-Loire).
2545. — 1 femelle angora, blanche...... Le même.
2546. — 1 mâle angora, blanc......... M. Lardé (Cyrille-Amédée), à Noyon (Oise).
2547. — 1 femelle angora, blanche...... Le même.
2548. — 1 mâle angora, noir... .... Le même.
2549. — 1 femelle angora, noire........ Le même.
2550. — 1 mâle, angora, marengo........ Le même.
2551. — 1 femelle, angora, marengo.... . Le même.
2552. — 1 mâle blanc .... M. Lasseron, rue de l'Ouest, n° 116, à Paris.
2553. — 1 femelle blanche............. Le même.

2554. — 1 mâle blanc...	M. MATHEY (Fernand), à Rochechouart (Haute-Vienne).
2555. — 1 femelle blanche..............	Le même.
2556. — 1 mâle, angora de Perse, blanc..	M. NAUDIN (Louis), rue des Bois, n° 13, à Fontainebleau (Seine-et-Marne).
2557. — 1 femelle, angora de Perse, blanche.	Le même.
2558. — 1 mâle angora de Perse, blanc..	Le même.
2559. — 1 femelle angora de Perse, blanche.	Le même.
2560. — 1 mâle angora, bleu............	Le même.
2561. — 1 femelle angora bleue..........	Le même.
2562. — 1 mâle angora, blanc............	M. POINTELET, à Louveciennes (Seine-et-Oise).
2563. — 1 femelle angora, blanche......	Le même.
2564. — 1 mâle angora, gris............	Le même.
2565. — 1 femelle angora, grise........	Le même.
2566. — 1 mâle angora, blanc	MM. TOURRETTE frères, à Palaiseau (Seine-et-Oise).
2567. — 1 femelle angora, blanche	Le même.
2568. — 1 mâle angora, blanc	Le même.
2569. — 1 femelle angora, blanche	Le même.
2570. — 1 mâle......................	MM. VOITELLIER frères, à Mantes (Seine-et-Oise).
2571. — 1 femelle...................	Le même.
2572. — 1 mâle.....................	Le même.
2573. — 1 femelle..................	Le même.

Léporides.

1er prix, une médaille d'argent.

2e — — de bronze.

3e — — de bronze.

2574. — 1 mâle, gris.................	M. BOUCHEREAUX (A.), à Thiais (Seine).
2575. — 1 femelle, grise	Le même.
2576. — 1 mâle, gris............. ...	Le même.
2577. — 1 femelle, grise.............	Le même.
2578. — 1 femelle, grise.............	Le même.
2579. — 1 mâle....................	M. BOUTILLIER (Eugène), route de Rungis, 4, à Orly (Seine).
2580. — 1 femelle....	Le même.
2581. — 1 mâle...................	Le même.
2582. — 1 femelle..................	Le même.
2583. — 1 mâle....................	Mlle CLÉMENT (Jeanne), rue de Berlin, 29, à Paris.
2584. — 1 femelle..................	La même.
2585. — 1 mâle, gris.................	M. GRIGNON (H.), passage du Hérisson, 15, à Paris.
2586. — 1 femelle, grise.............	Le même.
2587. — 1 mâle, gris.................	Le même.
2588. — 1 femelle, grise.............	Le même.
2589. — 1 mâle	M. DESNOUE (Gustave), à Sucé (Loire-Inférieure).
2590. — 1 femelle...................	Le même.
2591. — 1 mâle....................	Le même.
2592. — 1 femelle..................	Le même.
2593. — 1 mâle....................	Le même.
2594. — 1 femelle..................	Le même.
2595. — 1 mâle, gris et noir..........	M. LAGRANGE (Étienne), à Autun (Seine-et-Loire).
2596. — 1 femelle, grise et rousse.......	Le même.
2597. — 1 mâle, gris..................	M. LARDÉ (Gyrille Amédée), à Noyon (Oise).

2598. — 1 mâle, gris.................. M LASSERON, rue de l'Ouest, 116, à Paris.
2599. — 1 femelle, grise............... Le même.
2600. — 1 mâle, gris.. .... Le même.
2601. — 1 femelle, grise............... Le même.
2602. — 1 mâle.................... M. DE OKECKI, rue du Théâtre, 125, à Paris.
2603. — 1 femelle.................. Le même.
2604. — 1 mâle.................... Mlle DE OKECKI, rue Boromée, 12, à Paris,
2605. — 1 femelle.................. La même.
2606. — 1 mâle,................... Mme PAILLARD (Anna), à Quesnoy-le-Montant (Somme).
2607. — 1 femelle.................. Le même.
2608. — 1 mâle, gris................. M. POINTELET, à Louveciennes (Seine-et-Oise).
2609. — 1 femelle, grise............. Le même.
2610. — 1 mâle.................... MM. VOITELLIER Frères, à Mantes (Seine-et-Oise).
2611. — 1 femelle.................. Le même.
2612. — 1 mâle.................... Le même.
2613. — 1 femelle.... .... Le même.

LISTE DES EXPOSANTS

AVEC INDICATION DES NUMÉROS

SOUS LESQUELS SONT INSCRITS LES ANIMAUX.

LISTE DES EXPOSANTS

avec indication des numéros

SOUS LESQUELS SONT INSCRITS LES ANIMAUX

Les lettres suivantes placées dans le corps de la liste, devant les numéros, signifient : **B.** *Espèce bovine.* — **P.** *Espèce porcine.* — **O.** *Espèce ovine.* — **V.** *Animaux de basse-cour.*

I.

EXPOSANTS ÉTRANGERS.

A.

MM. ABBOT Brothers, Thuxton, Hingham et Norfolk (Angleterre). — V. 769 - 773 - 787 - 791 - 1157 - 1206.

M. ADAMS (Georges), à Royal, Brize farm, Piduell Farwigdon, Berks (Angleterre). — O. 27 – 33 – 38 — 44.

Asile d'Aliénés, à Saint-Urbain, Lucerne (Suisse). — B. 309.

B.

M. BACKMAM (Jean), à Schœnenberg, Zurich (Suisse). — B. 204.

M. BAGNALL (Tomas-Owen), Westwell-Burford, Oxfordshire (Angleterre). — O. 70 – 71 – 72 – 73 – 74 – 75.

M. BECLER (Charles), à Staub, prés Hausens, Gossan et St-Gall (Suisse). — B. 284.

M. BIÉRI (Rodolphe), à Hindel Bahk, Berne (Suisse). — B. 205.

M. BIOLLEY (Jean-Jacques), à Crozetta, Praroman, Fribourg (Suisse). — B. 206 – 220.

M. BLUNDELL (Peter), Ream Hills Kirkham, Lancashire (Angleterre). — B. 9.

M. DE BOER (C.), à Midwoud, Nord-Hollande (Pays-Bas). — B. 156.

M. BOSSARD (Albert), à Boierschen Ober Hittnau, Zurich (Suisse). — V. 2305 - 2306.

M. BOSSARD (Jacques), à Beierschen Ober Hittnau, Zurich (Suisse). — V. 2307 - 2308.

M. BOSSET (François), à Maladère, Vaud (Suisse). — B. 192.

M. BRAUN (Simon), à Chur, Grisons (Suisse). — B. 324.

M. BREEBAART (J.), Kz^n, à Winkel, Nord-Hollande (Pays-Bas). — B. 109 - 119 - 129 - 157.

M. BREMER (P.-K.), à Feyel, Nord-Hollande (Pays-Bas). — O. 87.

M. BRISTOL (le Marquis de), à Ickwoorth-Park, Bury, St-Edmemds Suffolk (Angleterre). — O. 28 - 34 - 39 - 46.

M. BROUWER (W.-D.-J.), à Zwolle-Willem-Kade, Overyssel (Pays-Bas). — B. 171 - 172 - 173 - 174 - 177 - 178 - 179 - 180 - 181 - 182.

M. BÜCHER (Jean), à Nieder-Weningen, Zurich (Suisse). — B. 191.

M. BUHLER, à Fideris, Grisons (Suisse). — B. 300.

M. BURGI, à Arth, Schwyz (Suisse). — B. 285 - 307 - 312 — 313 — 314.

C.

M. CAFLISCH, à Flerden, Grisons (Suisse). — B. 299.

M. CASPARIS, à Rieskerg, Grisons (Suisse). — B. 281.

Mme CASURA, à Hang, Grisons (Suisse). — B. 297.

M. CHRIST (Jos), à Dernngs-Villa, Grisons (Suisse). — B. 293.

M. COLES (C.-J.), à Wenlerbone Slohe, Salisbury, Willehire (Angleterre). — O. 29 - 30 - 36 - 40 - 41.

Collège of Agriculture, Dowton, Salisbury, Wiebshire (Angleterre). — O. 31 - 35 - 42 - 45.

M. COLMAN (James-Jeremiah), à Carrow house, Norwich, Norfolk (Angleterre). — B. 75 - 78 - 83 - 84 - 85 - 90 - 96. — O. 4 - 5 - 14 - 17 - 22.

Compagnie « London et Provincial Dairy », Halkin street West, Belgrave Square, London (Angleterre). — B. 34 - 50 - 67 - 73 - 74 - 99 - 153.

M. CONSTANT-PHILIPS, à Nouw, Nord-Brabant (Pays-Bas). — B. 130.

M. CRESWEL (Richard G.), à Raveussone, Asleby de la Zouch (Angleterre). — O. 47 - 48 - 49 - 50 - 56 - 57 - 61 - 62 - 67.

M. CUENAT (Léon), à Delemont, Berne (Suisse). — B. 193.

M. CURTEIS (R.-B), à Tenderden (Angleterre). — V. 729.

D.

M. DIEUDONNÉ (Armand), à Vienne, par Waremme, Liége (Belgique). — B. 337 - 348 - 355 - 356 - 357 - 360.

M. DIKHERS (G.-J.-O.), à Burg, Feyel, Nord-Hollande (Pays-Bas). — O. 109.

M. DONALD MACLENNAN, 42, Sackville street, Piccadilly London W. (Angleterre). — B. 5 – 8 – 12 – 23 – 25.

M. DUCKERING, à Kirton Lindstey, Lincolnshire (Angleterre). — P. 6 – 8 – 19 – 21 – 22 – 31 – 32 – 40 – 47 – 48 – 51 – 56 – 57 – 58.

M. DUDDING (Henry), à Kiby Grave, Grimsby, Lincolnshire (Angleterre). — O. 51 – 52 – 53 – 54 – 58 – 63 – 64 – 68.

M. DUPASQUIER (Julien), à Vuadens, Fribourg (Suisse). — B. 212 – 226 – 227 – 233 – 242.

M. DUPASQUIER (Louis), à Vuadens, Fribourg (Suisse). — B. 218 – 245.

E.

École d'Agriculture, à Rutti, Berne (Suisse). — B. 190 – 196 – 201.

M. ELLIS (Edwin), à Summersbury Shalford, Guildford Surrey (Angleterre). — O. 9 – 13 – 20 – 24.

M. EUDERLI (Charles), à Illnau, Zurich (Suisse). — B. 187 – 286.

M. ESCHLER (David), à Champvent, Vaud (Suisse). — P 10 – 18.

F.

M. FAICH-JONCHÈERE, à Slype, Ostende, Flandre Occidentale (Belgique). — B. 22.

M. FENN (Thomas), à Stonnebrook house Ludlow, Downton, Herefordshire (Angleterre). — B. 40 – 43 – 46 – 47 – 48 – 49. — O. 25 – 26 – 37.

M. FISCHER (J.), à Soleure (Suisse). — V. 2337 à 2348.

M. FORRER (Gallus), à Hisighans, Wildhaus St-Gall, Obertoggenburn (Suisse). — O. 124 – 126 – 127 – 130 – 131 – 132 – 133 – 134.

M. FREY (Rodolphe), à Wattregendorf, Zurich (Suisse). — B. 188.

G.

S. A. R. LE PRINCE DE GALLES, à Sandrigham (Angleterre). — B. 10 – 15 – 26 – 27. — O. 1 – 2 – 3 – 15 – 16.

M. GARIN (Jules), à Bulle, Fribourg (Suisse). — B. 216 – 224 – 232 – 237 – 244.

M. GARTMANN (Bernhard), à Fenaz, Grisons (Suisse). — B. 304.

M. GEINOZ (Olivier), à Neirivue, Fribourg (Suisse). — B. 213 – 219 – 228 – 229 – 230 – 231 – 234 — 235 – 238 – 239 – 247 – 248.

M. GERODIUN (Peter), à Laan, Grisons (Suisse). — B. 306.

M. GETTING (H. F.), 4, Corbet Court, Gracechurch street, E. C. London (Angleterre). — B. 30.

M. GRONEMAN (J. L. F.), à Wieringerwaard, Nord Hollande (Pays-Bas). — B. 110.

M. GRIMONPREZ (M. P.), à Lichterveld, Flandre occidentale (Belgique). — P. 68.

H.

M. **HAEHN (Jean)**, à Schœnenberg, Zurich (Suisse). —

M. **HALDIMANN (G.)**, à Eggiroyl, Berne (Suisse). — B. 189.

M. **HAMILTON (Le duc d')**, à Easton Park, Wickham Market, Suffolk (Angleterre). — O. 8 – 10 – 19 – 23. — P. 30 – 33 – 35 – 37 – 44 – 45 – 46 – 52 – 53 – 55.

M. **HASLER (Casp.)**, à Schonenberg, Zurich (Suisse). — B. 287 – 327.

M. **HERMAN (F.), BULTMAN**, à Haarlemmermeer, Nord Hollande (Pays-Bas). — B. 131 – 138.

M. **HOEHN (Jean)**, à Schœnenberg, Zurich (Suisse). — B. 277 – 318 – 319.

M. **HUNINGA (D.)**, à Bedum Groningue (Pays-Bas). — B. 106.

J.

M. **JAS (L.)**, rue de la Monnaie, 3, à Malines (Belgique). — V. 1180 – 1181 – 1227 – 1228.

M. **JENTUER**, à Magelsberg, St-Gall (Suisse). — B. 310.

M. **JONGES (D.)**, à Jisperwag, Beerster, Nord Hollande (Pays-Bas). — O. 60.

M. **JORDAN (Louis)**, à Mézières, Vaud (Suisse). — B. 185.

K.

M. **KAHLER**, à Chur, Grisons (Suisse). — B. 282.

M. **KEYSER (Auguste)**, à Burg, Feyel, Nord Hollande (Pays-Bas). — O. 110.

M. **KONING (S. G.)**, à Feyel, Nord Hollande (Pays-Bas). — O. 97.

M. **Van KONYNEUBURY (D.)**, à Noordwijk, sud-Hollande (Pays-Bas). — B. 118.

M. **KUYPER EBBENHOUT (J.)**, à Maarssen Utrecht (Pays-Bas). — B. 115.

M. **KYHNER (Charles)**, à Waedensweil Zurich (Suisse). —

L.

M. **LAMBERT (Ernest)**, à Vebroux, Liége (Belgique). — B. 335.

M. **LANNICCA (Martin)**, à Sam, Grisons (Suisse). — 302.

M. **LAYTON (Joseph)**, à Llansannor, Cowbridge, Glamorgan (Angleterre). — B. 42 – 45 – 51.

M. **LECLERCQ (Calixte)**, à Villers-la-Tour, Hainaut (Belgique). — B. 334.

M. **LENHEN**, à Wolffoacker, Gams Saint-Gall (Suisse). — O. 128 – 135 – 136 – 137 – 138.

M. **LEMER (J.-B. de)**, à Saffelare Puibrug-Flandre occidentale (Belgique). — P. 28.

M. LONG (James), à Romsey-Hampshire (Angleterre). — P. 49 – 50 – 66.

M. LOSSEAU-STAUMONT, à Thuilliers, Hainaut (Belgique). — O. 88 – 93 – 94 – 96 – 98 – 111.

M. LUTTA, à Andeer, Grisons (Suisse). — B. 295.

M.

M. MAHONY (Pierce), à Kilmorna Listowel-Kerry (Irlande). — B. 100 – 101 – 102 – 103.

Maison de Correction, à Florberg, Berne (Suisse). — B. 194.

M. MASÜGER, à Sarn, Grisons (Suisse). — B. 305.

M. MATTHEY-LUGARDON (S.), Grange-Canal, à Genève (Suisse). — V. 1161 – 1176 – 1210 – 2223.

Mᵐᵉ MEENS (Hippolyte), aux Bruyères-de-Schooten, Anvers (Belgique).— B. 63 – 64 – 147 — 158.

M. MELIN (Victor), à Celles, par Waremme, Liége (Belgique). — B. 336.

M. MEUNIER (Léopold), à Cour-sur-Mure, Hainaut (Belgique). — O. 86 – 91 92 – 103 – 104 – 105 – 106 – 107 – 114 – 115 – 116 – 117 – 118.

M. MEYER (F.), à Visoliet-Groningue (Pays-Bas). — B. 169.

MM. MEYER Frères, à Marly-le-Petit, Fribourg (Suisse). — B. 211 – 222.

M. MICHIELS (Corneille), rue Neckerspoel, 224, à Malines, Anvers (Belgique). — B. 112 – 116 – 136 – 155 – 164 – 175 – 176 – 352 – 364 – 365 – 366 – 367.

M. MONESTIROLI (A.), via Pasquirolo, 6, à Milan (Italie). — V. 1072 – 1073 – 1124 – 1125.

M. MOONS DE COEN (Charles), à Calmpthout, Anvers (Belgique).— B. 141 – 148 – 149 – 166 – 167. — P. 7 – 13 – 23 – 29 – 34 – 42 – 43 – 59 – 60. — V. – 134 – 135 – 425 – 441 – 436 – 691 – 692 – 834 – 835 – 906 – 930 – 931 – 1098 à 1100 – 1198 – 1200 – 1201 – 1407 – 1617 – 1618 – 1637 – 2526 – 2627.

M. MOULEFROI, à Worth Park, Crawley, Sussex (Angleterre). — B. 65 – 68.

N.

M. NELSON (James), à Liverpool, Lancashire (Angleterre). — B. 2 – 3 – 39 – 77 – 79 – 95.

M. NELSON (James) & Sons, 44, Lover ; Buildings, Liverpool, Lancashire (Angleterre). — B. 1 – 20 - – 24 – 35.

M. NELSON (W.-E.), à Cakhill Park, Liverpool, Lancashire (Angleterre). — B. 3 – 21 – 38 – 76 – 80 – 86 – 87 – 88 – 94.

M. NELSON (William), à Oakhill Park West Derly-Lancashire (Angleterre). — B. 41.

M. NORRÈS (C.), à Mosshayne, Clyst Moniton Exeter Devonshire (Angleterre). — O. 55 – 59 – 65 – 69.

M. NYS Fils, rue des Brasseurs, 6, à Louvain (Belgique). — V. 1074 – 1101 – 1102 – 1126 – 1149 – 1150.

O.

M. OBRECHT, à Rufe-sur-Frimes, Grisons (Suisse). — B. 279.

M. OXHOLM (G. d'), à Copenhague (Danemarck). — V. 1657.

P.

M. PAGE (Francois), à Corserey, Fribourg (Suisse). — B. 210 215.

M. PAUWEN (H. A.), à West-Pannerden, Bemmel, Gueldre (Pays-Bas). — O. 82 - 89 - 99 - 119.

M. Van PETERGHEM, avenue Emmanuel, 7, à Haeren (Belgique).— V. 2056 - 2226 à 2236 - 2372 à 2375.

M. PHILIPS (Constant), à Nouw-Nord Brabant (Pays-Bas). —

M. PIPOZ (Jean), à Charmez, Fribourg (Suisse). — B. 208 - 217 - 225 - 236 - 240 - 243 - 249.

M. PUNT (C.-L.), à Klundert, Brabant Nord (Pays-Bas). — B. 120.

MM. PURY Frères, à Domdidier, Fribourg (Suisse). — B. 221.

R.

M. RAMSDEN, KNOTY, ASH, à Liverpool (Angleterre).—P. 9 – 11 – 27 – 36 – 38 – 61 – 63 – 64 – 65.

M. REPELAER (Jhr.-P.-J.-J.), à Dubbeldam, Sud-Hollande (Pays-Bas). — B. 122.

Mme Vve RIJKEWAERT, à Coxyde, près Furnes, Flandre occidentale (Belgique). — B. 6.

M. RIGO (Gérard-Joseph), à Rierset, Liège (Belgique). — B. 117 – 341 – 343 – 344.

M. RISCH, à Chur, Grisons (Suisse). — B. 325.

M. ROBSON (John), à Newton, Bellingham, Northumberland (Angl terre). — O. 76 – 77 – 78 – 79 – 80 – 81.

M. ROFFLER, à Chur, Grisons (Suisse). — B. 298.

M. Van ROOYEN (J-.G.), Pz", à Utrecht (Pays-Bas). — B. 150.

M. RUBEN Frères, à Praz, Grisons (Suisse). — B. 308.

M. RYHNER (Charles), à Wacdeusweil, Zurich (Suisse). — B. 301 - 320.

M. RUEDI (J.-M), à Zuoz, Grisons (Suisse). — B. 311.

S.

M. SGHALLIBAUM (Jean), à Saint-Johann Saint-Gall (Suisse). — B. 388.

M. SCHINDLER (M.), à Watwyl, Saint-Gall (Suisse). — B. 389.

M. SCHMIAD (Jos), à Sageux, Grisons (Suisse). — B. 303.

M. SCHMID (Conrad), à Bruggers Saint-Gall (Suisse). — B. 321.

M. SCHUMMAN (P.), Jzⁿ, à Hoorn, Nord-Hollande (Pays-Bas). — B. 108.

M. SCHUTTER (J.-N.), à Garnerwolde Groningue (Pays-Bas). — B. 135 – 154.

M. SCHOORL (C.), à Barsingerhorn, Nord-Hollande (Pays-Bas). — B. 132.

M. SEVERIN (Joseph), à Bande, Luxembourg (Belgique). — B. 342 – 363.

M. SICCAMA (D.), à Ruigezand, Groningue (Pays-Bas). — B. 121.

M. le Baron SLOET (G.) VAN MARXVELD, à Vollenhove, Overyssel (Pays-Bas). — B. 124.

M. SMET (Firmin), rue St-Georges, 74, à Gand, Flandre-Orientale (Belgique). — V. 1483 – 1484 – 1498 – 1680.

M. SOBRY (Emile), à Adinkerke, près Furnes, Flandre-Occidentale (Belgique). — B. 18.

Société d'élevage des vallées de Simmenthal et de Saanen, à Erlenbach Berne (Suisse). — B. 251 – 252 – 253 – 254 – 255 – 256 – 257 – 258 – 259 – 260 – 261 – 262 – 263 – 264 – 265 – 266 – 267 – 268 – 269 – 270 – 271 – 272 – 273 – 274 – 275.

Société Lumbrein, à Lumbrein, Grisons (Suisse). — B. 291.

Société pour l'amélioration du bétail, à Eschenbach St-Gall (Suisse). — B. 278 – 292.

Société « Zuidelijk deel der Legmeer plassen », Nieuweramstel, Nord-Hollande (Pays-Bas). — B. 107 – 133 – 151. — O. 85 – 108.

M. SPRECHER (Heinz), à Furna, Grisons (Suisse). — B. 296.

M. STAHCLI (B.), à St-Gall, (Suisse). —

M. STACHELI (Jos.), à St-Gall, (Suisse). — B. 290 – 315 – 322.

M. STANLEY (Edward, James), à Quantock lodge, Bridgwater, Somerset (Angleterre). — B. 52 – 53 – 54 – 55 - 56. — O. 66 – 125 – 129.

M. STEENACKERS, à Turhout, province d'Anvers (Belgique). — V. 932 – 937.

M. de SUTTER (J. B.), à Eecloo, Flandre-Orientale (Belgique). — B. 128

<h2 style="text-align:center">T.</h2>

M. TEUGELS-DERBOVEN (Isidore), rue Neckerspoel n° 24, à Malines Anvers (Belgique). — B. 113 – 114 – 123 – 137 – 140 – 142 – 143 – 152 – 159 – 160 – 161 – 162 – 163 – 165 – 168 – 170 – 345 – 350 – 358 – 359 – 361 – 372 – 373 – 374 – 375.

M. TICHMANN (Joseph), à Gassan, St-Gall (Suisse). — B. 323.

M. TINDALL (C.-W.), à Scambyhall Brigg-Lincolnshire (Angleterre). — P. 41 – 67.

M. TOOP (William), à Aldingbourne, Chichester-Sussex (Angleterre). — O. 6 – 7 – 11 – 12 – 18 – 21.

M. TORRIS (C.), à Mosshayne, Clyst-Honiton, Exeter-Devonshire (Angleterre). —

<h2 style="text-align:center">V.</h2>

M. VANDERMEIR (Joseph), à Vienne, Liége (Belgique). — B. 333 – 338 – 339 – 340 – 351 – 362.

14.

M. VAUCAMPS (Albert), à Huysinghen, Brabant (Belgique). — B. 81 - 82 - 89 - 91 - 92 - 93.

M. VERMEESCH, à Houthem, près Furnes (Belgique). — B. 16. — V. 1187 à 1189 - 1236 - 1237.

M VITAL-LOSSEAU fils, à Thuilliers, Hainaut (Belgique). — O. 90 - 95 - 100 - 112.

M. VROMESTEYN (A.), Leiderdorp, Sud-Hollande (Pays-Bas). — O. 83 - 84 - 101 - 102 - 113.

W.

M. WAEBER (Jean-Joseph), à Treyvaux, Fribourg (Suisse). — B. 207 - 214 - 223.

M. WAGENER (Jules) et Frère, à Gonzé-Andaumont, province de Liège (Belgique). — V. 1779 - 1848 - 1849 - 2145 à 2151 - 2259 - 2260.

M. WAIBOER (AZ^{n}). à Winkel, Nord-Hollande (Pays-Bas). — B. 134.

M. WATTS (John-Isaac), à Whistley Farm, Potterne, près Devizes, Wiltshire (Angleterre). — B. 37 - 97 - 98 - 104 - 354.

M. WEBB (Jonas), Melton Ross, near Ulceby, Lincolnshire (Angleterre). — B. 11 - 14 - 29.

M. WEBER (J. R.), à Grasswyl, Berne (Suisse). —B. 183 - 200.

M. WHITFIELD (Georges-Thomas), à Springhill, Market-Drayton (Angleterre). | V. 616 - 624 - 704 - 728 - 1004 - 1036 - 1040 - 1044 - 1179 - 1226.

M. WITSCHI frère, à Hindelbank, Berne (Suisse). — B. 197 - 198.

M. WITSCHI (Jacques), à Hindelbank, Berne (Suisse). — B. 184 - 203.

Z.

M. ZEEMAN (J.), à Beemster, Nord-Hollande (Pays-Bas). — B. 105.

II.

EXPOSANTS FRANÇAIS.

A.

M. ABEL (Antoine), à Aurillac (Cantal). — B. 953 - 978 - 997 - 998 - 1393 - 1407.

M. ACHARD (J.), à Lans (Isère). — B. 1574 - 1585 - 1599.

M. ALEXANDRE-LAPORTE, à Osnes (Ardennes). — B. 1844 - 1882 - 1887.

M. ALLAIS (Charles), à Uzuret, commune de Limoges (Haute-Vienne). — B. 874.

M. ALLIBERT (Pierre), à Villard-de-Lans (Isère). — B. 1556 - 1578.

M. ALLIOT (Ferdinand), avenue Duquesne, 15, à Paris. — V. 1780 - 1825 - 1882 - 1883 - 2152.

M. AMMEUX VAN HERSECKE, à Vieille-Eglise (Pas-de-Calais). — B. 626 - 675 - 697 - 1628. — P. 79 - 110 - 286 - 309.

M. ANTY (Alfred), rue St-Dominique, 104, à Paris (Seine). — V. 1720 - 1721 - 1722.

M. ARCHDEACON (Edmond), à Chency (Yonne). — O. 151 - 152 - 153 - 154 - 207 - 208 - 209 - 210 - 249 - 250 - 282 - 283.

M. ARDAEMS (Stanilas), à Pitgam (Nord). — B. 624 - 667 - 710.

M. ARMAND (Célestin), à Autrans (Isère). — B. 1590.

M. AUCLERC (Constant), à Bruères-Allichamps (Cher). — B. 17 - 28 - 1687 - 1749 - 1752 - 1753 - 1772 - 1793 - 1813 - 1818 - 1819.

M. AUCOUTURIER (Gilbert), à St-Just (Cher). — B. 757 - 763 - 778 - 785 - 1627 - 1638 - 1639· — O. 367 - 370 - 469.

M. AUMONT (Alexandre), à Victot-Pontfol (Calvados. — B. 1807.

B.

M. BABIN (Julien), à St-Etienne-de-Mont-Luc (Loire-Inférieure). — B. 1439.

M. BACY (Jules), à Strazeele (Nord). — B. 619 - 629 - 664 - 669 - 680 - 683 - 690 - 706 - 707 - 727. — P. 134 - 141.

M. BAJOL, à Carcassonne (Aude). — O. 143 - 200 - 332 - 387.

M. BALLOT (Auguste), à Chancey (Haute-Saône). — B. 1345 - 1351 - 1358 - 1363 - 1369 - 1373 - 1978 - 1983 - 1987 - 1991.

M. BALLOT (Charles), à Chenevrey (Haute-Saône). — B. 1343 - 1364 - 1375 - 1548 - 1632 - 1634.

M. BALLUE (Gustave), à Yerville (Seine-Inférieure). — B. 432.

M. BALLUE (Jean), à Criquetot-sur-Ouville (Seine-Inférieure). — O. 326 - 334 - 341 - 347.

M. BERNARD DE BANCAREL, à St-Flavin (Aveyron). — O. 388 - 398.

M. BARASSIN (Gustave), à St-Martin-de-Fontenay (Calvados). — B. 394 - 410 - 431 - 453 - 464 - 501 - 513 - 533 - 582.

M. BARDIN (Frédéric), à Chevenon (Nièvre). — B. 738 - 740 - 766 - 777 - 787 - 793.

M. BARDOUX (Antoine), à Dôle (Jura). — B. 1352 - 1362 - 1367 - 1380.

M. BARIC (Zacharie), à Grinaut (Gers). — B. 1287.

M. BARNY DE ROMANET, à Limoges (Haute-Vienne). — B. 854 - 883 - 898.

M. BARON, Directeur de l'Ecole pratique d'Agriculture du Lézardeau (Finistère). — B. 1186 - 1199 - 1206 - 1217 - 1218 - 1249 - 1255 - 1256.

M. BARRÈRE (Jean-Marie), à Odos, commune de Tarbes (Hautes-Pyrénées). — O. 622 - 623 - 637 - 641. — P. 284.

Mme Vve BASIRE, à Dragey (Manche). — B. 402 - 498.

M. BASSEZ (François), à Crévecœur (Nord). — B. 647.

M. BAUCHERON DE LECHEROLLE (Paul), à Maron (Indre). — O. 353 - 365.

M. BAUDET (Ferdinand), rue des Martyrs, 46, à Paris. — V. 1826 - 1884 - 2153 à 2160.

M. BAUDICOURT (Prosper de), à St-Pierre-du-Mesnil (Eure). — B. 1057 - 1058 - 1096 - 1122 - 1123 - 1169 - 1170 - 1198 - 1207 - 2103 à 2106.

Mme BAUDICOURT (Prosper de), à St-Pierre-du-Mesnil (Eure). — V. 794 - 795 - 845 - 1391 - 1400 - 2408 - 1410 - 1416 - 1424 - 1431 - 1433 - 1473 - 1488.

M. BAZAS (Antoine), à Beaupuy (Lot-et-Garonne). — B. 836.

M. BEAU (Albert), à Sambourg (Yonne). — B. 1915.

M. BEAUBRUN (Joseph), à Isle (Haute-Vienne). — B. 861.

M. BÉLÉGUIÉ (Emmanuel), à Poullan (Finistère). — B. 1085.

M. BELLE (Elie), à Méandre (Isère). — B. 1553 - 1571 - 1580 - 1601.

M. BERGAUD (Jean), à Arpageon (Cantal). — B. 963 - 982 - 1002.

Bergerie nationale de Rambouillet (Seine-et-Oise). — O. 310 - 311 - 312 - 313 - 314 - 315 - 316 - 317 - 318 - 319.

M. BERGERON (Jean), à Anglards-de-Salers (Cantal). — B. 946 - 957 - 968 - 979 - 989 - 994 - 1001.

M. BERNÈDE (François), à Meilhan (Lot-et-Garonne). — B. 811 - 815 - 823 - 825 - 834 - 843 - 844.

M. BERNEGOUE (Jacques), à Bessines (Deux-Sèvres). — B. 1437.

M. BERTHIER (Gabriel), à Chanliau, commune du Creusot (Saône-et-Loire). — B. 744 - 753 - 772. — O. 540 - 579. — P. 250.

M. BERTRANDUS, à Igny (Seine-et-Oise). — B. 422 - 1909 - 1929 - 1947 - 1951 - 2044. — P. 70 - 74 - 89 - 96 - 101 - 112 - 127 - 142 à 144 - 179 - 196 - 219 227 - 240 - 251 - 277 - 303 - 310. — V. 796 - 846 - 1370 - 1371 - 1438 - 1455 - 1456 - 1502 - 1530 - 1533 - 1534 - 1563 - 1564 - 1571 - 1577 - 1599 - 1600 - 1623.

M. BERTRON-AUGER (Louis-Émile), à La Flèche (Sarthe). — B. 32 - 1741 - 1755 - 1775 - 1830.

M. BÉRYAUD (Jean), à Arpageon (Cantal). —

M. BEUCLER (Pierre), à Seloncourt (Doubs). — B. 1542.

M. BIGNON Fils (Louis), à Theneuille (Allier). — B. 739 - 791 - 2030.

M. BLANGER (J.), à Dionne-Aubigny (Nièvre). — B. 762.

M. BLETTERY (Félix), à St-Vincent-de-Reims (Rhône). — B. 746 - 756 - 1713 - 1782

M. BLOIS, (le Comte de) au Bourg d'Iré (Maine-et-Loire). — B. 1676 - 1690 - 1719 - 1736 - 1751 - 1760 - 1778 - 1784 - 1788 - 1791 - 1800 - 1802 - 1822.

M. BLONDÉ (Louis(, à Quaedypre (Nord). —

M. BOISARD (Désiré), à Anvers-le Hamon (Sarthe). — B. 2013 - 2035.

M. BOISLEUX (Hippolyte), à Lattre-St-Quentin (Pas-de-Calais). — B. 627 - 638 - 650 - 658 - 665 - 685 - 702 - 709 - 716 - 720.

M. BOISSEAU (Ferdinand), à Mesnil-Amelot (Seine-et-Marne). — P. 170 - 191 - 209 - 255.

Mme BOITELLE OLIVIER, à Savigné-l'Évêque (Sarthe). — V. 1372.

M. BONDUEL (J.-B.), à Sainghin-en-Mélantois (Nord). — B. 1851 - 1862 - 1876 - 1889 - 1895 - 1897 - 2047 à 2050.

M. BONNET (Philippe), à Mouron (Charente-Inférieure). — B. 1441.

Mme BOUCHER, à La Chapelle-Forainvilliers (Eure-et-Loir). — V. 81 - 178 - 179 - 1504 - 1535 - 1642 - 1666.

M. BOUCHER (Antoine), Avenue de La Motte-Piquet, 31, à Paris. — V. 2161 - 2162.

M. BOUCHEREAU, à Thiais (Seine). — V. 22 - 88 - 180 - 181 - 182 - 375 - 397 - 479 - 480 - 508 - 509 - 527 - 528 - 559 - 560 - 625 - 641 - 675 - 676 - 706 - 707 - 797 - 799 - 847 à 849 - 967 - 968 - 1005 - 1006 - 1286 - 1287 - 1334 - 1373 - 1474 - 1489 - 1505 - 1506 - 1536 - 1537 - 1578 - 1588 - 1643 - 1667 - 1723 - 1790 - 1885 - 1886 - 2309 - 2329 - 2400 à 2407 - 2476 à 2482 - 2574 à 2578.

M. BOUDET (Paul), à Verneuil-sur-Vienne (Haute-Vienne). — B. 916.

M. BOUILLÉ (le Comte de), à Villars (Nièvre). — B. 771 - 779 - 794. — O. 542 - 543 - 544 - 545 - 546 - 564 - 575 - 581 - 582 - 594.

M. BOULAY (Alexis), à Jonvelle (Haute-Saône). — O. 324 - 430 - 561 - 601.

M. BOUNET MERLE (Amédée), à Lans (Isère). — B. 1557.

M. BOURDEAU (Achille), à St-Benin-d'Azy (Nièvre). — B. 737 - 742 - 745 - 788.

M. BOURLIER (Charles), à Taslent, commune de Teniet-el-haid (Alger). — O. - 201 - 337 - 610 - 611.

M. BOUTILLIER (Eugène), à Orly (Seine). — V. 84 - 183 - 529 - 561 - 800 - 850 - 969 - 1007 - 2330 - 2331 - 2408 à 2410 - 2483 à 2485 - 2579 à 2582.

M. BOUYSSON (Antoine), à Naucelles (Cantal). — B. 951.

M. BORDAS (Lucien), à Coussac-Bonneval (Haute-Vienne). — P. 120 - 146 - 162 - 163.

M. du BOSQ, à Baigneux (Gironde). —

M. BOSQUET (Sarazin), à Marby (Ardennes). — B. 1860.

M. BRESCHET (Jean-Pierre), rue des Fourneaux, 200, Paris. — V. 80 – 184 – 1724 à 1731.

M. de BRETAGNE (Joseph), à Mortagne (Nord). — V. 1401 – 1425 – 1426.

M. BREUIL (Théodore), à Ligneyrac (Corrèze)· — O. 382 – 396 – 408 – 416.

Mme BREXY, rue Ville, 18, à Amiens (Somme). — V. 376 – 398 – 483 – 484 – 511 – 1644 – 1668 – 1706 – 1887 à 1891 – 2163 – 2164.

M, de BRIEY, à Magné-en-Gençay (Vienne). — B. 920 – 1460 – 1461.

M. BRY (Réné), à Durtal (Maine-et-Loire). — P. 80 – 104 – 105 – 117.

M. BROQUET (Victor), à Void (Meuse). — B. 1550 – 1831 – 1918 – 1939.

M. BUDIN (J.), à Taxel (Jura). — B. - 1513.

M. BURE (Ad.), à Herbillon (Azel), Dép^t de Constantine (Algérie). — B. 1645 – 1646 – 1657 – 1658 – 1660.

Mme BURE (Ad.). à Herbillon (Azel), dép^t de Constantine (Algérie). — V. 927 – 934.

C.

M. CAILL (Claude), à Plouzévède (Finistère). — B. 1833 – 1834 – 1835 – 1837 – 1839 – 1843.

M. CAILL (Pierre), à Lanriec (Finistère). — B. 1082 – 1092 – 1895 – 1108 – 1164 – 1171 – 1213.

M. CAILLAUD (Achille), à Chatenet-en-Dognon (Haute-Vienne). — B. 862 – 870 – 884 – 890 – 900 – 909 – 917 – 922 – 936.

M. CAILLEAUX-LEMAY (Alfred), à Ollé (Eure-et-Loir). — O. 444 – 460 – 485.

M. CAMUS (Charles), à Chevry-Cossigny (Seine-et-Marne). — B. 405 – 411 – 1470 – 1471.

M. CAMUS-VIÉVILLE (Edouard), à Pontruet (Aisne). — O. 144 – 145 – 183 – 184 – 202 – 203 – 204 – 205 – 247 – 264 – 280.

Mme CANEL (E.), à Unieux (Loire). — V. 801 – 851 – 1163 – 1164 – 1212 – 1213.

M. CAPELLE (Alfred), à Putot-en-Auge (Calvados). — B. 2037.

M. CASSAN (Joseph), rue des Frères. à Aurillac (Cantal). — P. 131 – 150 – 151 – 152 – 231. — V. 475 – 1045.

M. CASTEL (Thomas), à Maisons (Calvados). — B. 428 – 460 – 500 – 532 – 537 – 538 – 564 – 585 – 594 – 2051 – 2052 – 2053 – 2054.

M. CATHALOT (G.), 92, boulevard de Talence, à Bordeaux (Gironde). — B. 1016 – 1025 – 1033 – 1039 – 1045 – 1051.

M. CATTOEN (Louis), à Quaedypre (Nord). — B. 628 – 682. — P. 159.

M. CAUBET (Jean-Baptiste), à Villeurbanne (Rhône). — B. 1912 – 1925 – 1928 – 1943 – 1952. — O. 380 – 414 – 612 – 632. — P. 183 – 225 – 226 – 247,

M. CAUDAL (Joseph), à Vannes (Morbihan). — B. 1077 – 1101 – 1110 – 1156 – 1179 – 1234.

M. CAZES (Alexis), à Labro, commune d'Espalion (Aveyron). — B. 1388 – 1397 – 1405 – 1412 – 1416.

M. CAZES (Paul), à Alayrac, commune d'Espalion (Aveyron). — 1383 - 1387 - 1392 1398 - 1406 - 1411.

M. CEAUX (Pierre), à Seilhac (Corrèze). — B. 878 - 881.

M. CÉRAN-MAILLARD, à Turqueville (Manche). — B. 384 - 391 - 414 - 455 - 465 - 474 - 485 - 504 - 507 - 518 - 523 - 542 - 571. — O. 497 - 499 - 511 - 521 - 534.

M. CHABERT (Louis), à Lans (Isère). — B. 384. - 1567 - 1568 - 1576.

M. CHABLE (Victor), à Rai (Orne). — V. 1374.

M. CHANAL (Pierre), à Chaudeyrolles (Haute-Loire). — B. 1386 - 1410 - 1417 - 1422 - 1426 - 1431. — O. 377 - 399.

M. CHANDORA (Léon), à Plabennec (Finistère). — B. 58- 59 - 60 - 61 - 376 - 377 378 - 379 - 1106 - 1139 - 1160 - 1172 - 1192 - 1196 -1976 - 1981 - 1982 - 2091 à 2094- 2107 à 2110. — P. 81. V. 499

M· CHANTECAILLE (François), à Chavagne (Deux-Sèvres).— B. 1432 - 1435 - 1447 - 1456.

M. CHARAIN (Joseph), au Vigeu (Haute-Vienne). — B. 889.

M. CHARLES (G.), 30, rue du Château, à Asnières (Seine). — V. 530 - 562 - 1046 a 1049 - 1105 à 1107 - 1707 - 1791 - 1892 à 1894 - 2411 à 2414 - 2486 2487.

M. CHARTIER (Paul), à la Bouchetière, commune de La Chapelle Saint-Laud par Seiches (Maine-et-Loire). — B. 1790

M. CHASTRE (Jean), à Saint-André-du-Garn (Gironde). —

Mme Vve CHATRIOT, à Pecy (Seine-et-Marne). — O. 465 - 466 - 467.

M. CHAUMEREUIL (Pierre), à Chevanne (Nièvre). — B. 760 - 780.

Mme CHAUVELIN (la Marquise Ch. de), à Rilly (Loir-et-Cher). —V. 85 - 86 - 87 - 185 - 377 à 379 - 399 - 400 - 802 - 803 - 855 - 1375 - 1439 - 1440 - 1457 - 1507 - 1508 - 1538 - 1539.

M. CHEMERY (Alfred), à Moiremont (Marne). — B. 328 - 329 - 1980 - 1989.

M. CHENON DE LÉCHÉ, à Suldray (Cher). — B. 283 - 1906 - 1930 - 1950. — O. 357. — P. 108 - 118 - 167 - 206 - 207.

M. CHERBONNEAU (Alexis), à Contigne (Maine-et-Loire). — B. 1718 - 1998 - 2018 - 2021 - 2032 - 2033.

M. CHEVALIER (Edmond), à Braux-Sainte-Cohière (Marne). — O. 139 - 185 - 240 - 265 - 303.

M. CHOUIN-LEFÈVRE, à Fayet (Aisne). — B. 393 - 437 - 493 - 521 - 546 - 547.

M. de CLERCQ, à Oignies (Pas-de-Calais). — B. 1705 - 1706 - 1759 - 1763 - 1766 - 1768 - 1773 - 1796 - 1799 - 1811 - 1816 - 1828 - 1829.

Mlle CLÉMENT (Jeanne), rue de Berlin, 29, à Paris. — V. 2583 - 2584.

M. CLOSTRE (Gabriel), à Saint-Pierre-le-Moutiers (Nièvre). — B. 1995.

M. COCHARD, à Saint-Valery, commune de Thonne-la-Long (Meuse). — B. 13.

M. COLAS (Louis), à Sermoise (Nièvre). — O. 547 - 565 - 583 - 595.

M. COLLAVET (Félicien), à Autrans (Isère). — B. 1558.

Comice agricole d'Hennebont (Morbihan). — B. 2111 à 2114.

M. CONAN (Louis), à Mellac (Finistère). — B. 1073 - 1097 - 1109 1130 - 1146 - 1175 - 1211 - 1215 - 1216 - 1227 - 1235 - 1248 - 1254.

M. CONSEIL-TRIBOULET, à Oulchy-le-Château (Aisne). — O. 146 – 147 – 186 – 187 – 230 – 244 – 266 – 267 – 293.

M. COQUEREAU (Ch.), à Maisons-Alfort (Seine). — B. 1078 – 1187 – 1219 – 1237 – 1238 – 1257 – 1552 – 2115 à 2118. — V. 1589 – 1590 – 2332 – 2333 – 2488 – 2489.

M. CORET (Eugène), à Laval (Seine-et-Marne). — O. 548 – 563 – 573 – 578 – 584 – 625.

M. CORDIER (F.-J.), Directeur de l'École pratique de Saint-Rémy (Haute-Saône).— B. 1344 – 1350 – 1355 – 1359 – 1361 – 1365 – 1371 – 1372 – 1381 – 1382. — O.445 – 488 – 500 – 520 – 522 – 535. — P. 184 – 202 – 215 – 222 – 248.

M. CORNU (Jules), à La Bloutière (Manche). — B. 423.

M. COUDERC (Antoine), à Veyraguet, commune d'Aurillac (Cantal). — B. 954 – 961 – 969 — 975 — 983 — 996.

M. COULLEY (Eugène), à Selòncourt (Doubs). — B. 1543.

M. COURAUT (Jules), Grande-Rue, 74 bis, à Créteil (Seine). — V. 1269 – 1320 – 1708 – 1792 – 1878 – 1895 à 1900 – 2165 à 2168 – 2490 – 2491.

M. COURCOUT (François), rue Ville, 20, à Amiens (Somme). — V. 88 – 186 – 351 – 363 – 380 – 381 – 401 – 501 – 525 – 677 – 678 – 708 — 1165 – 1166 – 1214 – 1412 – 1435 – 1793 – 2169 à 2174 – 2415 – à 2418.

M. COURREGELONGUE (Auguste), à Bazas (Gironde). — B. 1012 – 1017 – 1026 – 1027 – 1030 – 1036 – 1041 – 1054 – 1056.

M. COURREGELONGUE (Marcel), à Bazas (Gironde). — B. 1020.

M. COURRÈGES (Guillaume), à Couthures (Lot-et-Garonne). — B. 807.

M. COURTOIS (Gaston), à Cramoisy (Oise). — B. 725 – 732 – 733.

M. COUSIN (Adolphe), à Mons-en-Barœul (Nord). — B. 125 – 145 – 620 – 656 – 708 – 1848 – 1861 – 1874 – 1886 – 1892.

M. COUTURIER (François), à Saint-Pardoux (Deux-Sèvres). — O. 360.

M. CREMET (Pierre), à Couëron (Loire-Inférieure). — B. 1436.

M. CREMIÈRE (Léon), rue Troyon, 24, à Sèvres (Seine-et-Oise). — V. 1709 – 1710 – 1732 – 1733 – 1901 à 1904.

M. CRIGNON (H.), passage du Hérisson, à Paris (Seine). — V. 1687 – 1688 – 1772 – 1781 – 1852 à 1854 – 1905 à 1917 – 2175 à 2183 – 2419 à 2422 – 2492 – 2495 – 2585 à 2588.

M. CROISÉ (Louis), à Menil-Erreux (Orne). — B. 424 – 505 – 530.

M. CROIZET (Ch.), à Amiens (Somme). — V. 1 – 2 – 41 · 42 – 382 – 402 – 674 – 705 – 970 – 971 – 1008 – 1009 – 1245 à 1249 – 1300 – 1301 – 1465 – 1490 – 1509 – 1540 – 1541 – 1645 – 1669 – 1734 à 1736 – 1794 à 1803 – 1827 – 1834 – 1850 – 1851 – 1879 – 1880 – 1918 à 1940 – 2184 à 2188.

M. CUDENNEC (Aimé), à Ker-ar-Goff, commune de Plabennec (Finistère). — B. 1734 – 1750 – 2009.

M. CUGNOT (Charles), à Cernay-la-Ville (Seine-et-Oise). — O. 189 – 268 – 453.

M. CURY (Charles), à Audincourt (Doubs). — B. 1541.

D.

M. DABRIN (Antoine), à Prégnan (Gers). — B. 1264 – 1271 1280 – 1290.

M. DALLAS (Edouard), à Momères (Hautes-Pyrénées). — B. 1319.

M. DARGENT (Paul), à Oinville-Saint-Liphard (Eure-et-Loir). — O. 177 - 190 - 199 - 269 - 270 - 294 - 305 - 306.

M. DARROMAU (J.-M.), à Bazas (Gironde). — B. 1010 - 1019 - 1032 - 1035 - 1037 - 1048.

M. DARQUEY (Élie), à Bernos (Gironde). — B. 1009 - 1014 - 1023 - 1031 - 1040 - - 1046 - 1047 - 1052.

M. DAUBE (Jean), à Sarniguet (Hautes-Pyrénées). — B. 1292 - 1303 - 1333 - 1338.

M. DAUDIER (Daniel), à Niaffe par Craon (Mayenne). — B. 1696 - 1701 - 1704 - 1710 - 1717 - 1723 - 1724 - 2014.

M. DAVAL, (Julien), à Roye (Haute-Saône). B. 1378 - 2046.

Mme DAVOUST, PÉRIOT, à Houdan (Seine-et-Oise). — V. 3 - 43 - 89 - 90 - 91 - 92 - 93 - 94 - 127 - 188 - 189 - 190 - 191 - 192 - 282 - 316 - 1646 - 1647 - 1670 - 1671.

M. DEBAILLY (Achille), à Mézières, par Noveuil (Somme). — B. 1725 - 1779 - 1823 - 1827.

M. DEBEAUVAIS, impasse de la Tour-de-Vanves, 9, à Paris. — V. 283 - 317 - 758 - 759 - 776 - 777 - 1050 - 1108 - 1458 - 2334 à 2336 - 2423 - 2424 - 2542 - 2543.

M. DECANTER (Henri), à Boeschèpe (Nord). — V. 2261 à 2264.

M. DECLERCQ (Adolphe), à Drincham (Nord). — B. 1746. O. 591 - 604 - 624 - P. 175 - 177 - 186 - 187 - 188 - 212 - 214 - 223 - 224 - 233 - 239 - 256 - 260 - 267.

M. DEGROOTE (Charles), à Hazebrouck (Nord). — B. 699.

M. DÉGUISON, à Guéret (Creuse). — B. 1612 - 1614 - 1618 - 1619 - 1620 - 1621 - 1624 - 1625.

M. DEJUST (Eugène), rue Biron, 33, à Saint-Ouen (Seine). — V. 1737 - 1835 - 1941 - 2189 - 2190.

M. DELABAERE, à Quaedypre (Nord). — B. 630.

M. DELATTRE (Léonard), à Plainval (Oise). — B. 660.

M. DELAUYÉ (Henri), quai de Seine, 24, à Bezons (Seine-et-Oise). — V. 4 - 44 - 95 - 193 - 626 - 642 - 656 - 666 - 730 - 736 - 972 - 1010.

M. DELPEYROU (Albert), à Feytiat (Haute-Vienne). — B. 857 - 876 - 888 - 896 - 932.

M. DELFOUR (Joseph), à Alvignac (Lot) — O. 379 - 392 - 400 - 407.

Mme Vve DELHOMME (Alexandre), à Crezancy (Aisne). — O. 417 - 423 - 435 - 437.

M. DELIZY (Amédée), à Montémafroy (Aisne). — O. 173 - 174 - 175 - 176 - 223 - 224 - 225 - 243 - 258 - 259 - 288 - 289.

M. DELONGUE (Michel), rue Aumaire, 13, à Paris. — V. 2191 - 2193.

M. DEMAUX, à Daméraucourt (Oise). — B. 1965 - 1967.

M. DERAM (Victor), à Caestre (Nord). — B. 634 - 679 - 2005.

M. DERBOVEN, rue de la Chapelle, 46, Paris. — B. 113 bis - 170 bis - 182 bis - 645 bis - 736 bis - 2055 à 2058 - 2059 à 2062 - 2063 à 2066.

M. DESCHAMPS, (J.), rue Greuze, 33, à Paris. — V. 1689 - 1690 - 1691.

M. DESCOINGS (J.-A.-G.), à l'Ile-Saint-Denis (Seine). — B. 573 - 574 - 575 - 593.

M. DESGRANGES (Eugène), à La Bazeuge (Haute-Vienne). — B. 751.

M. DESMARET (Georges), rue Lepic, 87, à Paris. — V. 1942.

M. DESNOUE (Gustave), à Sucé (Loire-Inférieure). — V. 804 à 809 - 852 à 854 - 2580 à 2594.

M. DESPEYROUX (Jules), rue Camille-Mouquet, 11, à Charenton (Seine). — V. 531 - 973 - 1011 - 1051 à 1054 - 1109.

M. DESPREZ (F.), à Cappelle (Nord). — B. 1102 - 1113 - 1174.

M. DESPRÉS (Ferdinand), au Temple, près la Guerche-de-Bretagne (Ille-et-Vilaine). — B. 1689 - 1767 - 2008 - 2023 - 2027.

M. DEVIDAL (Joseph), à Chaudeyrolles (Haute-Loire). — B. 1415.

M. DIJOLS (Antoine), à Laguiole (Aveyron). — B. 1391 - 1400 - 1402.

M. DILHAN (Edouard), à Ste-Marie (Gers). — B. 1261 - 1269 - 1279 - 1289 - 1291 - 1326.

M. DOUMENG (Dominique), à l'Isle-en-Jourdain (Gers). — B. 1263 - 1275 - 1277 - 1283 - 1285.

Mme DOUMERC, à Colombes (Seine). — V. 2543 bis.

M. DOUAY (Victor), à Romeries (Nord). — B. 1979 - 1985 - 1988 - 1993 - 1994.

M. DUBOST (Michel-Rimbaud), à Ménétrol (Puy-de-Dôme). — B. 747 - 755 - 767 - 776 - 799 - 801 - 819 - 1996 - 2028.

M. DUBOUCHERON (Alexis), à Beaume (Haute-Vienne). — B. 851 - 866 - 891 - 905 - 924.

M. DUBOURG (Léon), à Casamène, commune de Besançon (Doubs). — B. 1346 - 1347 - 1349 - 1354 - 1356 - 1357 - 1366 - 1368 - 1374 - 1379.

M. DUCH (Séraphin), à Montfavet, commune d'Avignon (Vaucluse). — B. 1915.

M. DUPILLE (Alexis), à Ezanville (Seine-et-Oise). — B. 1081 - 1144.

M. DUPONT-SAVINIAT, à Piney (Aube). — B. 1522 - 1524 - 1537 - 1953 - 1956 - 1960 - 1961 - 1962 - 1966 - 1973. — O. 439 - 440 - 458 - 459 - 474 - 484.

M. DURAND (Jean), à Muron (Charente-Inférieure). — B. 1459.

Mme DURAND, à Houdan (Seine-et-Oise). — V. 96 à 110 - 194 à 213 - 810 - 811 - 856 - 857 - 1601 - 1602 - 1624 - 1625.

M. DURIÉ (Edouard), à West-Cappel (Nord). — B. 1691.

M. DURIEZ (Edmond), à Bourbourg-Campagne (Nord). — B. 633 - 652 - 668 - 686 - 695 - 704 - 718 - 723 - 1654 - 1655 - 1841 - 1842 - 2011.

M. DUISIT (Jean), à Chambéry (Savoie). — B. 1472 - 1477 - 1483 - 1488 - 1493 - 1501. — O. 150 - 378. — P. 306.

M. DUTHU (Sébastien), à Nancy (Meurthe-et-Moselle). — P. 133 - 157 - 105 - 241 - 242 - 243 - 282 - 298.

M. DUTHU (Louis), à Nancy (Meurthe-et-Moselle). — P. 119 - 153 - 169 - 178 - 244 - 296.

E.

École Nationale d'Agriculture de Grignon (Seine-et-Oise). — O. 494 à 498 - 541 - 607 - 608.

M. EDME (Jean), à Bussy (Cher). — O. 351 - 354 - 355 - 356 - 366 - 368 - 369 - 618 - 642.

M. EDME (Pierre), à Bussy (Cher). — O. 352 - 364 - 614 - 643.

M. d'ETCHEGOYEN (Paul), à St-Denis de Gastines (Mayenne). — B. 44. — P. 5 - 39 - 54 - 62. — V. 657 - 667 - 1158 - 1207 - 1402 - 1427.

M. EYRAUD (Louis), aux Estables (Haute - Loire). — B. 1414 - 1421 - 1427 - 1429.

F.

M· FANET (Gaston), à Fontaine-Henry (Calvados). — B. 392 - 434 - 472 - 515 - 561 - 562.

M. FARCY (Ch.), à Cérans-Foulletourte (Sarthe).— V. 5 à 12 - 45 à 52 - 111 - 112 - 214 - 215 - 284 à 291 - 318 à 325 - 352 à 354 - 364 à 366 - 383 - 384 - 403 - 404 - 494 - 450 - 460 - 461 - 893 - 894 - 911 - 912 - 1511 - 1512 - 1513 - 1542 - 1543 - 1544.

M. FARMOND (Louis), à la Roche-Blanche (Puy-de-Dôme). — B. 949 - 959 - 976 - 984 - 1000 - 1005 - 1394. — O. 386 - 620 - 639.

M. FAUCOGNEY (Camille), rue Couprie, 8, à Montrouge (Seine). — V. 1943

M. FAULON (Laurent), à Puydarrieux (Hautes-Pyrénées). — B. 1268 - 1276 - 1280-1442-1609-1462. — O. 509.

M. FAURE (François), à Autrans (Isère). — B. 1587 - 1605.

M. FAURE (Henri-Ernest), à la Souterraine (Creuse). — B. 1610.

M. FAURE (Zacharie), à Autrans (Isère). — B. 1555 - - 1570 - 1579 - 1602.

M. FAVEZ (Verdier), au Raincy (Seine-et-Oise). — V. 742 - 750 - 895 - 913 - 939 - 956 - 974 - 975 - 1012 - 1141.

Mᵐᵉ FELTRE (la Duchesse de), à Noyal (Côtes-du-Nord). — B. 1066 - 1120.

M. FEMEL (Jules), à Ste-Geneviève (Seine-Inférieure). — B. 439.

M. FERRAND (Louis), à Sochaux (Doubs). — B. 1528 - 1529.

M. FERRÉ (Edmond), à Saint-Maurice, par Gençay (Vienne). —

M. FETEL - LONGUEVAL, à Loon (Nord). — B. 640 - 681 - 696 - 2001 - 2014 bis.

M. FEUNTEUN (Hervé), à Ergue, Armel (Finistère). — B. 1080 - 1102 - 1111 - 1180 - 1181 - 1221 - 1222 - 1251.

M. FEUNTEUN (Joseph), à Penhars (Finistère). — B. 1075 - 1098 - 1131 - 1188-1197-1205-2119 à 2122.

M. FEUTEUN (Yves), à Ergué, Armel (Finistère). — B. 1071 - 1093 - 1127 - 1143 - 1165 - 1185 - 1220 - 1239.

M. FOUGERON (Leonce), à Bréilly (Somme). — B. 433.

M. FOURNIER (Frédéric), à Nommay (Doubs). — B. 1509 - 1514 - 1516.

M. FOUSSAT (Marcellin), à Veyrac (Haute - Vienne). — B. 853 - 886 - 899 - 913 - 918.

G.

M. GAGNEPAIN, à Argenteuil (Seine-et-Oise). — V. 13 à 16 - 53 - 54 - 55 - 113 - 216 - 292 - 326 - 532 - 563 - 1376 - 1392 - 1417 - 1441 - 1459 - 1514 - 1545 - 1579 - 1580 - 1591 - 1592 - 1603 - 1604 - 1626 - 1627 - 1648 - 1649 - 1672 - 1673 - 2349-2350 - 2425 à 2428 - 2496 à 2501.

M. GAILLARD (Eugène), à Autrans (Isère). — B. 1559 - 1581.

M. GAILLARD (H.), 32, rue Jean-Goujon, à Paris. — V. 679 - 709.

M. GALINIER (Jean), à Montant-Gaudiès (Ariège). — B. 1266 - 1272 - 1284 - 1288 1314 - 1316 - 1320 - 1327. — O. 381 - 401 - 402 - 403.

M. GALLOO (Ferdinand), à Quaedypre (Nord). — B. 692.

M. GANDON (Charles), à Grez-en-Bouère (Mayenne). — 1727 - 2010 - 2022 - 2039.

M. GANIER (Alfred), rue Bargue, 23, à Paris. — V. 114 à 116 - 217 à 220 - 1782 1944 à 1948 - 2351 - 2429 à 2431.

M. GARNIER DE FALLETANS (Ch.), à Dôle (Jura). — B. 1353.

M. GARRIGUE (Jean), à Montaner (Basses-Pyrénées). — B. 1334.

M. GAUBERT (Prosper), à Salles-Curam (Aveyron). — B. 1396 - 1404 - 1408 - 1907. — O. 390 - 393 - 394 - 411.

M. GÉRÉ (Omer), à Saint-Cloud, Parc de Montretout (Seine-et-Oise). — V. 896 - 914 - 976 - 977 - 1013 - 1250 - 1278 - 1280 - 1302 - 1327 - 1335 - 1804 à 1810 - 1949 à 1953.

Mme Vve GERNIGON, à Château-Gontier (Mayenne). — B. 1683 - 1812.

M. GESTE (Théodore), à Auxerre (Yonne). — B. 127 - 417 - 459 - 525 - 565 - 1863 - 1869 - 1883 - 1900 - 2007 - 2019 - 2067 à 2070.

M. GHESTEM (Alix), à Verlinghem (Nord). — B. 641 - 648 - 687 - 703 - 721 - 2043.

M. GIET (Ferdinand), à Barbézieux (Charente). — V. 417 - 418 - 434.

M. GILBERT (Victor), à Wideville, commune de Crespierres (Manche). — O. 163 171 - 219 - 220 - 222 - 260 261 - 290 - 291.

M. GILLAIN (Victor), à Carentan (Manche). — B. 408 - 458 - 478 - 487 - 535 - 536 551 - 572.

M. GILLAIN Fils (Victor), à Saint-Côme-du-Mont (Manche). — B. 403 - 469 - 519 - 520 - 559. — O. 327 - 342 - 501 - 523 - 529 - 606 - 626.

M. GILLET (Alfred), à Bonneuil (Seine). — B. 395 - 440 - 601 - 608 - 2071 à 2074. — P. 129 - 140 - 160 - 161.

M. GILLET (Gabriel), à Turenne (Corrèze). — O. 391 - 395.

M. GIRARD (Alphonse), à Lans (Isère). — B. 1564 - 1572.

M. GIRAUD (Amédée), à Lans (Isère). — B. 1575 - 1586.

M. GIRAUD (Cyprien), à Paris, rue de Vanves, 201. — V. 1055 - 1056 - 1110 - 1738 à 1740 - 1954 à 1961.

M. GIRAUD (François), à Méandre (Isère). — B. 1593.

M. GLORIA (Eugène), à Saint-Quentin (Manche). — B. 441 - 448.

M. GOGUE (Ernest), à Arcueil (Seine). — V. 117 à 120 - 221 à 230 - 813 - 858 - 859.

M. GOGUEL-FERRAND, à Allondans (Doubs). — B. 1519 - 1520.

M. GOIS (Eugène), à Montchaude (Charente). — V. 419 - 420 - 435 - 436 - 2194 - 2195.

Mme GOLDENBERG (René) à Zornhoft, près Saverne. — V. 293 - 330 - 670 - 710 - 734 - 737 - 743 - 751 - 812 - 860 - 1057 - 1058 - 1111 - 1112 - 1406 - 1430 - 1476 - 1491 1905 - 1628.

M. GOLL (Charles), au Grand-Charmont (Doubs). — B. 1534.

M. GOSSELIN (Jean), à Saint-Côme-du-Mont (Manche). — B. 491 – 570.

M. GOUMARD (Julien-Sicaire), à Mazières (Charente). — P. 272 – 300.

M. GOUSSU, à Voves (Eure-et-Loir). — P. 72 – 75 – 76 – 94 – 95 – 98.

M. GRABER (Joseph), à Couthenans, Haute-Saône (France). — B. 186 – 280 – 326 –
330 – 331 – 332 – 346 – 1512 – 1540 – 1544 – 1547 – 1549 – 1551 – 1636 – 1873 – 1905 – 1920 –
1931 – 1940 – 1944.

M. GRAVIER (Charles), à Vichy (Allier). — B. 1770 – 1817 – 1825.

M. GRAZIDE (Jean), à Bazet (Hautes-Pyrénées). — B. 1293 – 1299 – 1302 – 1307.

M. GRÉGOIRE (Léon), à Alménèches (Orne). — B. 1693 – 1776 – 2003 – 2015 – 2024.

M. GRENOUILLAU, rue de Vaugirard, 269, à Paris. — V. 1741 – 1742 – 1811 –
1855 – 1962 à 1965.

M. GRIAT (Eugène), à Méandre (Isère). — B. 1569 – 1598.

M. GRIGNARD (Frédéric), à Marcilly-Ogny (Côte-d'Or). — B. 2025.

M. GROLLIER, à la Motte-Grollier, par Durtal (Maine-et-Loire). — B. 1707 – 1733 –
1739 – 1761 – 1765 – 1774 – 1783 – 1797 – 1806 – 1809 – 1820.

Mme C. GROLLIER-DEHAYNIN, à Gonesse (Seine-et-Oise). — V. 294 à 296 –
327 à 329 – 385 à 387 – 405 à 407 – 814 – 818 – 861 – 940 – 941 – 957 – 958.

M. GRUSON-COUSINNE, à Estaires (Nord). — B. 623 – 646 – 659 – 673 – 700 –
713 – 719 – 1999 – 2016 – 2031.

M. GUÉRAULT-GODARD, à Fère-Champenoise (Marne). — P. 180 – 192 – 234
– 235 – 236 – 237.

M. GUÉRIN (Léon), à Quibou (Manche). — B. 397 – 452.

M. GUESDON (Augustin), à Saint-Germain-la-Blanche-Herbe (Calvados). —
B. 387 – 415 – 446 – 470 – 510 – 560.

M. GUICHAVUA (Pierre), à Plomélin (Finistère). — B. 1105.

M. GUIDOT (Émile), à Vaudancourt (Doubs). — B. 1531.

M. GUILLAUMIN (Alexis), à Pouzy (Allier). — P. 78 – 87 – 88 – 99 – 100 – 115 –
122 – 149 – 172 – 232 – 274 – 292 – 293 – 294 – 299.

M. GUILLERMAIN, à Berny, Seine. — B. 146 – 202 – 317 – 349 – 454 – 577 – 578 –
722 – 1123 – 2075 à 2078.

M. GUILLOU (Jean-Marie), à Talingoat, commune de Pleyber-Christ (Finistère).
— B. 1720.

M. GUILLOT (Jean-Baptiste), à Ancteville (Manche. — B. 442.

M. GUYADER (Louis), à Ergue, Gabéric (Finistère). — B. 1062 – 1074 – 1086 –
1126 – 1129 – 1159 – 1161 – 1240 – 1252 – 2000 – 2017 – 2123 à 2126. — P. 126.

M. GUYOT DE VILLENEUVE, à Saint-Bouize (Cher). — O. 418 – 419 – 420 –
424 – 425 – 426 – 428 – 429 – 431 – 432 – 438.

M. GY (Jules), à Carnac (Morbihan). — B. 1061 – 1091 – 1151 – 1153 – 1158 – 1195 –
1224 – 1241 – 1246 – 1253 – 1836.

H.

M. HAMOT (Charles), à Vigny (Seine-et-Oise). — B. 435 – 488 – 490 – 592 – 509 – 517 – 522.

M. HAVILAND (Théodore), à Ambazac (Haute-Vienne). — B. 62 – 153 – 1884. — O. 32 – 43. — P. 3 – 15 – 16.

M. HÉDIN (Marcel), à Montreuil-le-Chérif (Sarthe). — B. 1727.

M. de HÉDOUVILLE, à Gouvieux (Oise). — V. 1606 – 1629.

M. HELLARD (Pierre), à Gouville (Eure). — O. 179 – 180 – 226 – 227 – 228 – 229 – 262 – 307 – 452 – 470 – 489 – 619 – 638.

M. HENRY (Albert), à Thaon (Calvados). — B. 388 – 479 – 511 – 595.

M. HENRY (François), à Noyant (Allier). — P. 121 – 123 – 135 – 136.

M. HERVOUIN (Pierre), à Moutiers (Ille-et-Vilaine). — B. 1072. — P. 73 – 91 – 92 – 109 – 130.

M. HENROTTE (François), à Lesignac-Durand (Charente). — B. 895.

M. HILST (Armand), à Quaedypre (Nord). — B. 672.

M. HINCELIN (Émile), à Loupeigne (Aisne). — O. 178. – 181 – 182 – 221 – 242 – 263 – 271 – 272 – 295.

M. HOFFMANN (Édouard), 28. route de Créteil à Maisons-Alfort, (Seine). — V. 1515 – 1546 – 1841 à 1846 – 1966 à 1976 – 2196 – 2197.

M. HOUETTE (Adolphe), à Bleneau (Yonne). — V. 815 à 818 – 862 – 863.

M. HUOT (Gustave), à Saint-Léger (Aube). — B. 1667 – 1684 – 1698 – 1769 – 1794 – 1801. – 1814 – 1821.

I.

M. d'IMBLEVAL (Raymond), à Haudricourt (Seine-Inférieure). — O. 541.

M. ISAERT (Léon), à Bollezeele (Nord). — B. 642

J.

M. JACQUIER (Gaston), à Gières (Isère). — B. 1469 – 1478 – 1486 – 1492 – 1496 – 1497 – 1505 – 1554 – 1562 – 1565 – 1584 – 1594 – 1600 – 1603 – 1604.

M. JALLIFIER (Clovis), à Lans (Isère). — B. 1560 – 1573.

M. JAPIOT (Léon), à Châtillon-sur-Seine (Côte-d'Or). — O. 155 – 156 – 157 – 158 – 159 – 160 – 161 – 211 – 212 – 213 – 214 – 151 – 252 – 284 – 285.

M. JARRIGEON (J. B.), à la Souterraine (Creuse). — B. 1395 – 1446 – 1448 – 1464 – 1607 – 1615 – 1616 – 1622 – 1626. — O. 558 – 559.

M. JANSSEN (Edmond), à Cappelle (Nord). — 622 – 623 – 637 – 664 – 670 – 674 – 724.

M. JOLY (Jacques), à Fontrailles (Hautes-Pyrénées). — B. 1258 – 1265 – 1273 – 1278 – 1286 – 1294 – 1300 – 1304 – 1312 – 1318 – 1321 – 1324 – 1631 – 1640. — O. 363 – 376 – 410 – 613 – 640. — P. 128 – 139 – 200 – 271 – 280 – 291.

M. JOYON (Alfred), à Langeron (Nievre). — B. 749 - 768 - 782.

Mme JUBLÉMA, Route de Mende, à Montpellier (Hérault). — B. 1403 - 1014. — P. 124 - 137 - 138 - 145 - 278 - 297.

K.

M. KERNALEGUEN (Simon), à Plonévez-Porzai (Finistère). — B. 1063.

M. KŒNDERS (Edouard), à Fives, Lille, rue Ernest Meyer, 16 (Nord). — V. 2198.

L.

M. LABORIE (Dominique), à Montbernat (Haute-Garonne). — B. 1260.

M. LACAILLE (Jules), 39, rue St-Louis-en-l'Ile à Paris. — V. 1977 à 1981.

M. LAGARDE (Jean), 33, rue Grange-aux-Belles, à Paris. — B. 144 - 711.

M. LAGRANGE (Étienne), à Autun (Saône-et-Loire). — V. 17 - 18 - 56 - 57 - 117 - 231 - 297 - 331 - 388 à 390 - 408 à 410 - 533 - 564 - 627 - 628 - 645 - 646 - 681 - 682 - 711 - 712 - 744 - 745 - 752 - 753 - 760 - 778 - 819 à 821 - 864 à 866 - 897 - 898 - 915 - 916 - 942 - 959 - 978 à 980 - 1014 à 1016 - 1059 - 1060 - 1113 - 1114 - 1251 - 1252 - 1288 - 1304 - - 1336 - 1394 - 1419 - 1442 à 1444 - 1460 à 1462 - 1477 - 1492 - 1516 - 1547 - 1581 - 1582 - 1593 - 1594 - 1608 - 1609 - 1630 - 1631 - 1992 - 1993 - 1711 - à 1743 - 1745 - 1839 - 1982 - 2199 à 2201 - 2352 - 2353 - 2502 - 2503 - 2544 - 2545 - 2595 - 2596.

M. LALLANDE (U.), à Illats (Gironde). — B. 1022 - 1313 - 1332 - 1633.

M. LALLEMENT (Amédée), Boulevard de l'Hôtel-de-Ville, 176, à Montreuil-sous-Bois (Seine). — U. 1983 à 1986 - 2202.

M. LALLEMENT (Charles-Honoré), rue de la Solidarité, à Montreuil-sous-Bois (Seine). — V. 1987 - 1988 - 2203 - 2204.

M. LA MASSADIÈRE (de), à Autran (Vienne). — B. 1433 - 1450 - 1453 - 1454 - 1463 - 1467 - P. 164 - 166 - 168 - 189 - 199 - 201 - 203 - 204 - 229 - 230 - 238.

M. LAMO (Auguste-Maximilien), à Vannes (Morbihan). — B. 1065 - 1089 - 1107 - 1112 - 1152 - 1189 - 1242.

M. LAMY DE LA CHAPELLE, au Palais (Haute-Vienne). — B. 847 - 863 - 871 - 894 - 906 - 911 - 930 - 939.

M. LANE (Louis), à St-Pierre de Franqueville (Seine-Inférieure). — B. 398 - 482 - 506 - 527.

M. LANGER (Gustave), à Lillebonne (Seine-Inférieure). — V. 1989 - 1990 - 2205.

M. LANGEVIN (Charles), rue Couprie, 18, à Montrouge (Seine). — V. 121 - 232 - 683 - 2206.

M. LAPEYRE, à Ytrac (Cantal). — B. 955 - 960 - 966 - 977 - 985 - 986 - 995.

M. LAPORTE-ROUELLE, à Osnes (Ardennes). — B. 1545 - 1853 - 1857.

M. LARDÉ (Cyrille-Amédée), à Noyon (Oise). — V. 2354 - 2355 - 2546 à 2551 -

M. LARHANTEC (Pierre), à Ploaré (Finistère).— B. 1087 - 1145 - 1149 - 1203 - 1231 - 1243.

M. LARZAT (Élie), à Germigny-l'Exempt (Cher). — B. 1672 - 1680 - 1681 - 1702 - 1764 - 1786 - 1789 - 1798 - 1824.

M. LASCASSIES (Calixte), à Idron (Basses-Pyrénées). — B. 1331 – 1338 – 1340 – 1342.

M. LASCASSIES (Charles), à Idron (Basses-Pyrénées). — B. 1335.

M. LASCASSIES (Jean), à Idron (Basses-Pyrénées). — B. 1330 – 1331.

M. LASSERON (H.), rue de l'Ouest, 116 (Paris-Plaisance). — V. 19 – 58 – 122 – 233 – 298 – 332 – 534 – 565 – 629 – 647 – 253 – 1255 – 1305 à 1307 – 1478 – 1479 – 1493 – 1494 – 1610 – 1632 – 1694 – 1783 – 1784 – 1812 à 1814 – 1836 – 1837 – 1856 à 1858 – 1991 – 2012 – 2207 à 2210 – 2265 – 2266 – 2356 à 2359 – 2432 à 2435 – 2504 à 2507 – 2552 – 2553 – 2598 à 2600.

M. LAURENS (Pierre-Jean), à Cassuéjouls (Aveyron). — B. 1384 – 1401.

M. LAURENT (Louis), à Vannes (Morbihan). — B. 1083 – 1099 – 1117 – 1132 – 1154 – 1220

M. LAVAUBLANCHE (de), à Lafeuillée par Auffrique-et-Noyent (Aisne). — B. 1732 – 1805 – 1738.

M. LEBECQUE, (Arthur), à Téteghem (Nord). — B. 631 – 671 – 694 – 714 – 734 – 1879 – 2079 à 2082 – 2040.

M. LE BOURGEOIS, au Château-de-Launay, par Thenioux (Cher). — B. 1754 – 1781 – 1803.

M. LE BRETON (Edouard), à Taden (Côtes-du-Nord). — B. 476 – 557 – 617.

M. LECAUDEY (Pierre), à Appeville (Manche). — B. 420.

M. LECOISPELLIER (Gaston), à Cagny (Calvados). — B. 429 – 451 – 489 – 496 – 544 – 548 – 612.

M. LECOMTE (Bazile), à Hubert-Folie (Calvados). — B. 421 – 492 – 528 – 529 – 579 – 580 – 2004 – 2044.

M. LEFEBVRE (Emile), à St-Florent-le-Jeune, Loiret (France). — O. 120 – 121 – 122 – 123 – 361 – 362 – 373 – 374 – 375 – 607 – 617 – 627 – 628 – 636. P. 1 – 12 – 14 – 20 – 82 – 83 – 93 – 102 – 111 – 113 – 116 – 173 – 208 – 210 – 252 – 287 – 295.

M. LE GAC (Hervé), à Briec (Finistère). — B. 1121 – 1125 – 1167 – 1176 – 1200 – 1247 – P. – 275 – 304 – 305 – 307.

M. LEGENDRE (Anatole), à Villez-Champdominel) Eure). O. – 161 – 164 – 172 – 231 – 239 – 241 – 253 – 296.

M. LE GUEN, à Vannes (Morbihan). — B. 1060 – 1088 – 1138 – 1232.

M. LEJEUNE, rue Chauvelot, 24 à Paris. — V. – 1773 – 1785 – 1786 – 1828 – 1850 à 1861 – 2014 à 2025 – 2211 à 2243 – 2360 à 2363 – 2436 à 2439 – 2508 à 2511.

M. LEJEUNE (Jean-Joseph), aux Essarts-le-Roy (Seine-et-Oise). — B. 66 – V. – 20 à 23 – 59 à 62 – 123 à 126 – 234 à 237 – 229 à 301 – 333 à 335 – 355 à 357 – 367 à 369 – 391 à 393 – 411 à 413 – 421 – 422 – 437 – 438 – 451 – 452 – 462 – 463 – 476 – 485 – 505 – 512 – 535 à 540 – 566 à 569 – 686 – 587 – 598 – 608 à 610 – 619 à 621 – 630 à 633 – 643 – 644 – 658 à 661 – 668 – 669 – 684 à 689 – 713 à 716 – 732 – 733 – 738 – 739 – 746 – 747 – 754 – 575 – 761 – 762 – 770 – 774 – 775 – 779 – 788 – 792 – 793 – 822 à 829 – 867 à 872 – 887 – 890 – 899 à 903 – 917 à 920 – 928 – 929 – 935 – 936 – 943 à 952 – 960 à 963 – 981 à 986 – 1017 à 1028 – 1037 – 1038 – 1041 – 1042 – 1061 à 1068 – 1091 à 1093 – 1115 à 1120 – 1142 à 1144 – 1153 – 1154 – 1159 – 1160 – 1167 – 1172 – 1182 – 1185 – 1193 à 1197 – 1199 – 1202 – 1203 – 1208 – 1209 – 1215 à 1219 – 1229 – 1232 – 1238 à 1243 – 1256 à 1259 – 1293 à 1298 – 1308 à 1310 – 1341 à 1346 – 1358 – 1377 – 1378 – 1390 – 1395 – 1396 – 1403 à 1405 – 1411 – 1415 – 1420 – 1428 – 1429 – 1434 – 1445 – 1446 – 1463 – 1464 – 1480 – 1481 – 1495 – 1496 – 1517 – 1519 – 1548 – 1549 – 1565 à 1567 – 1527 à 1574 – 1583 – 1584 – 1595 – 1611 à 1616 – 1633 à 1636 – 1650 à 1655 – 1674 à 1678 – 1695 à 1697 – 2013 – 2267 – 2268 – 2364 – 2365 – 2440 – 2441 – 2512 – 2513.

M. LEMAIRE (Auguste), Avenue Duquesne, 29 à Paris. — V. 1815 – 2214.

M. LEMAITRE (J.), à Hattenville, commune de Fauville (Seine-Inférieure). — B.
545. — O. 328 – 329 – 332 – 344 – 350.

M. LEMOINE, à Montron (Aisne). — O. 140 – 191 – 192 – 193 – 193 bis – 232 – 233-
234 – 273 – 274 – 275 – 276 – 297 – 298 – 299 – 300.

M. LEMOYNE (Charles), à St-Xriex (Haute-Vienne). — B. 865.

Mme LENÈGRE (Marie), à Besse-en-Chandesse (Puy-de-Dôme). — B. 950 – 958 –
967 – 974 – 981 – 999 – 1003 – 1007.

M. LEOBARDY (Charles de), à la Jouchère (Haute-Vienne). — B. 855 – 859 –
875 – 887 – 897 – 903 – 910 – 915 – 926 – 931 – 938. — O. 574.

M. LEPAULMIER, à St-Côme-du-Mont (Manche). — B. 385 – 447 – 477 – 480 –
516 – 554 – 563 – 566.

M. LE ROY (Alexandre), à Varesnes (Meuse). — B. 584.

M. LEROY (Louis), à Nangis (Seine-et-Marne). — B. 407 – 438 – 1473 – 1491.

M. LE SUEUR (Philip.-Frédéric), Meadow vale House, à Jersey (Angleterre).
— V. 763 – 780.

M. LETAILLEUR (Edouard-Paul), à Marcourt (Eure). — B. 427.

M. LE TRESTE (Vincent), à Vannes (Morbihan). — B. 1076 – 1118 – 1168 – 1225
2127 à 2130.

M. LEUDET (Léon), au Petit-Parc à Trouville-sur-mer, (Calvados). — V. 139 à 131
– 238 à 242 – 1746 à 1753 – 1862 – 1863 – 2026 à 2038 – 2442 à 2447 – 2514 à 2519.

M. LEVAVASSEUR (Louis-Frédéric), Petite rue de Paris, 23. — V. 2520
– 2521.

M. LOBBEDEZ (Aimé), à Steenwoorde (Nord). — B. 635 – 661. — P. 147.

M. LONG (Mrrcellin), Avenue de St-Ouen, 18, à Paris. — B. 1871.

M. LONGUET (Eugène), à Madeleine-de-Monaucourt (Eure). — V. 1520 – 1550.

M. LONGUET (Frédéric), à Marolles (Oise). — O. 441 – 442 – 443 – 454 – 455 –
456 – 457 – 471 – 475 – 476 – 483 – 491.

M. LOUYS Père, à Audincourt (Doubs). — B. 1535.

M. LOUMAYE (Hyacinthe), à Vaux-Champagne (Ardennes). — B. 1845 – 1854
1878 – 1880 – 1885 – 1888 – 1896 – 1898.

M. LOYAU (Pierre), à Louplande (Sarthe). — V. 24 – 25 – 63 – 64 – 303 – 304 –
336 – 337 – 358 – 370 – 453 – 1521 – 1551 – 2522 – 2523.

M. LOYER (Emilien), à Beslon (Manche). — B. 406.

M.

M. MABILAIS (Julien), à St-Etienne-de-Mont-Luc (Loire-Inférieure). — B. 1444
1458 – 1466.

M. MAHÉ (Yves), à Beaurepos, commune de Guipavas (Finistère). — B. 1699.

Mme MAILLET DU BOULLAY, à Herqueville (Eure). — V. 26 à 29 – 65 à 68
– 132 – 243 – 541 – 542 – 570 – 571 – 588 – 589 – 600 – 601 – 611 – 617 – 690 – 830 – 831
873 – 874 – 904 – 921 – 997 – 998 – 1029 – 1030 – 1069 – 1094 à 1096 – 1121 – 1145 à 1147
– 1173 – 1175 – 1190 à 1192 – 1220 à 1222 – 1233 – 1234 – 1244 – 1273 – 1281 – 1289 –
1311 – 1322 – 1329 – 1337,

M. MALLAY, à Messy (Seine-et-Marne). — B. 1148.

15

MM. MARC Frères, à Chevigny-St-Sauveur (Côte-d'Or). — B. 1508 - 1511 - 1517 - 1523 - 1532 - 1955 - 1957 - 1959 - 1964 - 1970 - 1972 - 2083 à 2086.

M. MARCAND (Jean-Marie), à Bazas (Gironde). — B. 1029.

M. MARHIN (Mathurin), au Faouët (Morbihan). — B. 1114 - 1244 - 1838.

M. MARIE (Anatole), à Arc-lès-Gray (Haute-Saône). — B. 1348 - 1360 - 1370 - 1376 - 1515 - 1521 - 1526 - 1533.

M. MAROIS (Gabriel), avenue Verdier, 37, à Montrouge (Seine). — 2215.

M. MARTENOT (Charles), à Cruzy-le-Châtel (Yonne). — B. 1908 - 1923 - 1933 - 1936 - 1945 - 1949.

M. MARTIN (Honoré), à Bourg, St-Maurice (Savoie). — B. 1474 - 1484 - 1489 - 1498.

M. MARTIN-ROYER, à St-Apollinaire, près Dijon (Côte-d'Or). — B. 1510 - 1518 - 11527 - 1538 - 1910 - 1922 - 1932 - 1946 - 1954 - 1958 - 1963 - 1971.

M. MASSÉ (Auguste), à Germigny-l'Exempt (Cher). — B. 1671 - 1740 - 1785 - 1808. — O. 494 - 495 - 502 - 503 - 504 - 512 - 513 - 514 - 519 - 524 - 525 - 530 - 531.

M. MASSON-REGNARD, à Gault-la-Forêt (Marne). — B. 418.

M. MATHEY (Fernand), à Rochechouart (Haute-Vienne). — V. 423 - 439 - 1522 - 1552 - 1552 - 2366 - 2367 - 2524 - 2525 - 2554 - 2555.

M. MAYET (Charles), à Bourg St-Maurice, Savoie.— B. 250 - 1479 - 1485 - 1490 - 1494 - 1499 - 1502 - 1504 - 1506.

M. MÉDÉVILLE (Numa), à Cadillac (Gironde). — B. 814 - 818 - 839 - 841 - 1018 - 1028 - 1038 - 1043 - 1050 - 1637 - 1642 - 1866.

M. MÉNARD, à Ménerval (Seine-Inférieure).— B. 446 - 483 - 514 - 596 - 605 - 606 - 2087 à 2090.

M. MENNE-CANLER, à Eperlecques (Pas-de-Calais). — B. 632 - 676 - 691 - 712.

M. MERCIER (Pierre-Antoine), à Troussey (Meuse). — B. 1546.

M. MESNY (Gustave), à Taverny (Seine-et-Oise). — V. 30 - 69 - 133 - 244 - 338 - 543 - 572 - 590 - 602 - 648 - 662 - 670 - 717 - 764 - 771 - 781 - 782 - 789 - 832 - 833 - 875 - 876 - 905 - 922 - 999 - 1000 - 1031 - 1032 - 1070 - 1071 - 1097 - 1122 - 1123 - 1148 - 1261 - 1268 - 1279 - 1312 - 1319 - 1328 - 1338 - 1397 - 1421 - 1523 - 1553 - 1585 - 1596 - 1656 - 1679 - 1698 - 1699 - 2448 à 2451.

M. MICHEL (Pierre), aux Estables (Haute-Loire). — B. 1385 - 1420 - 1424.

M. MICHEL-REGIS, aux Estables (Haute-Loire). — B. 1419 - 1423 - 1425 - 1428 - 1430.

M. MIGEAU (Philippe), à Barbezieux (Charente). — V. 424 - 440.

M. MILHAS (Eugène), à Mazerolles (Hautes-Pyrénées). — B. 1259 - 1270 - 1309 - 1629. — P. 148 - 283 - 301 - 312.

M. MILLE (Edouard), à St-André-lez-Lille (Nord). — B. 688.

M. MINANGOIN (Narcisse), à Esnon (Yonne). — B. 1993 - 1919 - 1926 - 1934 - 1948.

M. MINOT (Paul), à Bretenay (Haute-Marne). — B. 1913.

Mme MIQUEL (Catherine), à Laguiole (Aveyron). — B. 1389.

M. MOHAMED ben Saïb, à Sidi-Mabrouk, commune de Constantine (Algérie) — B. 1649 - 1651 - 1652 - 1656 - 1663. — O. 359 - 372 - 385 - 404.

M. MONCLA Fils, à Toulenne (Gironde). — B. 812 - 813 - 816 - 817 - 837 - 838 - 1013 - 1015 - 1021 - 1034 - 1042 - 1044 - 1049 - 1630 - 1635 - 1855 - 1859.

M. MONNERIE (Jacques), à Muron (Charente-Inférieure). — B. 2038.

M. MONTAIGUT (de), à Cudos (Gironde). — B. 1008.

M. MONTCABRIER (de), à Bazas (Gironde). — B. 1011.

M. MONTENOT (Auguste), à Etornay (Côte-d'Or). — O. 148 - 149 - 206 - 248 - 281 - 304 - 631.

M. MOREAU (Claude), au Brouillard, commune de Vic-sous-Thil (Côte-d'Or). — B. 741 - 743 - 754 - 764 - 770 - 774 - 786 - 798 - 1641.

M. MOREL (Maurice), à Adinfer (Pas-de-Calais).— B. 639 - 655 - 678 - 698 - 715- 2012 - 2036 - 2091 à 2094.

M. MOROUX (Alfred), à Civran (Indre). — B. 1443.

MM. MURET Frères, à Noyen-sur-Seine (Seine-et-Marne). — O. 450 - 451 - 468 - 481 - 487,

N.

M. NADAUD (Aristide), à Dun-le-Palleteau (Creuse). — B. 1162 - 1220 - 1438 - 1608 - 1613 - 1617 - 1623. — O. 421 - 427 - 434 - 436.

M. NADAUD (L.-C.), à Chazelles (Charente). — B. 19 - 31 - 33 - 36 - 1675 - 1682 - 1686 - 1726 - 1747 - 1756 - 1777 - 1780 - 1792 - 1795 - 1804 - 2030. — P. 2 - 4 - 17 - 25 - 181 - 185 - 193 - 221 - 246 - 253 - 258 - 259 - 265 - 266.

M. NAUDIN (Louis), rue des Bois, 13, à Fontainebleau (Seine-et-Marne). — V. 2269 à 2278 - 2452 - 2452 à 2455 - 2556 à 2561.

M. NAVIÈRES DU TREUIL (Adolphe), à Limoges (Haute-Vienne). — B. 877 - 933.

M. NEZET (Jean), à Languidic (Morbihan). — B. 1236.

M. NICOLAS (Jacques), à St-Julien-Chapteuil (Haute-Savoie). — O. 383.

M. NICOLAS (Louis), à Arcy, commune de Chaumes (Seine-et-Marne). — B. 57 - 69 - 70 - 71 - 72 - 436 - 549 - 550 - 556 - 586 - 589 - 590 - 591 - 592 - 599 - 600 - 602 - 609 - 610 - 611 - 618 - 1974.

M. NOBLET (Auguste), à Châteaurenard (Loiret). — P. 182 - 190 - 216 - 228 - 254 262 - 263 - 279 - 311.

M. NOËL (François), à St-Vaast-la-Hougue (Manche). — B. 396 - 419 - 484 - 526 541 - 568 - 587 - 607. — O. 330 - 347. — P. 69.

Mme Vve NOËL, à Valognes (Manche). — B. 404 - 457.

M. NOUETTE-DELORME, à Ouzouer-des-Champs (Loiret).

M. NOYELLES (le vicomte de), à Blendecques (Pas-de-Calais). — B. 621 - 636 - 644 - 657 - 662 - 677 - 705 - 726 - 739 - 730 - 735 - 736 - 1067 - 1826 - 2002 - 2006 - 2042.

O.

M. de OKECKI, rue du Théâtre, 125, à Paris. — V. 1754 - 1816 - 1864 - 2041 à 2044 - 2279 - 2280 - 2368 - 2369 - 2601 - 2602.

Mlle de OKECKI, rue Boromée. 12, à Paris. — V. 693 – 1001 – 1033 – 1774 – 1865 – 2039 – 2040 – 2281 – 2282 – 2370 – 2371 – 2603 – 2604.

M. OLIVIER (A.), à Jusix (Lot-et-Garonne). — B. 804 – 820 – 829 – 831 – 842 – 845 – 1024 – 1053 – 1322 – 1328 – 1339.

M. OMAERE (Gustave), à Hazebrouck (Nord). — B. 625 – 663 – 693.

M. OMER-MAILHES (J.), à Monières (Hautes-Pyrénées).— B. 1055 – 1296 – 1297 – 1298 – 1301 – 1305 – 1308 – 1311 – 1317 – 1320.

M. OSTY (Pierre), à St-Léger-de-Peyre (Lozère). — B. 1390 – 1399 – 1413 – 1418 – 1475 – 1481 – 1500. — O. 412 – 646. — P. 103 – 158 – 245. — V. 136.

M. OUVRY (Frédéric), à Auppegard (Seine-Inférieure). — O. 325 – 333 – 343 – 346.

P.

M. PABOUL (Pierre), à Languidic (Morbihan). — B. 2131 à 2134.

Mme PAILLART (Anna), à Quesnoy-le-Montant (Somme). — V. 481 – 482 – 510 – 1299 – 1359 – 1379 – 1524 – 1554 – 2605 – 2606.

M. PAILLART (Stanislas), à Quesnoy-le-Montant (Somme). — B. 1734 – 1997 – P. 97 – 176 – 213 – 218 – 257 – 264 – 281 – 315 – 316.

M. PAULIN (Ambroise), à St-Clair (Manche). —

M. PAULIN (Pierre), à Cugney (Haute-Saône). — B. 1685.

Mme de PAUMULE (Jeanne), au Pechereau (Indre). — B. 1440 – 1611.

M. PAPILLON (Germain), à Aulnay-lès-Bondy (Seine-et-Oise). — B. 1871.

M. PARAGE (Camille), à Chazé-sur-Argos (Maine-et-Loire). — B. 2034.

M. PARENT (Prosper), à Passy-en-Valois (Aisne). — O. 194 – 195 – 235 – 236 – 277 – 301.

M. PARRY (Louis), à Limoges (Haute-Vienne). — B. 858 – 860 – 869 – 882 – 904 – 907 – 914 – 925 – 927 – 935 – 940 – 942. — P. 194 – 197 – 198 – 261 – 268 – 269 – 270 – 285 – 314.

M. PECHAIRE (Auguste), au Puy (Haute-Loire). — P. 154 – 155 – 156.

M. PELAUDEIX (Louis), à Sauviat (Haute-Vienne). — B. 848.

M. PELLAT (Josué), à Villard-de-Lans (Isère). — B. 1566 – 1582 – 1592.

M. PELLAPRAT, rue Escudier, 34, à Boulogne (Seine). — V. 2045 à 2047.

M. PELLISSON (Emile), à Coutras (Gironde). — B. 880.

M. PERNEZ (René), à Ploueis (Finistère). — B. 1070 – 1104 – 1115 – 1142 – 1157 – 1183 – 1204 – 1226.

M. PERROLLET (Antoine-Théodore), impasse Nicole, 5, à Paris. — V. 2048 à 2055 – 2216 à 2225.

M. PESCHET, à Evreux (Eure). — B. 386 – 471 – 475 – 512 – 555 – 583 – 588 – 603 – 615.

M. PETIOT (Émile), à Touches (Saône-et-Loire). — B. 1692 – 1694 – 1721 – 1728 – 1735 – 1758 – 1787 – 1810.

M. PETIT (François), rue St-Lazare, 62, à Paris (Seine). — V. 2283 à 2290 – 2376 à 2379 – 2456 à 2459 – 2528 – 2529.

M. PETIT-MOREAU, à Charbogne (Ardennes). — B. 1846 – 1870 – O. 257.

M. PEZERIL (Jean-Louis), à Saint-Clair-sur-Elle (Manche). — B. 413.

M. PHILLIPPE (Émile), à Houdan (Seine-et-Oise). — V. 139 – 140 – 245 – 246.

Mme PHILIPPE (Émile), à Houdan (Seine-et-Oise). — V. 477 – 478 – 506 – 507.

M. PHILIPPE, (Jules), à Houdan (Seine-et-Oise). — V. 141 à 148 – 247 à 252.

M. PICHON (Lucien), à St-Hilaire-de-Barbezieux (Charente). — V. 427 – 442.

M. PICHOT (Pierre), avenue de Bellevue, 24, à Sèvres, (Seine-et-Oise). — V. 1282 1283 – 1330 – 1331.

M PIGNARD-DUDEZERT (Ferdinand), à Brainville (Manche). — B. 399.

M. PIHAN (Edgard), quai de la Tournelle, 13, à Paris. — V. 137 – 253 – 544 – 545 – 573.

M. PIVOT (Maxime), 45, route de Toulouse à Montpellier (Hérault). — B. 1480 – 1482 – 1487 – 1495 – 1507.

MM. PLUCHET-FRISSARD & Cie, à Roye (Somme). — O. 480 – 510 – 608 615 – 633 – 634.

M. PODRAS (Louis), à Riantec (Morbihan). — B. 1068 – 1090 – 1135 – 1136 – 1137 – 1163 – 1184 – 1191 – 1194 – 1212 – 1214 – 1228 – 1233 – 1245.

M. POINET (André), à Saulgé (Vienne). — O. 432 – 433.

M. POINTELET, à Louveciennes (Seine-et-Oise). — V. 31 – 70 – 149 – 150 – 254 – 255 – 305 – 306 – 339 – 340 – 394 – 428 – 429 – 443 – 444 – 454 – 465 – 472 – 500 – 503 – 526 – 546 – 547 – 574 – 575 – 591 – 603 – 604 – 612 – 618 – 635 – 636 – 649 – 650 – 663 – 694 – 695 – 718 – 719 – 734 – 740 – 748 – 671 – 694 – 695 – 756 – 765 – 766 – 783 – 784 – 836 – 837 – 878 – 879 – 888 – 889 – 891 – 892 – 907 – 908 – 923 – 924 – 1075 – 1076 – 1103 – 1127 – 1128 – 1151 – 1183 – 1230 – 1262 – 1284 – 1313 – 1332 – 1360 – 1361 – 1380 – 1381 – 1398 – 1414 – 2422 – 1437 – 1447 – 1465 – 1482 – 1497 – 1525 – 1555 – 1586 – 1597 – 1619 – 1638 – 1655 – 1684 – 1700 – 1712 – 1755 – 1817 – 1829 – 1830 – 1866 – 1867 – 1831 – 2057 à 2063 – 2237 – 2238 – 2291 – 2292 – 2380 – 2381 – 2460 – 2461 – 2530 – 1531 – 2562 à 2565 – 2607 – 2608.

M. POIRSON (Auguste), à St-Èvre, commune de Toul (Meurthe-et-Moselle). — B. 276 – 294 – 1904 – 1917 – 1927 – 1935 – 1937 – 1941. O. 609 – 629.

M. POUDEROUX (Pierre), à Gaubert, commune d'Aurillac (Cantal). — B. 948 – 970 – 980 – 990 – 992.

M. POULHAZAN (Jean), à Ploaré (Finistère). — B. 1119 – 1150.

M. De PONSAY (Arthur), à Nesmy (Vendée). — B. 1434 – 1449 – 1455 – 1468.

M. PORQUET (Alfred), à Selles (Pas-de-Calais). — B. 728 – 1644.

M. PORTE (Cyprien), à Ozon (Hautes-Pyrénées). — 1315 – 1325.

M. PRÉGERMAIN, à Tintury (Nièvre). — O. 560 – 572 – 590 – 600.

M. PROUVERRE, rue d'Alleray, 98, à Paris. — V. 2064 – 2065.

Q.

M. QUÉMIN (Delphin), à Monville (Seine-Inférieure). — B. 400 – 614.

M. QUILBEUF, au Houlme (Seine-Inférieure). — B. 425 – 444 – 461 – 467 – 494 – 495 – 503 – 534 – 540 – 581 – 597 – 613 – 616. — 2005 à 2098. — V. 473 – 474 – 504 – 1526 – 1527 – 1556 – 1557.

R

M. RAMILLON (Georges), à Tronget (Allier). — V. 548 – 549 – 576 – 577 – 720 –
1362 – 1383.

M. RAMOND (Jean), au Bara, commune d'Aurillac (Cantal). — B. 955 – 964 – 972 –
1006.

M. RANCY (Auguste), à Hazebrouck (Nord), — B. 643 – 653 – 666. — P, 132.

M. RASSET (Louis-Narcisse), à Montérollier (Seine-Inférieure). — B. 389 –
401 – 462 – 466 – 473. — O. 605 – 616 – 630. — P. 86 – 205 – 273 – 308 – 313.

M. RASTIER (Pierre-Louis), à Saint-André-du-Garn (Gironde). — B. 806.

M. RÉGIMON (Jean), à Saint-André-du-Garn (Gironde). — B. 821 – 846.

M. RÉGIMON (Pierre), à Saint-André-du-Garn (Gironde). — B. 830.

M. REGNOUF DE VAINS, à Brix (Manche). — B. 1977 – 1984 – 1992.

M. RENARD (Victor), à Poiseul-la-Ville (Côte-d'Or). — O. 141 – 142 – 246 – 279 –
449 – 492.

M. REPELLIN (Célestin), à Autrans (Isère). — B. 1591.

M. REPELLIN (J.), à Meandre (Isère). — B. 1589.

M. REUGE (Frédéric), à Brognard (Doubs. — B. 1525 – 1530 – 1539.

M. RÉZE (Léon), à Grez-en-Bouère (Mayenne). — B. 2026.

M. RIFFAUD (Pierre), à Marmande (Lot-et-Garonne). — B. 803 – 824.

M. RIO (Jean), à Hennebont (Morbihan). — B. 1059 – 1084 – 1116 – 1141 – 1155 – 1178 –
1190 – 1209 – 2135 à 2138.

M. RIVET (Jules), à Houdan (Seine-et-Oise). — V. 151 – 152 – 256 – 257 – 1650 –
1682.

M. RIVOAL (Guillaume), à Villery, commune de Plourin (Finistère). — B. 1729.

M. ROBERT, à Aixe (Haute-Vienne). — B. 849 – 872.

M. ROCHARD (Julien), à Vannes (Morbihan). — B. 1059 – 1433 – 1147 – 1193 –
1230 – 2029.

M. ROCHAS (Emile), à Lans (Isère). — B. 1561.

M. ROCHET fils, à la Réole (Gironde). — B. 810 – 822 – 827 – 832 – 840.

M. RŒDERER (le Comte de), à Bursard (Orne). — B. 1975 – 2045.

M. ROGEON (Louis), à St-Secondin (Vienne). — B. 945 – 965. — V. 1383 – 1384.

M. ROGER (Romain), à Charray (Eure-et-Loir). — O. 165 – 166 – 167 – 215 – 254
286 – 308.

M. ROLAND (Léon), à Saint-Firmin (Oise). — B. 1850 – 1864. — O. 556 – 557 –
568 – 577 – 588 – 589 – 596 – 599.

M. ROUARD DE CARD (Joseph), Place d'Aine, 7, à Limoges (Haute-Vienne).
— B. 856 – 867 – 892 – 912 – 937 – 941 – 944.

M. ROUCHÈS (Noël), rue Saidt-Sébastien, 7, à Paris. — B. 195 – 209 – 241 – 347 –
368 – 369 – 370 – 371 – 380 – 381 – 382 – 383 – 426 – 531 – 567 – 645 – 717 — 1277 –
1409 – 1536 – 1643 – 1894 – 1968 – 1969 – 1970.

M. ROULIN (Ambroise), à St-Clair (Manche). — B. 552 – 1986. — P. 84 – 85.

M. ROULLEAU, Avenue de Ségur, 17, à Paris. — V. 2066 - 2067 - 2243 - 2244.

M⁰ˢ ROULLIER et ARNOULT, (École d'aviculture), à Gambais (Seine-et-Oise). — V. 32 - 71 à 75 - 153 à 162 - 258 à 267. — 550 - 578 - 1364 - 1385 - 1448 - 1466 - 1528 - 1558.

M. ROUSSEAU, Faubourg St-Antoine, 115, à Paris. — V. 1756 - 1757.

M. ROUSSEAU (François), à l'Étang-de-Mee, commune de Laubrières (Mayenne). — B. 1703. — P. 107.

M. ROYNEAU-HEURTEAU, à Luplante (Eure-et-Loir). — O. 569.

M. ROYBET (Louis), rue de Pérignon, 10, à Paris. — V. 2068 - 2069 - 2239 à 2242.

M. ROZANO (Jean), à Lans (Isère). B. 1596.

M. RUCHAUD (Émile), à St-Martin-Terressus (Haute-Vienne). — B. 879.

S.

M. SAINT-VALIER (le Comte de), à Limon (Nièvre). — B. 750 - 752 - 765 - 773 - 783 - 784 - 795 - 796 - 797 - 800.

M. SAFRAY (Armand-Joseph), rue Balagny, 65, à Paris. — V. 1838 - 2070 - 2382 - 2383.

Mᵐᵉ SAMSON, à Sidi-Mabrouck, commune de Constantine (Algérie). — V. 838 - 880.

M. SAMSON père, à Sidi-Mabrouck, commune de Constantine (Algérie). — B. 1079 - 1103 - 1140 - 1182 - 1647 - 1648 - 1650 - 1653 - 1659 - 1661 - 1662 - 1664 - 1665 - 1666 - 1832 - 1840 - 2143 à 2146. — O. 358 - 371 - 397 - 409 - 621 - 645. — V. 455 - 456 - 466 - 470 - 471 - 502.

M. SARAZIN, à Couvron (Aisne). — O. 472 - 473 - 482 - 490 - 493.

M. SAUVAGE (A.), à Avenay (Calvados). — B. 412 - 443 - 486 - 508.

M. SAUVAGE (Thomas), à St-Martin-de-Fontenay (Calvados).— B. 416 - 497 - 499 - 539 - 543 - 604.

M. SAYVE, Grande-Rue, 70, à Boulogne (Seine). — V. 2071 à 2073.

M. SEDILLOT-DELALEU, à Dammarie (Eure-et-Loir). — O. 168 - 169 - 170 - 216 - 217 - 218 - 255 - 256 - 287.

M. SEGUINOT (Ferdinand), à Valliers (Vendée). — B. 759.

Mᵐᵉ Vve SIBIRIL, à Milin-en-Prat, commune de Pleyber-Christ (Finistère). — B. 1697.

M. SICHER (Henri), à Gradignen (Gironde). — V. 551 - 552 - 579 - 592 à 595 - 605 - 651 - 696 - 1660 à 1622 - 1683 - 1701.

M. SIDO, à Thouars (Deux-Sèvres). — V. 1270 à 1272 - 1321.

M. SIGNORET (Henri), à Sermoise (Nièvre). — B. 1668 - 1669 - 1670 - 1674 - 1677 - 1678 - 1679 - 1700 - 1708 - 1711 - 1715 - 1716 - 1730 - 1742 - 1743 - 1744 - 1745 - 1762 - O. 496 - 498 - 505 - 515 - 518 - 526 - 527 - 532.

M. SIMON (François), rue du Maine, 8, à Paris. — V. 1818 - 2074 - 2245 à 2247.

M. SIMON (Louis), place d'Alleray, 1, à Paris. — V. 1077 - 1129 - 1758 - 1787 - 1819 - 1868 - 2075 à 2082 - 2293 - 2294 - 2384 - 2385 - 2462 - 2463.

M. SINOIR (Magloire), à Fontaine-Couverte (Mayenne). — P. 106.

M. SOLANET, rue Camille-Mouquet, 11, à Charenton (Seine). — V. 163 - 1078.

M. SOLLE (François), à Sarremesans (Haute-Garonne). — B. 1262 - 1274 - 1282 - 1310 - O. 384 - 389 - 406 - 415.

M. SOUCHARD (Louis), à Verron (Sarthe). — B. 1722 - 1748 - P. 90 - 165 - 307 - 341 - 346.

M. SOUDAY (Edouard), à Sierville (Seine-Inférieure). — O. 331 - 335 - 345 - 348.

M. STERCQ (Victor), boulevard Vaugirard, 7 bis, à Paris. — V. 1788 - 1820 - 1860 - 1877 - 2083 à 2087 - 2248 à 2251.

T.

M. TAILLEFER (Louis), à Morières (Vaucluse). — B. 2911 - 1924 - 1938.

M. TEISSERENC-DE-BORT, à Saint-Priest-Taurion (Haute-Vienne). — B. 850 - 852 - 864 - 868 - 873 - 885 - 901 - 902 - 908 - 919 - 921 - 934 - 943 - O. 554 - 555 - 570 - 571 - 587 - 598 - 635.

M. TELLIER (Pauly), à Semuy (Ardennes). — B. 1865 - 1875.

M. THÉRON (Joseph), à Aigues-Vives (Gard). — O. 320 - 321 - 323 - 339 - 340 - 413 - 644.

M. THERSEN (Théophile), passage de l'Opéra, à Paris. — V. 1760 - 1761 - 2252 à 2254.

M. THIERRY (Dominique), à Brienon (Yonne). — B. 449.

M. THIROUIN-SORREAU, à Cherville, commune de Oinville-sous-Auneau (Eure-et-Loir). — O. 196 - 197 - 198 - 237 - 238 - 245 - 278 - 302 - 309.

M. THOMAS (Pierre), rue Crozatier, 13, à Paris. — V. 1762 - 1763 - 1776 - 1870 - 2255.

M. THOUIN (Maurice), à Compiègne (Oise). — V. 613 - 1079 - 2295 - 2296.

M. THUMARA (Arthur), passage du Mont-Cenis, 7, à Paris. — V. 164 - 268 - 1759 - 1777 - 2088 - 2256 - 2464 - 2465.

M. TIBLE, rue Lafayette, 223, à Paris. — B. 199 - 569 - 731.

M. TIERSONNIER, au Colombier, par Gimouille (Nièvre). — B. 1673 - 1695 - 1712 - 1757 - 1771 - 1815. — O. 506 - 507 - 508 - 516 - 517 - 528 - 533 - 537 - 538 - 539 - 562 - 580 - 592.

M. TIERS (Emile), à Roubaix (Nord). — B. 126 - 139 - 1847 - 1849 - 1856 - 1858 - 1867 - 1868 - 1877 - 1881 - 1890 - 1891 - 1901 - 1902.

M. TISSEAU (Louis), à Bazoge en Pareds (Vendée). — B. 1452.

M. TOURNÉ (Célestin), à Puydarrieux (Hautes-Pyrénées). — B. 1267.

M. TOURETTE Frères, à Palaiseau (Seine-et-Oise). — V. 165 - 269 - 553 - 554 - 580 - 581 - 697 à 699 - 721 à 723 - 839 - 840 - 881 - 882 - 953 - 964 - 1080 à 1082 - 1104 - 1130 à 1132 - 1152 - 1365 - 1386 - 1620 - 1639 - 1821 - 1831 - 2089 à 2103 - 2386 à 2391 - 2466 à 2471 - 2532 - 2537 - 2566 à 2569.

M. TRAFFORT (Eugène), à Lans (Isère). — B. 1563 - 1577 - 1588 - 1595 - 1597.

M. TRIBOULET (Camille), à Assainvillers (Somme). — O. 446 - 447 - 448 - 461 - 462 - 463 - 464 - 477 - 478 - 479 - 486. — P. 171 - 174 - 211 - 217 - 220 - 249 - 276 - 288 - 289 - 290 - 302.

M. TRIPIER (Antoine), à Venarey-les-Laumes — B. 748 - 758 - 761 - 769 - 775 - 781 - 789 - 790 - 792.

M. TROCHU (Célestin), à Champcervon (Manche). — B. 445.

M. TUJAS, à St-Sève (Gironde). — B. 802 - 805 - 826 - 833 - 835.

V.

M. VANDAME (Alfred), à Hazebrouck (Nord). — B. 689.

M. VAUCHELLE (Émile), à Sermaize (Oise). — B. 598 - 2099 à 2102.

M. VAVASSEUR (Charles), à Ferrières-en-Brie (Seine-et-Marne). — B. 1942.

M. VERGNEAULT (Jacques), à St-Cristophe-sur-Roc (Seine-Inférieure). — B. 1451 - 1457 - 1465. — P. 114.

M. VIDAL (Pierre), à Menet (Cantal). — B. 947 - 952 - 971 - 973 - 987 - 988 - 991 - 993 - 1004.

M. VILLEBOIS-MAREUIL (Roger de) à St-Hilaire de Lonlay (Vendée). B. - 1445.

M. VILLENEUVE (Charles), à Pouzac (Hautes-Pyrénées). — B. 1295 - 1306 - 1337. — P. 125.

M. VINCELET (Félix), quai de l'Horloge, 25, à Paris. — V. 2104 à 2115.

M. VITET (Albert), à Limoges (Haute-Vienne). — B. 468 - 893 - 923 - 929 - 1852 - 1893.

M. VOISIN (Joseph), à Basly (Calvados).— B. 390 - 450 - 463 - 524 - 553 - 308 à 311

M. VOISIN (René), à la Suze (Sarthe). —V. 33 à 36 - 359 - 360 - 371 - 372 - 457 - 700 - 1529 - 1559.

M. VOITELLIER Frères, à Mantes (Seine-et-Oise). — B. 409 - 481 - 1064 - 1094 - 1123 - 1128 - 1134 - 1166 - 1173 - 1177 - 1201 - 1202 - 1208 - 2139 à 2142 - V. 37 à 40 - 76 à 79 - 166 à 177 - 270 à 281 - 312 à 315 - 347 à 350 - 361 - 362 - 373 - 374 - 395 - 396 - 415 - 416 - 430 - 431 - 445 - 446 - 458 - 459 - 468 - 469 - 487 à 498 - 513 à 524 - 555 à 558 - 582 à 585 - 596 - 597 - 606 - 607 - 614 - 615 - 622 - 623 - 637 à 640 - 652 à 655 - 664 - 665 - 672 - 673 - 701 à 703 - 725 à 727 - 735 - 741 - 749 - 757 - 767 - 768 - 772 - 785 - 786 - 791 - 841 à 844 - 883 - 886 - 909 - 910 - 925 - 926 - 933 - 938 - 954 - 955 - 965 - 966 - 1002 - 1003 - 1034 - 1035 - 1039 - 1043 - 1083 à 1090 - 1133 à 1140 - 1155 - 1156 - 1177 - 1178 - 1184 - 1186 - 1204 - 1205 - 1211 - 1224 - 1225 - 1231 - 1235 - 1253 à 1267 - 1274 à 1277 - 1285 - 1291 - 1292 - 1314 à 1318 - 1323 à 1326 - 1333 - 1339 - 1340 - 1366 à 1369 - 1387 à 1389 - 1399 - 1409 - 1413 - 1423 - 1432 - 1436 - 1449 à 1454 - 1467 à 1472 - 1485 à 1487 - 1499 à 1501 - 1520 à 1532 - 1560 à 1562 - 1568 à 1570 - 1575 - 1576 - 1587 - 1598 - 1621 - 1622 - 1640 - 1641 - 1663 à 1565 - 1684 à 1686 - 1702 à 1705 - 1713 à 1718 - 1764 à 1771 - 1778 - 1789 - 1822 à 1824 - 1832 - 1833 - 1840 - 1847 - 1871 à 1876 - 2116 à 2141 - 2257 - 2258 - 2297 à 2304 - 2392 à 2399 - 2472 à 2475 - 2538 à 2541 - 2570 à 2573 - 2609 à 2612.

W.

M. WACQUEZ (Paul), rue Crussol, 14, à Paris. — V. - 2142 à 2144.

M. WALTIER (Paul), à Barbezieux (Charente). — V. - 432 - 433 - 447 - 448.

M. WEMAERE (Ernest), à Wormhoudt (Nord). — B. - 111.

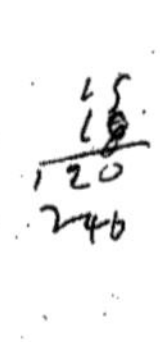

AC